可靠性维修性保障性学术、培训

装备科技译著出版基金

产品可靠性规范与性能

Product Reliability：Specification and Performance

〔澳〕D. N. Prabhakar Murthy，

〔挪威〕Marvin Rausand，Trond Ø sterås 著

冯 静 程 龙 主译

孙 权 主审

国防工业出版社

·北京·

著作权合同登记 图字：军 – 2013 – 133 号

图书在版编目（CIP）数据

产品可靠性规范与性能／（澳）默西（Murthy, D. N. P.），（挪）劳沙德（Rausand, M.），
（挪）特隆德著；冯静，程龙主译．—北京：国防工业出版社，2014.12
（可靠性维修性保障性学术专著译丛）
书名原文：Product reliability specification and performance
ISBN 978-7-118-09865-5

Ⅰ．①产…　　Ⅱ．①默…②劳…③特…④冯…⑤程…　　Ⅲ．①工业产品—
可靠性—研究　Ⅳ．①TB114.3

中国版本图书馆 CIP 数据核字（2015）第 014625 号

※

国防工业出版社出版发行

（北京市海淀区紫竹院南路 23 号　邮政编码 100048）
北京嘉恒彩色印刷有限责任公司
新华书店经售

*

开本 710×1000　1/16　印张 15¾　字数 285 千字
2014 年 12 月第 1 版第 1 次印刷　印数 1—2500 册　定价 58.00 元

（本书如有印装错误，我社负责调换）

国防书店：(010)88540777　　发行邮购：(010)88540776
发行传真：(010)88540755　　发行业务：(010)88540717

《可靠性维修性保障性学术专著译丛》
总　序

可靠性理论自 20 世纪 50 年代发源以来,得到了世界各地研究者的广泛关注,并在众多行业内得到了成功的应用。然而,随着工程系统复杂程度的不断增加,可靠性理论与方法也受到了日益严峻的挑战。近年来,许多国际知名学者对相关问题进行了深入研究,取得了一系列显著的成果,极大地丰富和充实了可靠性理论与方法。2012 年,国际知名出版社 Springer 出版了一套"可靠性工程丛书",共计 61 种,总结了近年来可靠性维修性保障性相关领域内取得的绝大部分研究成果,具有很强的系统性、很高的理论与实用价值。

经过国内最近 30 年的普及和发展,可靠性的重要性已经得到业界的普遍认可,即使在民用领域,可靠性的研究与应用也发展迅猛。他山之石,可以攻玉,系统地了解国际上可靠性相关领域近年来的最新研究成果,对于国内的可靠性研究者与实践者们都会大有裨益。为此,国防工业出版社邀请北京航空航天大学可靠性与系统工程学院以 Springer 出版的可靠性工程丛书中的 10 种,外加 Wiley、World Scientific、Cambridge、CRC、Prentice Hall 出版机构各一种,共 15 种专著,策划组织了《可靠性维修性保障性学术专著译丛》的翻译出版工作。我具体承担了这套丛书的翻译组织工作。我们挑选这 15 种专著的基本原则是原著内容是当前国内学术界缺乏的或工业界急需的,主题涵盖了相关领域的科研前沿、热点问题以及最新研究成果,丛书中各专著原作者均为相关领域国际知名的专家、学者。

组织如此规模的学术专著翻译出版工作,我们是没有现成经验的。为了保证翻译质量和进度,在组织翻译这套丛书的过程中,我们做了以下几方面的工作:一是认真遴选主译者。我们邀请了国内高校可靠性工程专业方向的在校博士生作为主译者,这些既有专业知识又有工作激情的青年学者对翻译工作的投入是保证质量与进度的第一道屏障。二是真诚邀请主审专家。我们邀请的主审专家要么是这些博士生的导师,要么是这些博士生的科研合作者,他们均是国内可靠性领域的知名专家,他们对可靠性专业知识把握的深度和广度是保证质量与进度的第二道屏障。三是建立编审委员会加强过程指导。我们邀请了国内知名专家与主审专家一起共同组成了丛书编审委员会,从丛书选择、翻译指导、主审主译等多个方面开展了细致的工作,同时为了及时沟通信息、交流经验,我们还定期编辑丛书翻译工作简报,在主译者、主审者和编审委员中印发。可以说经过以上工作,我们坚信这批专著的翻译质量是有保证的。

本套丛书适合于从事可靠性维修性保障性相关研究的学者和在校博士、硕士研究生借鉴与学习,也可供工程技术人员在具体的工程实践中参考。我们相信,本套丛书的出版能够对国内可靠性系统工程的发展起到推动作用。

北京航空航天大学可靠性与系统工程学院

康 锐

2013 年 11 月 8 日

PREFACE

Today's modern systems have become increasingly complex to design and build, while the demand for reliability and cost effective development continues. Thus, reliability has become one of the most important attributes in these systems. Growing international competition has increased the need for all designers, managers, practitioners, scientists and engineers to ensure a level of reliability of their product before release at the lowest cost. This is the reason why interests in reliability have been continually growing in recent years and I believe this trend will continue during the next decade and beyond.

It is these growing interests from both industries and academia that motivate Springer to publish the Springer Series in Reliability Engineering, for which I serve as the series editor. This series consists of books, monographs and edited volumes in important subjects of current theoretical research development in reliability and in areas that attempt to bridge the gap between theory and application in fields of interest to practitioners in industry, laboratories, business and government.

I am very delighted to learn that the National Defense Industry Press from China is planning to translate selected books from the Springer Series as well as some other distinguished monographs from other presses into Chinese. The books in the collections to be translated cover most of the timely and important topics in reliability research areas and are of great values for both theoretical researchers and engineering practitioners.

The translations are organized and managed by Professor Rui Kang from Beihang University, who is a world-wide leading expert in reliability related areas. With his expertise and dedication, the quality of the translations is guaranteed. I'm sure that the translations of these outstanding books will be a great impetus to the research and application of reliability engineering in China.

Personally, I will treat the translation collection as an attempt to exchange ideas of reliability researchers in the international community with their Chinese counterparts. I really hope that these kinds of idea interchanges will be more common and frequently in the future. Specifically, I am really looking forward to hearing more from our Chinese colleagues. Wish the research and application of reliability in China a bright future!

Hoang Pham

Dr. Hoang Pham, IEEE Fellow
Distinguished Professor
Rutgers University
Series Editor, Springer Series in Reliability Engineering

序

　　不断发展的科技和日趋激烈的市场竞争对产品提出了日趋强烈的可靠性需求,希望能够以尽可能低的成本高效保证产品可靠性。可靠性业已成为现代工程系统最重要的属性之一。面向这种需求,Springer 出版社组织出版了《Springer 可靠性工程丛书》。这套丛书由 61 种专著组成(截止到 2013 年 11 月),涵盖了近年来可靠性相关领域内取得的最新理论成果,介绍了可靠性工程在实际工程上的应用,具有很强的理论和实践价值。

　　作为《Springer 可靠性工程丛书》的主编,我很高兴中国的国防工业出版社计划将这套丛书中的部分专著以及其他一些近年出版的可靠性优秀英文专著翻译出版,推出《可靠性维修性保障性学术专著译丛》。《可靠性维修性保障性学术专著译丛》中的专著选题覆盖了可靠性领域近期的大部分研究热点和重要成果,具有重要的理论价值和实践指导意义。

　　这套丛书的翻译工作由北京航空航天大学的康锐教授负责组织。康锐教授是国际知名的可靠性专家,我相信,康锐教授的专业知识和奉献精神,能够有效保证译著的质量。我确信,这些优秀专著的翻译出版将极大地推动中国的可靠性研究和应用工作。

　　就我个人而言,我更愿意将《可靠性维修性保障性学术专著译丛》看作是可靠性领域内的国际学者与中国同行们进行的一次思想交流。我期待这样的交流在未来更加频繁。特别地,希望中国优秀学者们能够更多地以英文出版学术专著,介绍他们的学术成果,从而向可靠性领域的国际同行们发出来自中国的声音。衷心祝愿中国的可靠性事业更上一个台阶!

Hoang Pham
博士,IEEE 会士
罗格斯大学特聘教授
Springer 可靠性工程丛书主编

译 者 序

可靠性技术的应用不仅能带来巨大的经济效益,还直接关系到生产安全、资源节约甚至国家的荣誉。

可靠性目前在工程实际中应用最为广泛的是可靠性评估。通常在产品设计结束后,针对产品样品组织可靠性试验,利用试验数据进行可靠性评估,进而决策产品是否达到预期性能。对于具有足够设计经验的研制人员来说,这种评估方式的结果往往是合格的,但是对于一些存在设计缺陷的产品而言,评估结果不合格就意味着产品需要回到起点去分析每一个可能出现的问题,解决问题之后再进行设计,重新对产品进行可靠性评估,如此迭代,直到产品达到预期目标。这种方式极大地延长了产品的研制周期,并增加了研制成本。在产品整个寿命周期中的各个阶段应用可靠性技术,将有利于改善这种情况。

可靠性工程是产品寿命周期中一系列技术与管理活动的集成。可靠性工程作为一门独立的工程学科受到重视已有 50 多年,它首先是在美国的国防、航空、航天、电子等工业部门应用发展起来的。各发达国家相继效仿并大力推广应用到机械、汽车、冶金、建筑、石油化工等民用工业部门,其发展速度十分惊人。

本书根据 Springer 出版社 2008 年出版的 *Product Reliability: Specification and Performance* 一书翻译而成。该书的参编人员来自国际上从事可靠性研究的著名机构——澳大利亚昆士兰大学机械工程学院、挪威科技大学产品和质量工程学院等院校。主编由澳大利亚昆士兰大学机械工程学院的 D. N. P. Murthy 教授担任,他是 7 个国际杂志的编委,合著学术专著 10 多本,发表期刊论文 200 多篇,以及大量其他论文;在国际质量与可靠性领域有着崇高的威望与重要影响,在质量与可靠性领域的教学与科研方面经验丰富。该书不仅阐述了产品可靠性领域经典的模型和方法,而且凝聚了作者多年从事可靠性领域研究所获得的宝贵经验;介绍了作者在可靠性工程领域所取得的最新成果,并汇聚了国际上其他研究机构所取得的最新技术和方法研究的成果。译者认为,本书的翻译出版,对于国内正在兴起的可靠性相关的理论研究和工程应用工作具有重要的指导意义和参考价值。

全书共 11 章:第 1 章对本书的主要内容进行概述;第 2 章阐述新产品开发的

过程;第3章介绍产品性能与规范;第4章对可靠性理论进行介绍;第5章重点论述产品概念阶段的规范与性能;第6章论述产品设计阶段的规范与性能;第7章阐述产品开发阶段的规范与性能;第8章分析产品生产阶段的规范与性能;第9章讨论产品售后阶段的规范与性能;第10章介绍产品的安全要求;第11章论阐述可靠性管理系统。本书前言及第1章由潘正强和程龙翻译;第2章及第6章由孙权和周星翻译;第3章及第4章由冯静和孟洁茹翻译;第5章及第7章由潘正强和栗雅文翻译;第8章及第10章由孙权和黄彭奇子翻译;第9章及第11章由冯静和郭振惠翻译。冯静、程龙认真阅读了全部译文初稿,规范了专业术语的译法并订正了一些错误。孙权审读全部译稿,并最后定稿。这里向为本书翻译做出贡献的所有人表示感谢。

本书主要论述标准化大批量产品全寿命周期中可靠性工作涉及的可靠性指标及规范问题,涵盖销售、流通、生产等多个领域的专业知识,而译者所在研究团队主要专注于国防工业部门小批量定制产品的可靠性研究工作,因此,尽管我们反复讨论、多次修改,力求译文准确,但仍难免出现差错。此外,由于译者水平有限,译文中的不当之处在所难免。译文中的错误当由译者负责,但我们真诚地希望同行和读者不吝赐教。如果能把你的意见和建议发往 sunquan@ nudt. edu. cn,我们将不胜感激。

译　者

2014 年 8 月于国防科技大学

前　言

在现代工业社会,越来越多的新产品出现在市场上。这是因为技术的迅速进步和消费者持续增加的需求互相驱动的原因。其结果是,产品变得越来越复杂,每一代新产品的性能也在不断地提高。

产品可靠性是产品正常运行时能够在预期使用寿命内令人满意地运行的一个指标,是消费者和制造商非常感兴趣的。从消费者的角度看,较差的产品可靠性增加了产品的故障频率,同时意味着产品使用寿命内更高的维修费用;从制造商的角度看,较差的产品可靠性通过客户的不满意影响销售,导致更高的保修费用,也影响制造商的声誉以及利润。通常,使性能差的产品令人满意地运行有可能出现安全问题,在这种情况下,产品可靠性需要从社会的角度来看待。

产品可靠性是由产品寿命周期中的设计、开发以及生产阶段的技术决策所决定的,同时对产品寿命周期中的营销和售后支持阶段产生商业影响。产品可靠性需要从整体的商业角度和运用产品寿命周期框架,以及一种联系不同技术与商业问题的方法来进行决策。

本书中提出了有助于决策且与产品可靠性相关的寿命周期框架。框架包含 3 个时期(开发前、开发和开发后)、3 个等级(企业、产品和部件)以及 8 个阶段(阶段 1~8),如图 0.1 所示。本书提出了一种基于寿命周期框架的产品可靠性性能与规范的新方法,该方法涉及期望性能的定义和以一个顺序的方式保证此性能的规范。这种方法运用数学模型来得到预测性能以及比较预测性能和期望性能。运用阶段 3 中部件级的规范,可以在阶段 4~8 对预测的性能进行评估,有助于整个产品寿命周期内进行正确的产品可靠性相关决策。

在寿命周期的第一个时期中,需要回答以下两个重要的问题:

(1)如何在产品级决定期望的可靠性性能。

(2)如何确定能够保证此性能的部件级可靠性。

第一个问题的答案取决于阶段 1 和阶段 2 的决策,第二个问题的答案取决于上述框图中阶段 2 和阶段 3 的决策。

在时期 I 中,产品是一个概念,以图片和相关的计算与评估的形式存在。产品

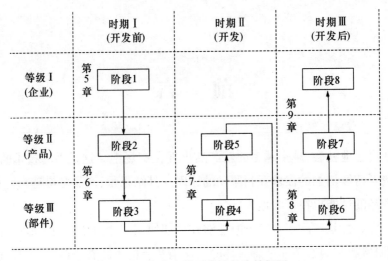

图 0.1　考虑产品可靠性的决策框图

的性能必须通过数学模型、通用数据以及专家评判来进行预测；在时期Ⅱ中，物理模型和原型产品可以得到构建、测试和评估；在时期Ⅲ中，制造出产品并由消费者使用。在时期Ⅱ和时期Ⅲ中，产品的实际性能通过观测数据确定，并与期望性能进行比较。

本书分析了进行有效的产品可靠性相关决策所需要的框图和方法，同时处理了标准的和客户定制的产品，突出了两者之间的异同。

针对与可靠性相关的从业人员和研究者，本书的目的是：为高级经理提供做出可靠性相关决策的方法和依据；为设计人员提供有效地进行可靠性设计的方法；为可靠性研究人员提供开展深入研究的方向。

本书也可作为工程设计、可靠性以及管理相关专业研究生的课程参考书。

本书共 11 章。前 4 章给出了引言并介绍产品可靠性的许多因素。尽管我们尝试让这本书更加完备，但它主要是针对有一定的基础知识和/或产品可靠性相关经验的读者。作为参考，第 4 章简要介绍可靠性理论。第 5~9 章描述并讨论图 0.1 所示新框图中的 8 个阶段。第 10 章讨论产品的安全性因素。第 11 章中讨论可靠性管理系统。两个案例贯穿全书用以说明产品可靠性的主要因素。第一个案例是移动电话，它说明与标准产品或耐用消费品相关的因素。这个案例以一些小例子的形式来讨论，放在第 4~10 章的最后部分，突出这些章节的主要问题，也给感兴趣的读者提供能够找到更多信息的参考。第二个案例是安全仪表系统，如过程关闭系统，说明客户定制或专用产品的可靠性因素。此案例包含一些小例子，说明可靠性的中心问题。

本书中的描述非常简要,但是为感兴趣的读者能够找到更多细节提供了大量的参考,并扩展了他们的知识。本书中所用到的符号在附录 A 中列出并进行解释,附录 B 中列出缩略词,附录 C 给出词汇表。

Pra Murthy

于澳大利亚 Brisbane 市

Marvin Rausand

Trond Østerås

于挪威 Trondheim 市

2008 年 3 月

目　录

第1章 绪 论

1.1 引 言

现代工业社会的一个典型特征是新产品以前所未有的速度层出不穷。新产品的出现主要来自以下三个方面的驱动力：

（1）消费者：随着时间的推移，消费者的需求和期望一直都在改变，而这种改变往往是增加的。

（2）技术：现代技术正在以频繁的渐进式创新和较为不频繁的激进式创新不断向前发展。一个典型的例子是集成芯片中，门、位或晶体管数量的不断增加，如表1.1所列。

表 1.1 集成芯片复杂性

年份	单个设备中门、位或晶体管的数量/个
1947—1959	1
1960—1966	100 ~ 1000
1966—1970	1000 ~ 10000
1970—1980	10000 ~ 100000
1980—1990	100000 ~ 500000
1990—1998	500000 ~ 2000000
1999 以后	≥2000000

（3）社会和管理机构：保护消费者和环境的法律在不断地增加。

制造商想要长期生存并发展，就需要不断地开发并商业化新产品，或者至少改进现有的产品，通过改善技术使之更好地满足消费者的需求。新产品对制造商的销售额、收入以及利益有很大的影响。根据 Udell 和 Baber 的表述（1982）：

"平均来看，公司利益的50%都不是从五年内的产品线获得的，换句话说，五年内，公司获得利益的50%都是从现在已经不存在的产品那里获得的。"

可见，对于制造商来说，新产品的重要性已经变得越来越明显。

新产品的开发是一个复杂的过程，它一方面涉及该过程的创造力和管理的相互影响，另一方面涉及新产品的潜在用户不断变化的需求，这个过程非常昂贵但回报不确定。作为利益的一部分，新产品的开发非常有意义，它可以影响交易的底

价。Takeuchi 和 Nonaka 以下的表述可以说明这点(1984):

"在 3M(一个跨国公司),五年内的新产品占销量的 25%。1981 年,一份对 700 家美国公司的调查显示,在 1980 年,新产品会占到总收益的 1/3,相比 1979 年的 25%有明显的增加。"

从市场的角度来看,产品的寿命周期是产品从上架一直到下架。耐用消费品的寿命大概为 5~7 年,商业产品大概为 7~10 年,对于一些高科技的产品,寿命周期有时会少于 2 年。[①]

并不是所有的新产品开发都是成功的,失败可能与项目相关(费用和/或者时间超出要求),也可能由于技术问题(现有的科技含量不够充分)。[②]

当一个新产品在市场上推出时也可能会因为一些商业因素如低销量、低收益等,导致产品的失败。Barclay(1992)的一份研究报告指出了导致产品失败的 3 个主要因素:①市场分析缺乏;②产品问题或者缺陷;③费用太高。[③]

Cooper(2003)建议,按照下面的分类标准来描述新产品的失败:

(1)产品相关。

① 内在的:产品不符合性能、可靠性、安全性或者其他要求。

② 外在的:产品不利于市场接受,政策改变。

(2)项目相关。

① 内在的:违反了资源的约束(费用、时间进度)。

② 外在的:竞争者先于自己开发出新产品。

一个产品由它的特性来表征。产品的性能(从制造商、消费者或者政策制定者的角度)和产品的特性密切相关,而产品的特性之一是产品可靠性。产品的可靠性以及一些其他的特性都是基于产品规范的,这些规范形成了产品开发的基础。因此,产品的性能与规范相互联系并且影响到新产品开发的成功。

本书重点关注在新产品开发中的可靠性规范与性能,提出了一种充分考虑可靠性规范与性能的有效决策方法。该方法是一种基于产品全寿命周期,并涉及模

---

① 在计算机硬盘驱动器工厂,数百万美元和几年时间的投入,往往只能得到一年或者半年的寿命周期(Kumer 和 McCaffrey,2003)。

② 通用汽车在旋转发动机的项目上花费了超过 2 亿美元,却仅仅因为没有生产封口机的技术而放弃了该项目。因为封口机在很长一段时间内都做不出来(Balachandra,1984)。

③ Hopkins 和 Bailey(1971)给出了一篇综述,介绍了不同原因导致的失效比例。一些主要的失效原因和每个原因导致的失效比例如下:

不够充分的市场分析:	45%
产品问题或缺陷:	25%
超过预期成本:	19%
缺乏入门的时间:	14%
技术或生产问题:	12%

(注意,在有些场合导致产品失效的原因不止一个。)

型使用的系统方法。本书的目的是确保在新产品开发过程的高成功率。

　　本章主要讨论一些基本概念和观点,使读者能更好地了解本书研究范围和重点。本章概要:1.2 节简要地讨论产品的特性以及看待产品的不同角度;1.3 节介绍产品可靠性及其重要性;1.4 节讨论产品的寿命周期及其涉及的不同阶段,1.5 节讨论产品的性能与规范;1.6 节介绍考虑可靠性规范与性能的决策方法;1.7 节介绍了本书的研究范围和重点;1.8 节简要介绍后续章节的内容。

1.2　产品特性和视角

　　大部分的产品都比较复杂,可分解为多个层次,其中,产品在顶层、部件在底层,层次的数量与产品的复杂程度有关。

1.2.1　产品特性:品质和特征

　　产品的特性表征了一个产品,这些特性可以分为内在特性和外在特性两大类。内在特性主要是技术上的特性(如部件的击穿应力),这也是设计工程师比较感兴趣的。外在特性(如美观、运行成本)是消费者更加感兴趣的。产品的品质和特征常用来代替产品特性的概念,Tarasewich 和 Nair(2000)提到:

　　"产品特征和品质是可以区别的。产品的特征在物理上定义了产品,影响了产品品质的形成;而产品品质定义了消费者的理解,它比特征更加抽象。"

　　注意,内在特性与产品的特征相对应,外在特性与产品品质相对应。

1.2.2　消费者的角度

　　消费者通常按照产品的品质来看待一个产品,Levitt 提到(1980):

"对于一个潜在的购买者,一个产品就是价值满足感的复杂集合。"

　　Day 等(1978)提到:

"消费者寻找的是利益,而不是产品本身。"

　　因此,有下面的关系:

品质(属性)→利益→为消费者带来的价值

一个成功的新产品必须:

　　(1) 满足新(或者以前未满足的)需求或者期望;

　　(2) 具备一个相比市场上其他符合需求的产品更加出众的性能。

　　每一代新的产品都应该是已有产品或者早期产品的一个提升。为了满足消费者持续增长的需求和期望,产品正在变得越来越复杂。因此,消费者必须确认产品会在其使用寿命内表现出令人满意的性能,提供这种确认的一种途径是通过产品的保修,这是与产品紧密联系的一项服务。以下来自 Quality Progress(1986)的表述说明了消费者关注的不同产品品质的排名:

美国质量控制协会对 1000 个消费者进行了调查,来确定当消费者在选择产品的时候什么品质是最重要的。他们预先定义了一些品质,消费者对每项品质进行评分,评分范围是 1(最不重要)~10(最重要)。得到的平均分数见表 1.2。

表 1.2 平均分数

品质	平均分数	品质	平均分数
性能	9.5	易于使用	8.3
持续很长时间(可靠性)	9.0	外观	7.7
服务	8.9	品牌	6.3
易维修(维修性)	8.8	包装/显示	5.8
保修	8.4	包装型号	5.4
注:取自 Quality Progress. 1986,18(11):12 – 17			

1.2.3 制造商的角度

从制造商的角度来看,一个新产品的性能会随着商业目标的变化而变化。Barclay(1992)的一篇报告中列出了定义一个新产品成功与否的几个因素,以及它们所占到商业目标中的百分比。他得到的其中几个因素及其相应的百分比如下:

实现预期的收益: 46.6%

实现预期的市场份额: 26.9%

达到质量标准: 19.5%

另一个影响产品销量的重要因素是消费者的满意度。因为对产品不满意的消费者会选择购买竞争者的产品,并且他们的消极评价会影响其他人购买产品。

1.3 产品可靠性

产品可靠性传递了可信度,优良的操作性或者性能,以及没有故障的概念,它是制造商和消费者非常关注的一个产品外在特性。不可靠性则传递了相反的概念。

1.3.1 可靠性的定义

产品的可靠性的定义:"产品在规定的环境和工作条件、规定的时间内完成规定功能的能力。"(取自 IEC 60050 – 191)根据这个定义,可靠性是对产品完成规定功能能力的一个描述,但是这个描述非常模糊。一些学者和标准通常也用可信性这个概念来表达相同的意思(如 IEC 60300 – 1)。

在许多应用中,可靠度也用来作为可靠性的一个度量,即"产品在规定的环境和工作条件、规定时间内完成一个或者多个规定功能的概率"(取自 IEC 60050 - 191)。

所有的产品都会随着寿命和/或使用的增加而退化。当产品的性能低于一个预定的等级时,就认为产品失效。发生失效通常是不确定的,它受许多因素的影响,如设计、生产、安装、运行以及维修等。另外,人的因素也非常重要。

1.3.2　失效的后果

1. 消费者的角度

当发生失效时,不管这个失效多么无害,它的影响都是非常明显的。对于消费者而言,失效的后果可能是较小的利益损失(如轿车司机座椅的取暖设备的失效),也可能是严重的经济损失(如汽车发动机损坏),甚至会导致对环境的损害和/或人身安全问题(如汽车刹车失效)。这些都会导致消费者对产品的不满意。

如果消费者是一个商业公司,那么失效就会导致停产,进而影响到产品的生产和服务,反过来也会影响客户之间的关系以及资产负债表的底线。

2. 制造商的角度

可靠性的缺乏会在几个方面对制造商造成影响:

(1) 不满意的顾客的负面评价会影响产品的销量,反过来也会影响到市场份额以及制造商的声誉。

(2) 保修期内顾客需要的服务导致更高的保修费用。

(3) 管理机构(如美国运输管理局)要求制造商召回产品,替换其中从可靠性角度看设计不完善的部件。一些情况下,制造商也被要求赔偿由于产品失效导致的损失。

(4) 制造商不可能完全避免产品的失效。产品可靠性由生产前阶段的决策决定,会影响生产后阶段的回报。对于制造商的挑战是生产前如何做出决策,在提高可靠性的费用和缺乏适当的可靠性导致的后果之间实现平衡。

1.4　产品寿命周期

从制造商的角度看,产品的寿命周期包含五个阶段,如图 1.1 所示。前三个阶段是生产前阶段(前期、设计和开发),后两个阶段是生产和生产后。

图 1.1　产品寿命周期的五个阶段

前期阶段在商业层对新产品进行决策,一旦做出了继续开发新产品的决策,就要进入设计阶段。设计阶段可以为两个子阶段(概念设计和详细设计),开发和生产阶段都可以分为两个阶段(部件和产品)。

开发阶段的输出是产品的原型,如果这个原型适合推广到市场,就会进入生产阶段。生产后阶段包含产品的销售以及提供售后支持。

1.5 产品性能与规范

1.5.1 产品性能

产品的性能是一个复杂的实体,涉及多个维度,并且是建立在消费者和制造商的不同视角上的。对于每个视角,可靠性都可以由多个变量组成的一个向量来做出很好的描述,其中每个变量都是一个可以度量的产品或其构成单元的特性。

预期性能与实际性能的对比如下:

顾名思义,预期性能是产品预期可以获得性能的描述,也就是产品应该有的性能。对于制造商而言,预期性能是开发一个新产品以实现他们商业目标的基础;对于消费者而言,预期性能代表了他们购买决策中的期望。

实际性能定义为处于开发阶段的原型产品或者处于生产后阶段的制造成品在其工作寿命期内的观测性能。实际性能往往与预期性能有所差异,实际性能与制造商和消费者的预期性能偏离越多,产品不符合制造商和/或者消费者期望的概率就越高。

1.5.2 产品规范

产品规范形成了建立原型产品的基础,确保了产品在开始生产前达到了预期性能。在设计阶段(从产品级到部件级)需要定义一个非常详细的规范体系,这个体系要与预期性能挂钩。人们需要更好地理解性能与规范之间的关系,以确保新产品的成功。

1.5.3 性能与规范的关系

规范来源于预期性能,依赖于设计选项的选择以及基本的设计原则。预期性能可以运用模型和数据从规范中得到。在设计阶段,可以从工程手册和供应商目录获取数据,开发阶段用到的是试验数据。

规范的制定可以确保预计性能和预期性能的匹配,并且它是一个反复迭代的过程,如图1.2所示。在每个迭代周期中,调整的对象是规范和/或预期性能。当得到一个规范使得预计性能与预期性能匹配时,迭代过程停止,可以开始进行生产。

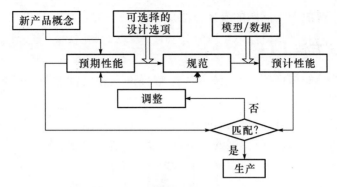

图 1.2 性能与规范的关系

1.6 可靠性性能与规范

可靠性性能与规范在可靠性和工程设计相关文献中都没有受到较大的关注,但是它确实决定了对产品可靠性的重视程度以及因产品不可靠给消费者和制造商所造成的后果。

给一个新产品确定其可靠性性能与规范需要解决一系列的问题,两个主要问题是:

(1)给定预期性能要求时如何制定相应的规范;

(2)在给定规范下如何获得预计性能。

在这个过程中需要解决大量的子问题,涉及产品寿命周期的多个阶段。其中的一些问题需要回答"如果……会如何?"此类问题,其他的一些需要做出最佳的选择。下面给出一个例子:

保修期和售价如何影响销售量?(前期阶段)

如何根据部件的可靠性确定产品的可靠性?(设计阶段)

如何利用从不同来源获得的数据(客观的和主观的)评估部件的可靠性?(开发阶段)

如何确定预期的保修费用?(生产后阶段)

如何选择维修和更换,使得预期的保修费用最少?(售后阶段)

如何确定开发过程中部件试验的最佳数量?(开发阶段)

1.6.1 可靠性性能与规范的方法

基于可靠性性能与规范的正确决策方法需要考虑以下几点:

(1)产品全寿命周期的观点,以使得不同的可靠性问题可以有效地联系起来;

(2)一个完整的工作架构,该架构结合了技术因素(确定了产品可靠性)以及商业因素(缺乏适当可靠性的后果);

（3）一个解决大量问题的有效方法。

1.6.2　系统方法

在可靠性性能与规范中,系统方法是解决许多相关问题最合适的方法,如图1.3所示。

系统方法的主要特点是模型的运用(定性的和定量的)。一个模型的建立和验证需要数据和信息,同时模型的分析也需要大量的工具和技术。[1]

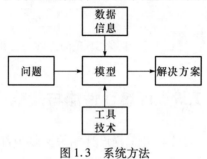

图1.3　系统方法

1.7　本书的目的

本书的主要目的有以下几点:

（1）建立一个新产品可靠性性能与规范的决策方法;

（2）突出解决决策问题时模型的运用和角色;

（3）讨论模型建立和模型分析时用到的工具和技术;

（4）解决其他的一些问题,如数据采集、管理系统等。

我们主要关注一些基本概念和问题,并且通过以下两个案例来进行阐述。[2]

1.7.1　案例1:移动电话

电话(telephone)这个词来源于两个希腊词 – tele(远)和 phone(声音),用来描述任何可以远距离传送声音的设备。第一部电话诞生于19世纪末期,电话的基本原理一直都没有改变。声音使空气产生振动,进而使膜片产生振动,膜片的振动可以转化为电信号,电信号可以进行远距离传输,最后在接收端使振动膜产生振动,发出声音。

1947年以前,电信号的传输用的是铜线电缆,1947年微波技术第一次用于信

---

① 更多讨论系统方法应用的文献:Roland 和 Moriarty,1990;Blanchard 和 Fabrycky,1998;Blanchard,2004。

② 本书给出一些参考文献,感兴趣的读者可以查找到更多内容。

号传输,这两种方式都需要将电话连接到一个送话器上。移动电话第一次出现在 1973 年,它有自己的送话器来发送和接收电信号。这意味着,在卫星的帮助下,只要发送信息的电话和接收方都在通信卫星涉及的地理范围内,就能实现信号的无损传输。

现代移动电话除传送声音之外还有如下功能:

(1) 从互联网获取信息(如新闻、娱乐、股票价格等);

(2) 发送/接收文本邮件;

(3) 发送/接收电子邮件;

(4) 存储联系人详细信息;

(5) 闹钟;

(6) FM 广播;

(7) 制定任务单;

(8) 制定备忘录并设置提醒;

(9) 进行简单的数学计算;

(10) 游戏;

(11) 集成了一些其他的设备,如 MP3 播放器等。

全球的移动电话销量以指数的形式增长,其中 2003 年的销量是 4.88 亿部, 2004 年就增加到了 6.2 亿部。

1.7.2　案例 2:安全仪表系统

安全仪表系统(SIS)是一个保护系统,用来避免或者减少因危险操作导致的安全风险。一个 SIS 通常包含一个或者多个输入元素(如传感器、传送器),一个或者多个逻辑解算器(如可编程的逻辑控制器、计算机、继电器逻辑系统),以及一个或者多个终端元素(如安全阀、电路断开器)。简易 SIS 框图如图 1.4 所示。

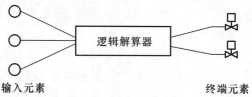

逻辑解算器

输入元素　　　　　　　　　　　终端元素

图 1.4　简易 SIS 框图

安全仪表系统广泛应用于现代社会的各个部门,例如化学工程的紧急断电系统、火警和煤气监测警报系统、压力保护系统、船舶和海岸石油平台的动态定位系统、自动训练停止系统、汽车防抱死制动装置,以及医疗放射器的放射剂量互锁和控制系统。

SIS 的主要功能如下:

(1) 当一个进程出现偏差时,SIS 的输入元素可以检测到该偏差,并且相应的终端元素开始起作用,实现它们的计划功能。

(2) SIS 不应该出现误操作,即系统中的进程没有出现偏差,SIS 却做出反应。

第一个功能出现故障称为"漏警故障",第二个功能出现故障称为"虚警故障"。

国际标准 IEC 61508 和相关的标准中给出了 SIS 功能的安全性和可靠性要求。IEC 61508 是一个基于性能的通用标准,覆盖了 SIS 的绝大部分安全性要素。

1.8　本书内容

本书共 11 章,下面给出这些章节的简要介绍:

第 1 章,绪论:介绍产品性能与规范在新产品开发中的重要性,并给出本书的研究范围、重点关注内容(与可靠性性能与规范相关)以及本书的结构,描述本书中用到的两个应用案例。

第 2 章,新产品开发:首先给出产品的一般性讨论,然后关注新产品的开发过程,讨论相关文献中介绍的多个模型,在此基础上,概述后面章节中用到的两阶段、三等级模型。

第 3 章,产品性能与规范:关于产品性能与规范有许多不同的概念,本章批判地对相关文献进行综述,定义一些本书中用到的概念,并讨论这两者之间的关系。然后,建立基于第 2 章中的模型的性能与规范分层方法,最后给出一考虑性能与规范的决策方法,其中涉及模型的运用。本章中也讨论决策所需的数据、工具以及技术的要求。

第 4 章,可靠性理论介绍:可靠性理论涉及概率、统计和随机过程建模的学科交叉,学习可靠性需要结合工程设计、失效机理等。它包含以下问题:①可靠性建模;②可靠性分析与优化;③可靠性工程;④可靠性科学;⑤可靠性技术;⑥可靠性管理。在可靠性性能与规范的内容中,这些问题非常重要,本章讨论后面章节中需要用到的一些重要概念和观点。

第 5 章,概念阶段的规范与性能:从商业的角度看,产品性能与规范是一个新产品开发过程的起点。本章讨论不同类型产品前期阶段的性能与规范,然后关注如何将其转换为产品规范、技术和商业含义,并评估其经济活跃程度。本章并没有明确地指出产品可靠性,但是产品可靠性在技术和商业角度上的含义在这阶段必须明确指出。在此基础上,规范将被传递到设计团队,从而提出产品的设计方案。本章介绍导出规范及评估商业和经济活跃度需要的模型、数据、工具以及技术。

第 6 章,设计阶段的规范与性能:设计过程涉及概念设计和详细设计两个子阶段。对于概念设计,前期阶段的规范定义了期望的性能,设计团队关注的是可供选择的设计架构方案以及它们的技术和经济含义。如果这一阶段的输出是令人满意的,就进入到详细设计。这两个子阶段的目的是将预期性能(在不同的子层级)转化为规范,并且该子层级上的规范与其上一子层级的性能相联系。相应的可靠性问题包括可靠性分配、可靠性增长(通过产品改进或冗余设计)、维修以及可维护性。本章以类似第 5 章的方式讨论多个与决策相关的可靠性问题,设计过程的最后输出是最低层级的一个规范,在产品的制造中会用到。

第 7 章,开发阶段的规范与性能:开发阶段包括部件级和产品级的开发。在部件级,会测试部件的实际可靠性性能,如果它低于预期值,那么需要执行可靠性增长程序。这就是一个测试—分析—修复(TAAF)的过程,在这里,产品将被测试直到失效,然后通过失效原因分析找到避免失效的方案,从而提高可靠性。在系统级,通过试验评估产品最终原型的实际性能,通常会评估不同环境下的性能、实际性能极限等。另外,需要以一种加速的方式进行试验,从而减少产品研制时间。相关的可靠性问题包括试验优化设计、加速试验设计,以及可靠性评估方法。本章在实际可靠性评估的背景下讨论这些问题,重点关注试验设计、数据采集所需的模型,数据分析所需的工具和技术,以及评估和预测实际性能的模型。

第 8 章,生产阶段的规范与性能:量产产品实际性能与开发阶段的原型产品实际性能会有所不同,这是由输入的质量差异(如从供应商获得的材料、部件),以及生产过程的差异导致的。本章关注的是这些因素对性能的影响,以及控制或最小化这些影响的技术,包括部件的验收抽样,可以使部件满足需要的可靠性规范,也需要评估生产过程的可靠性差异。评估实际性能的数据分析技术与第 7 章类似。

第 9 章,售后阶段的规范与性能:售后阶段的实际性能与生产阶段也有所不同,原因是外部因素的差异,如使用环境、使用强度、维护等,主要的信息源来自保修期内的要求。在这里,重点仍然是基于保修数据和其他信息的实际性能评估。本章处理该问题,从商业的角度比较产品的实际性能和预期性能,并给出修改生产规范的含义。相关的可靠性问题包括保修费用分析、数据采集、可靠性增长决策等。本章同时也讨论类似产品召回和售后保障的问题。

第 10 章,产品安全性要求:许多产品可能会导致健康问题,对环境造成损害或污染。这些问题可能是在产品的正常使用、运输、清洁或维护中发生,也包括产品的错误使用。产品失效导致的问题,可能在某些程度上通过本章之前章节的方法得到避免或减轻。也有一些其他的风险在这些方法中没有覆盖到,需要在另外单独的文章中指出。本章简要描述一种产品安全性的方法,这种方法也可以综合到可靠性大纲中。该产品安全性大纲与欧洲安全性手册是一致的,特别是机械安全性手册。

第 11 章,可靠性管理系统:考虑可靠性性能与规范的决策需要将产品寿命周期不同阶段的决策联系起来,并且必须以一种统一的方式完成,实现这个目标需要一个管理系统,本章讨论的就是这个问题。该管理系统的关键元素包括:①数据采集系统;②数据分析与模型的建立、分析和优化的工具技术包;③一个用户接口,帮助制造商进行有效决策。本章还讨论可靠性相关的数据采集和分析方法。

第2章 新产品开发

2.1 引 言

新产品开发是一个多阶段的过程,现有文献针对不同的阶段已经提出了一些相关模型,本章简要回顾这些模型,并且在考虑产品性能与规范的情况下提出一种新的决策模型。首先讨论产品和产品的寿命周期,为接下来的部分提供背景。

本章概要:2.2 节关注产品的分类与分解;2.3 节阐述产品的寿命和产品的寿命周期;2.4 节介绍新产品开发,并回顾相关文献中提出的模型;2.5 节说明图 1.1 中描述的五阶段产品寿命周期中不同阶段的概念和活动,这样就为新模型的提出提供了基础,该模型更适合在新产品开发中做出基于产品性能与规范的决策;2.6 节介绍该模型。

2.2 产 品

产品的狭义定义为:产品是物理的和有形的。与之相对的是无形的服务。如此定义的产品与服务的区别越来越模糊,从而一个被普遍接受的定义为:一个产品是有形和无形的组合。描述如下:

"一个产品可以是有形的(如组件或流程性材料)、无形的(如知识和概念)或者是有形与无形的组合。一个产品可以是有意生产的(如提供给客户)或者是由无意而产生的(如污染物或不良影响)。"(ISO8402)

顾客购买产品的原因多种多样,这些原因大致可以分为以下三类:

(1) 家用:包括个人(或家庭)购买的产品,如食品、化妆品、衣服、电视、厨房小家电、家具等。

(2) 工业和商业组织:包括在办公室使用的产品(如家具、计算机、电话),或是提供服务的产品(如医院的 X 射线机、将货物从工厂运到市场的卡车、载客的火车等)和生产其他销售产品的产品(如车床、装配机器人、组件)。

(3) 政府:他们不仅购买被家庭、工业和提供服务的商业组织所消耗的产品,而且购买国防产品(如坦克、舰艇)。

2.2.1　产品分类

1. 依据消费者类型的分类

这是最普遍的分类方式。

（1）非耐用及耐用消费品:产品被家庭所购买。非耐用产品与耐用产品的区别主要在于:一个非耐用产品的寿命相对较短(如化妆品和食品),并且非耐用产品相对于耐用产品结构复杂度较低(如移动电话、电视)。

（2）工业和商业产品:用于维持工业和商业运转的标准(现成的)产品。这些产品的技术复杂度可能有较大差异。这些产品可能是独立的单元(如汽车、计算机、卡车、泵等),也可能是制造商需要的产品组分(如电池、钻头、电子模块、激光打印机和墨粉盒)。

（3）专用于国防的产品或工业产品:专用产品(如军用飞机、船舶和火箭)通常是非常复杂和昂贵的,并且涉及最先进的技术,需要大量的研究和开发工作。用户是政府或工业部门。这些产品通常针对用户特定的需求而设计和建造。然而,更加复杂的大型系统(如发电站、化工厂、计算机网络和通信网络)则是几个相互关联的产品的集合。

2. 依据标准化或用户定制的分类原则

（1）标准产品:产品的制造是具有后期需求的。例如,这些产品是基于市场调查而生产的。标准产品一般包括所有的耐用及非耐用产品和大部分的商业或工业产品。

（2）用户定制产品:产品是基于用户的特殊要求而制造,并且包括专用的国防和工业产品。

3. 依据设计性质和设计过程分类[①]

（1）创意设计:创意设计是将设计问题抽象为一组能代表问题选择性的水平。对要解决的问题不存在先验计划。

（2）创新设计:问题的分解是已知的,但各子部件的替代方案不存在,并且它们必须被合成。设计可能是已有组分的原始或独特的组合。创造力在创新设计的过程中发挥了重要作用。

（3）重设计:对现有设计进行修改,以满足原来功能需求的改变。

（4）常规设计:存在一个先验计划作为解决的方案,并且可能作为创造性或创新设计结果的子组分和替代物也预先知道。常规设计包括找到满足给定约束的各组分的替代物。

4. 依据产品复杂性、使用方法、外观及设计的分类

Hubka 和 Eder(1992)提出了一种更为广泛的分类,其涵盖了复杂性、使用方

---

① Parsaei 和 Sullivan(1993)介绍的分类。

法、外观以及设计产品的方法。根据其分类,产品范围从艺术品到工业厂房,如下所示:

(1)艺术品。

(2)耐用消费品。

(3)批量或连续的工程产品。

(4)工商产品。

(5)工业制品。

(6)工业装备产品。

(7)特殊设备。

(8)工业厂房。

上述列表中,越往顶部产品的外观越重要的;然而,越往下部,产品的设计方法和科学知识的使用越重要。对艺术品来说,艺术家既是设计者又是制造者。工业厂房是产品的特殊形式,其是工业设备和控制设备等其他产品的集合,由它们相互联系而构成。

5. 依据新产品与二手产品分类

一个新产品存在几种不同的概念,后面将会进行讨论。与此相反,旧产品是在市场上已经销售过一段时间的产品。

需要区分新物品与旧物品。如果,一个产品的有用寿命远大于它的寿命周期(在2.3节讨论),用户会经常用新的产品去替代旧的产品,便由此产生了二手市场。

2.2.2 新产品的"新"

新产品定期地取代现有产品。新产品在市场上的出现速度呈现出指数增长的趋势。出现这种情况的原因有很多,可能是以下一种或多种情况:

(1)创造差异化的优势(产品差异化);

(2)支持制造商的持续增长;

(3)充分利用技术上的突破;

(4)应对人口结构的变化。

人们对新产品的定义多种多样,对新产品"新"的评判也是仁者见仁智者见智。不同的角度将产生以下不同的观点:

(1)对整个世界来说是新的(如第一架飞机、第一个无线电、第一台计算机、第一辆汽车);

(2)对某个产业来说是新的(如某个产业中已经成熟的产品被第一次应用在另一个产业中);

(3)对某个制造公司是新的(但是可能对同行业的竞争者来已经非常熟悉);

(4)对某个市场来说是新的;

(5)对某些用户是新的。

从什么是新这个角度,可以找到以下特点:

(1) 新的技术(数字计算机取代了模拟计算机);

(2) 新的流程(降低了生产成本,提高了产品的质量);

(3) 新的功能(在消费电子产品行业,这是最引人注目的,如移动电话);

(4) 新的用途(微型计算机设计的芯片用于家用电器);

(5) 新的设计(通过新的设计,降低了生产成本)。

新奇程度是新产品区分于旧产品的指标。而同一个改变从不同的角度看来,既可能一文不值,也可能是十分巨大的。例如,一个降低了生产成本的创新,从制造商的角度来看其意义是十分巨大的,而从客户的角度来看则几乎算不上革新。根本变化起因于一项新技术的发明(喷气发动机达到了之前的螺旋桨飞机不可能达到的速度),而渐进变化则产生于现有的技术进步。

从客户的角度来说,所谓的"新"在于产品功能的进步(如汽车燃油效率的提高),或是那些能满足新需求、带来更大利益的新功能。[①]

例 2.1　DNV RP A203 是海上石油和天然气工业对新技术进行可靠性鉴定的准则。该准则将符合资格的产品分为如下的四大类:

技术性状态	已被实践验证	有限的应用时间	新的或者未被验证
已知的应用	1	2	3
未知的应用	2	3	4

这种分类表明:

(1) 无新技术的不确定性:无论是产品、应用领域还是环境条件都是成熟的。

(2) 新技术的不确定性:

① 该产品具有一个有限领域历史,但其应用领域和环境条件是新的。

② 该产品经实践证明非常成熟,但其应用领域或环境条件是新的。

(3) 新技术的挑战:

① 该产品是新的,但将在已知的环境中用于成熟的领域。

② 该产品只是部分成熟(应用时间非常有限),其应用领域和环境条件都是新的。

(4) 需要新的挑战:产品是新的,其应用领域和环境条件也是新的。

2.2.3　产品分解

随着技术的进步,产品的复杂性也在不断地增加。下面例子来自 Kececioglu (1991),从中可以看出:随着时间的推移,拖拉机的部件的数目也在增加。

---

① 更多相关讨论见 Garcia 和 Calantone (2002)。

车型年份	1935	1960	1970	1980	1990
部件数量	1200	1250	2400	2600	2900

对于更复杂的产品,部件的数目可能是更大的数量级。

例如:一架波音747飞机有450万个部件(Appel,1970)。

因此,产品可以视为一个包括多个部件的系统,并且具有可分解为多级的层次结构。其中,系统处于整个层次结构的顶层,各部件处于层次结构的最底层。描述这种层次结构的方法有很多,以下是Blischke和Murthy(2000)的分层方法:

级别	描述
0	系统
1	子系统
2	主要组件
3	组件
4	子组件
5	部件

以系统的层次结构描述一个产品时,其所需的层次数目由该产品的复杂性决定。

例2.2(移动电话) 移动电话是一个非常复杂的产品,主要组成为电路板,天线,液晶显示,键盘,麦克风,扬声器和电池。每一个组成部分可分解成更低的级别。例如,电路板是系统的"心脏"和"大脑",其包含几个计算机芯片和其他元件。不同的芯片和元件功能如下:

(1)模/数芯片和数模芯片:模/数芯片将音频的模拟信号转换为数字信号;数/模芯片将数字信号转换为模拟信号。

(2)微处理器芯片:进行键盘的读入和显示工作,处理基站的信号和命令,并能协调其他的功能。

(3)ROM和闪存芯片:为移动电话的操作系统和其他功能(如电话目录)提供存储空间。

(4)无线电接收和电源部分:管理电池的充放电,并处理数百个FM频道。

(5)射频放大器:处理在天线部分的传输信号。

例2.3(安全仪表系统) 所有的安全仪表系统至少有输入元素、逻辑解算器和终端元素三个主要的子系统。构成每个子系统的组件和部件的数目不定。终端元素(如关机阀)通常有故障安全设计,配有电动、液压或气动工作系统。输入元素通常具有诊断测试功能。逻辑解算器往往具有两重或三重的配置,可以使得自测正常进行。该传感器通常设计为 $k-n$ 系统,即 n 个输入端中至少有 k 个向解算器发出信号才能引发警报。

2.3　产品寿命与产品寿命周期

2.3.1　产品寿命

产品可用寿命是指:超过这段可用时间,产品因性能退化被视为不适合继续使用。由于制造和使用的差异,产品可用寿命是随机变量。对一个可修复的产品来说,产品的部件在其可用寿命内会发生多次失效,但是通过正确地维修可以重新恢复运行状态。

在讨论新产品时,产品寿命的概念为产品在被新产品替代前的使用时间,也称为一段所有权。它也是随机变量,因为不同的用户更新所用产品的时间不一样。如果用户使用一件产品直到该产品损坏,则产品在其失效时才报废。在这种情况下,二手产品将不会存在。反之,如果这段所有权时间比产品的寿命短,便产生了二手市场。

2.3.2　产品寿命周期

产品寿命周期的意义与重要性对用户和制造商来说是完全不一样的。[①]

从制造商的角度来看,有两个不同的概念。在更大的整体背景下,产品的寿命周期具有重要的战略意义(Betz,1993)。在这里,产品的寿命周期是嵌入到技术生命周期的概念中的,技术生命周期则包含多个产品寿命周期。革命性的技术创新将产生一个新的技术平台(如互联网的接入),同时一代代的技术也将在这个平台上发展起来(如电话调制解调器、ISDN、ADSL)。每一代技术都具有引入、快速发展、成熟、消亡四个阶段,在每一代技术中,大量的具有类似的产品寿命周期的产品将被开发出来。技术平台同样遵循一个类似的技术寿命周期。

从用户的角度,产品的寿命周期是从购买产品到因产品不可用或是被新产品替代而丢弃该产品的一段时间。该寿命周期包括以下 3 个阶段:

(1) 获取;

(2) 操作及维护;

(3) 丢弃(导致更换新的产品)。

从制造商的角度:

存在市场营销和产品制造两种不同的概念。

市场营销:产品的寿命周期是产品从上架到下架的一段时间。它分为导入期(低价销售)、发展阶段(销售量快速增长)、成熟阶段(销售量稳定)和衰退阶段

---

① 更多产品寿命周期的介绍见 Rink 和 Swan(1979)。

（销售量下降）的四个阶段：

产品制造：产品的寿命周期是从产品的概念形成到产品在市场上退出的一段时间。它分为五个阶段，如图 1.1 所示。

2.4　新产品开发

总部设在美国的"产品开发与管理协会"定义新产品的开发为：一系列严格的固定步骤，这些步骤描述了一个公司如何将一个初始的想法转变为可销售产品或服务的整个过程。（Belliveau 等，2002）

2.4.1　商业全局背景下的新产品开发

企业通过战略管理实现长期目标，这就需要以一种连贯的方式来制定各种业务策略，这些业务策略往往是固定的、综合的。一旦做到这点，就需要制定计划并实施各步骤。并且，必须监控由此产生的行为，可以做出相关的调整从而有效地控制整个过程。图 2.1（改编自 Fairlie - Clarke 和 Muller，2003）显示了产品开发战略中的一些关键策略。新产品开发的成功很大程度上取决于制定和实施适当的战略。

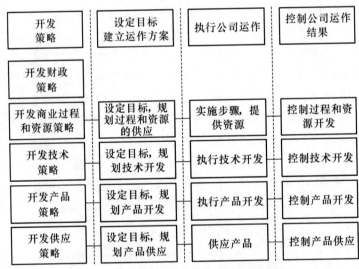

图 2.1　作为商业组成部分的新产品开发

根据 Wheelwright 和 Clark（1992），在全球的动态竞争中能取得成功的公司是能够给市场快速提供让用户满意的新产品的公司。这些公司：

（1）采取一种结构化的方式开发新产品，比采取即时方法的公司更容易获得成功。

（2）强调早期阶段使其有更高的成功机会。

2.4.2　新产品开发模型的简要综述

为了更好地研究新产品的开发和管理,已提出各种模型。产品的开发过程始于一种想法,即生产能满足用户或制造商所提出的特定要求的产品(或为飞速创新性的产品创造新的需求),并以产品在市场上推出作为结束。它包括几个不同的阶段,且不同的模型所对应的阶段数目和描述方式也不一样。表2.1 给出了具体的示例。①

表 2.1　新产品开发模型不同阶段的示例

模型	阶段
模型1(Roozenburg 和 Eekels, 1995)	分析→概念→实现
模型2(IEC 60300-1)	概念与定义→设计与开发→制造与装配
模型3(Fox, 1993)	初概念→概念→设计→验证→生产
模型4(Pahl 和 Beitz, 1996)	任务说明→概念设计→具体化设计→详细设计
模型5(Cooper, 2005)	领域→建立商业案例→开发→测试与确认→投放市场
模型6(Blanchard, 2004)	概念设计→初步系统设计→细节设计与开发→构造→生产
模型7(Pugh, 1990)	市场→规范→概念设计→详细设计→制造
模型8(Andreasen 和 Hein, 1987)	需求识别→需求调查→产品原则→产品设计→产品准备→实施

其中,阶段数的区别、术语使用的差异和相同概念的不同表达只能根据不同的背景才能很好地解释。例如:①产品的类型(如机械、电气、机电、电子);②创新的程度(如重新设计与常规设计);③产品的复杂性;④生产过程(如手动、高度自动化、现有生产设施);⑤供应商/原始设备制造商(OEM)的类型和数量;⑥所涉及的技术;⑦可用资源(如人力资源);⑧时间和预算限制。②

2.5　产品寿命周期阶段:基本概念与活动

本节将讨论如图1.1所示的产品寿命周期模型中五个不同阶段的基本概念和活动,这对更好地理解产品性能与规范的决策模型有所帮助。

---

① 更多模型和讨论见:Hubka 和 Eder(1992);Fairlie - Clarke 和 Muller(2003);Aoussat 等(2000);Büyüközkan 等(2004);Cooper(2001);Cross(1994);Drejer 和 Gudmundsson(2002);French(1985);Ottoson(2004);Sim 和 Duffy(2003);Suh(2001);Ullman(2003);Weber 等(2003)。

② 更多相关讨论见:Hales(1993);Maffin(1998);Nellore 和 Balachandra(2001);Song 和 Montoya - Weiss(1998);Tatikonda 和 Rosenthal(2000);Veryzer(1998)。

2.5.1 前期

1. 机会、理念和概念

机会、理念和概念与新产品的开发背景密切相关,定义如下(Belliveau 等 (2002)):

(1) 机会:通过探索现有的业务或技术与未来的差距,获得有竞争力的优势或解决问题的方案。

(2) 理念:对一个新产品或服务的最早认识,它也可能是如何利用机会的一个早期观点或方案。

(3) 概念:有着较好的定义形式和描述,包括对所需技术、主要特点和客户利益的了解。

前期阶段的目的是处理和选择可能会开发出新创意或想法,并进一步将所选创意发展为可行的概念。[①]

2. 新产品开发的驱动因素

新产品的理念由以下一种或多种的因素触发:

(1) 技术:内部或外部技术的进步提供了改进现有产品的机会。

(2) 市场:制造商必须通过改进现有产品,来应对竞争对手的行动(如降价或提高产品质量)和客户对产品性能的投诉。

(3) 管理:改进产品的动机可能是:内部因素(如增加市场份额或通过降低保修成本提高利润)及外部因素(如与产品性能相关的新立法等)。

3. 理念的筛选

开发新产品的上述驱动因素产生了源源不断的新理念,因此,也要有一个持续的筛选来决定哪一些想法是需要进一步发展的。筛选回答了下列问题(Cooper (2001)):

(1) 这种的想法是否适合于商业市场或技术的重点领域。

(2) 商机是否具有足够的吸引力(如潜在市场的规模和增长量)。

(3) 开发和生产该产品是否在技术上可行。

(4) 是否有潜在的障碍可能会终止此项目(如立法或环境问题)。

一旦某种理念被选中做进一步的调查,则后续需要进行的活动可以分为:产品的定义、项目计划和项目定义的审查三组。[②]

4. 产品定义

产品定义的主要任务是将可行的想法转变为技术上可行、经济上可行,并且具

---

① 此过程是非常具有选择性的,接近 90% 的想法和 80% 的概念会被排除掉(Cooper 等,1998)。

② 前期阶段的相关文献综述表明了前期阶段中完成的活动之间的明显差异,将理念的筛选包括在前期阶段中,但是许多其他的观点将前期阶段放在理念筛选之后。

有竞争力的产品概念(图 2.2)。这个过程中一个重要的因素是捕获商业目标(以内部股权持有者为代表)和客户需求(以外部股权持有者为代表),因此,建立的概念必须符合这些因素。该过程可称为"需求捕获"(Cooper 等,1998)。产品的定义强调,该产品应具有何种特点(最好是可度量的),以满足内外股票持有者的期望。产品定义的建立是一个反复的过程,涉及如下方面:

(1)市场调查及市场研究分析。

(2)竞争分析。

(3)商业和财务分析。

(4)技术和制造评估。

(5)资源和能力评估,确保概念的可行性。[①]

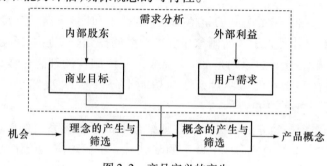

图 2.2　产品定义的产生

5. 商业目标

商业目标定义为"新产品开发过程的整体商业目的"或"该产品应该为商业所做的贡献"。它可能是投资的回报率、预期的市场份额等。商业目标的影响因素多种多样,如图 2.3 所示。

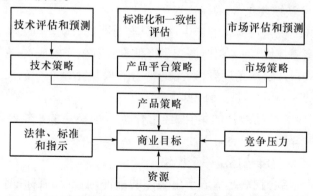

图 2.3　商业目标的影响因素

---

① 　Cooper(2001)提出,更多详细内容见 Khurana 和 Rosenthal(1998)。

6. 用户需求

对于耐用消费品,客户的要求、希望和偏好(产品能为用户做什么)可以通过市场调研获得。然而,值得关注的问题是,客户往往以一种模糊的方式说明要求。这对于开展市场研究和将模糊需求转化为特定的产品特性来说无疑是一个很大的挑战。[①] 对于用户定制的产品,顾客通常会详细说明其需求。

7. 概念的产生及筛选

可行概念的产生过程主要关注:

(1)确定可能满足商业目标和客户需求的概念。

(2)从性能的角度评估最有可能的候选概念。

(3)确定首选概念。

概念的产生始于确定产品的整体功能(包括子功能)。这些功能定义了什么是产品应该做的,并且先于产品概念和解决方案的探究。[②] 进而,子功能的解决原则随之产生。解决方案的原则是"对系统或子系统结构的理想化概要表示,其中系统元素的特性和相互的关系对系统的功能十分重要,并决定了产品的质量。"(Roozenburg 和 Eekels,1995)

不同的子系统中建立的解决方案原则结合形成了整体系统的解决方案原则,进而,整体解决方案的原则形成了概念的基础。一个概念应该能定义执行每个主要功能的方式,以及主要成分的空间结构关系。概念也应能提供足够详细的成本和产品重量的近似值(French,1985)。概念也可以给出功能结构的示意性表达形式,如:电路图、流程图(Pahl 和 Beitz,1996)。

功能结构和解决方案的可选自由度取决于产品模块化的程度。产品模块化的程度则由制造商所设定的产品平台战略规定。

8. 产品平台及模块化

平台战略和模块化对概念的产生过程具有重要的影响。面对着比以往任何时候都要严峻的竞争环境,许多制造商为了降低设计和生产的成本,在不同的产品中增加相同的模块。从这个角度看,产品的平台和模块化是相同的概念。平台的一个广泛定义是(Meyer 和 Lehnerd,1992):

"一个相对大的产品部件的集合,经常作为一个稳定的子组装体进行物理连接,并对不同的产品有一定的通用性。"

Muffatto(1999)这样描述了一个模块:

"一组物理上结合在一起形成子组装体的部件,通常具有标准化的接口设计。

---

① 确定用户需求的工具和技术见 Urban 和 Hauser (1993);质量功能分配(QFD)方法广泛应用于将需求转化为特定的产品特性,见 ReVelle 等 (1998)。

② 更多讨论见:Blanchard (2004);Fox (1993);Pahl 和 Beitz (1996);Pugh(1990);Suh (2001);Ullman (2003)。

相同的模块可以在不同的产品中出现,但它们对于任一产品可能有独特的作用。"

产品平台使制造商能够降低产品组件的具体数量。通过更好地利用设备和简化流程,降低生产成本。它同时允许制造商更好地满足个人用户的需求。

为了长期受益于产品平台,需要对产品开发进行长期规划,使得在一段时间内许多产品共用相同的产品平台。[①]

9. 项目计划

项目计划包括设计新产品开发项目的计划明细表,并涉及许多相关问题,如时间和资源的分配、任务的调度等。[②] Blanchard(2004)提供了对项目计划和计划过程中必要元素的详细说明。项目计划主要包括:

(1)活动计划。

(2)角色和职责的定义。

(3)资源和服务计划。

(4)风险管理计划。

(5)建立项目的性能度量方法。

10. 项目定义审查

项目定义审查包括最后的审查,以及对产品定义和项目计划的评估。这项工作在做出是否全面开发项目的决策之前进行。[③]

注意:经验研究表明,对大多数制造商而言,即使针对高风险的新品开发项目,往往也没有给予此阶段足够的重视。然而,成功的关键却取决于在这个阶段中做出的决定。[④]

2.5.2　设计

设计阶段关注产品的特性,产品的特性提供了前期阶段所确定的产品所需属性。此阶段包括若干个子阶段和决策点。

在设计阶段初期,人们所关心的是达到最佳的产品架构。根据 Mikkola 和 Gassmann(2003),产品架构可以定义为:

"配置产品的功能元素到相应的物理模块中,包括将产品的功能元素映射到物理部件,以及相互作用的物理部件之间的接口规范。"

产品架构是在依次考虑各子系统、组装体、子组装体与部件的布局和交互后建

---

① Muffatto 和 Roveda(2000)讨论了更多相关内容。Gershenson 等(2003)和 Gershenson 等(2004)给出了在产品开发中模块化的措施和实现模块化方法的文献综述。

② 一些作者建议,项目计划和决策的开始应该优先于概念的产生(Pahl 和 Beitz, 1996;Roozenburg 和 Eekels, 1995)。

③ Khurana 和 Rosenthal(1998)给出了在新产品开发中项目计划的相关成功因素的综述。

④ 许多研究涉及递增创新的产品以及非连续(改革的)创新产品的文献受到的关注越来越少(Reid 和 de Brentani, 2004)。

立起来的。在产品体系结构的建立中,为了清楚地了解各部分之间的交互作用,产品的功能分解,组装体、子装配组件以及后来的部件之间的功能关系定义都是必不可少的。对于"模块化"的产品,这种认识是特别重要的。

建立产品架构之后,就可以开始详细设计。在这部分,将详细定义每个部件的所有属性(如形式、尺寸、公差、表面性质以及材料),这些信息记录在详细图纸和材料清单中。并且,除生产文件之外,也需要制作运输和操作说明。

设计阶段涉及许多并行运行的设计活动,同时需要考虑许多产品特性。决定一个产品的特性可能会影响产品的其他特性,一个部件的变化也可能要求其他部件做出改变。因此,在设计阶段需要反复的迭代。在这方面已经提出了许多种不同的方法:Roozenburg 和 Eekels(1995)提出的问题解决周期法和面向 X 设计法(Meerkamm,1990;Van Hemel 和 Keldmann,1996)。Blanchard(2004)提出的 X 设计法是指:

"一种考虑可靠性、维修性、人因、安全性、保障性、互操作性、可用性、寿命周期成本、灵活性、可移植性、可生产性、质量、可处理性、环境,以及可测试性的综合设计方法。"

Sim 和 Duffy(2003)考虑一般性的设计活动,并将其分为如下三大类:

(1)设计定义活动。此类活动包括将产品的设计不断细化,直到所有的细节确定下来,产品可以进入生产阶段。

(2)设计评价活动。此类活动包括潜在设计候选项的分析、评估和比较,旨在寻找最佳的解决方案和所选方案的潜在改善途径。

(3)设计管理活动。此类活动关注整个产品开发过程中的设计定义和评价活动的协调和管理。

在设计阶段会实施一些正式的设计审查。在早期设计阶段,需要一个或更多的审查来确定和验证产品的架构(审查的次数取决于产品的复杂性[①])。另外,对关键部件的验证需要更多的设计审查才能完成。严格的设计审查通常是为了确保最终设计的正确,这部分工作需要在正式生产或制造之前完成。

2.5.3　开发

开发阶段主要关心部件和产品原型的测试。当项目涉及新技术,或原有技术应用于新的领域时,开发阶段必不可少。

测试是通过工程面包板、台架测试模式、服务测试模型、快速原型制造等方式完成。具体包括以下方面:

(1)环境测试/验证。温度循环、冲击和振动、湿度、沙尘、盐雾、噪声、防爆和电磁干扰。

---

① Blanchard(2004)描述了系统设计评审的更多细节。

（2）可靠性测试/验证。连续测试、寿命测试、环境应力筛选和可靠性增长试验。

（3）预生产测试/验证。验证该部件可以生产，并揭示潜在的生产问题，确保该组件具有所期望的性能。

当得到产品的原型后，需要进行一系列的测试预测或验证产品的性能。所使用的测试方法依赖于产品的类型，除了前面讨论的那些方法外，还包括以下内容：

（1）可维护性测试/证明。维护任务、任务时间和顺序、维修人员数量和技能水平、易测性和可诊断性、主设备与测试设备接口、维修程序和维修设施。

（2）支持设备之间的兼容性。验证主要设备、测试设备和支持设备之间的兼容性。

（3）技术数据的验证。验证（确认）操作程序、维护程序和支持数据。

（4）人事考核和评估。确保人与设备之间的兼容性、人员数量与技能水平、培训需求。

（5）预组装测试和评估。确保该产品具有预期的可组装性，符合设备和人员配备的规定。

（6）现场测试验证。验证产品可以在规定的情况下进行使用和维护，即特定的操作人员进行业务测试和设备支持、业务备件和验证、运行和维护程序等操作。

（7）市场预投放。在小范围的市场中，测试标准产品是否能够满足用户的期望。

开发阶段具有两个目的：对于定制的产品，其目的往往是验证所需性能是否满足客户和制造商之间的合同；如果实际的性能（预测性能）低于期望的性能，开发过程还包括了解问题出现的原因，然后提出解决问题方案。

2.5.4　生产

在整个设计和开发阶段，一旦发现在给定约束范围内能满足期望性能的解决方案，那么生产、组装或制造阶段的挑战是如何保留产品的设计性能。

尽管整个设计和开发过程都在确保最佳的生产和组装特性[①]，然而任何生产系统都不能生产出两个完全相同的产品。其原因是：生产材料；生产工艺；操作技能；其他因素，如环境因素（温度、湿度等）。

如下策略能确保生产的产品具备其对应的原型所具有的性能。

1. 过程控制

过程的状态可以是可控状态（一些确定的影响均在可控范围内只有极少数的产品不符合要求）或不可控状态（由于特定原因，导致生产的产品中存在较大数量不合格）。相关的影响可以通过对整个过程进行更好的设计消除（如 Taguchi 方

---

① 见 Boothroyd 等（2002）对制造装配的设计描述。

法),称为离线控制。通过定期地检查生产的产品和使用控制图表,可以检测到从可控状态到不可控状态的变化,称为在线控制。[①]

2. 检查和测试

除了统计过程控制,一个检查和测试方法也旨在确保产品符合设计的性能,包括:

(1)验收检验和测试。在从供应商处接收到原材料和零部件时,对其进行检查和测试;并且在生产过程中的任何时间或生产过程后,决定是否接收该产品。

(2)审计检查:定期随机检查厂房或部门的质量过程和结果。

3. 用户定制(特殊)产品

对于用户定制的产品,一致性要求是非常高的(如卫星、潜艇和核电厂)。在这种情况下,需要对这些产品进行一系列的测试(在合同中指定),然后移交给用户。

2.5.5 生产后

对于标准产品,此过程涉及销售和产品支持两个子阶段。对于用户定制产品,此过程仅包含后者。

1. 营销

该子阶段处理的问题包括如何将产品投放到市场,以及产品的售价、促销、保修、分布的渠道等。针对其中一些问题(如售价)制定策略时,必须随时根据外部因素(如竞争者的行动、经济环境、用户的反映等)做出相应的改变。

2. 价格

定价有两种方式:一种是基于制造的成本(包括开发、生产以及营销成本),确保能达到期望的收益;另一种是基于市场需求以及供应情况。对于一个新投入市场的产品,一般开始售价会比较高,在随后的过程中由于生产成本的减少或新竞争者的出现,售价会有一定的降低。

3. 促销

根据不同的产品,制造商可以使用不同的媒体(如电视、广播、报纸、杂志、邮寄宣传册、宣传单)对产品进行促销。某个特定广告的持续时间与重复频率将对消费者的意识和决策产生影响。对昂贵的产品来说,制造商提供的产品支持也可作为一种非常有效的宣传工具,并可区分于竞争对手的产品。

例2.4(移动电话) 任何广告词都有一个有限的生命,所以制造商需要推出新的广告词。Sohn 和 Choi(2001)研究了五个不同的韩国厂商于 1997 年至 1998 年为销售移动电话而推出的移动电话广告的寿命(表2.2)。

[①] 更多统计过程控制见 Thompson 和 Koronacki(2002)、Smith(2004)以及 Oakland(2008)。

表 2.2　移动电话广告的寿命

广告名称	广告持续时间	广告寿命/天	广告期间的预订量	被竞争对手挤掉的广告数量
The birth	1997 年 8 月 9 日至 31 日	23	88136	0
Family	1997 年 9 月 1 日至 11 月 26 日	87	218817	6
Cradle song	1997 年 11 月 27 日至 1998 年 3 月 12 日	106	406223	12
The vivid PCS	1998 年 1 月 19 日至 3 月 25 日	66	361346	4
My father	1998 年 3 月 13 日至 8 月 4 日	145	768433	11
Shining PCS	1998 年 4 月 11 日至 9 月 10 日	153	685103	14

4. 产品支持

当用户购买产品时,他们认为所购买的产品绝不仅限于该物品,还应该包括产品的维修、备件、培训、升级等。他们对售后的支持服务水平有一定的期望,这就是产品支持。

产品的支持服务是指在产品的使用寿命期间为确保该产品令人满意的运转所需的不同类型的服务。产品的支持服务可以对有形的产品进行增值,体现在以下几个方面:

(1)延长产品的可用寿命。

(2)通过维护,可以使产品进一步使用,并且推迟更换的时间。

(3)在初始销售产品时,直接赋予价值。

(4)送货、安装、部署和附加保修条款中为用户提供的附加价值。

产品的支持服务可以包括下列一个或多个活动:

(1)配件、信息、培训。

(2)安装。

(3)维护与服务合同。

(4)保修与延长保修期的服务合约。

(5)设计的修改与定制。

2.6　产品性能与规范的新模型

尽管许多新的产品开发模型讨论了产品的性能与规范,但均没有以一种有效的方式解决这些问题。本节提出了一个新的模型,更适合在新产品开发过程中做出与性能和规范相关的决策。它与图 1.1 中给出的全寿命周期模型有着密切的联系,包括三个时期和三个等级。这三个时期如下:

第一时期(开发前):此时期关注的是一个非物理的(或抽象)概念化的产品,并且其详细程度逐步增加。

第二时期(开发):这个时期通过研究、开发和原型化,对产品进行物理上的实现。

第三时期(开发后):此时期关注开发后产品生命周期的剩余部分(如生产、销售、使用)。

三个等级如下:

第一级(企业级):这个等级关注的是与企业经营目标联系起来的新产品的所需属性。

第二级(系统,即产品级):在此等级将产品的属性与产品的特性联系起来,并将该产品视为一个黑盒子。

第三级(部件级):这个等级中,将产品的整体特性与更低层次的特性联系起来,并逐步细化。

产品性能与规格的新模型有八个阶段,如图 2.4 所示。其中,某些阶段还涉及几个子阶段。活动中的不同阶段如下:

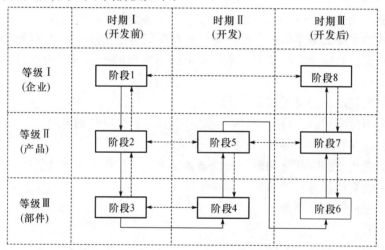

图 2.4　产品性能和规格的新模型

阶段 1(时期 Ⅰ,等级 Ⅰ):此阶段新产品的需求已确定,并且产品的相关属性(用户观点)也由企业的整体战略管理层确定。

阶段 2(时期 Ⅰ,等级 Ⅱ):此阶段的产品属性将被转化成产品特性(工程师观点)。

阶段 3(时期 Ⅰ,等级 Ⅲ):此阶段完成从产品到部件的详细设计,得出的相关规范将确保该产品具有所需的特性。

阶段 4(时期 Ⅱ,等级 Ⅲ):此阶段进行产品的开发,从零部件到产品,最终得到产品原型。

阶段 5(时期 Ⅱ,等级 Ⅱ):此阶段原型发放到有限的消费者手中,进行用户体验的评价。

　　阶段 6(时期Ⅲ,等级Ⅲ):此阶段进行产品的生产。

　　阶段 7(时期Ⅲ,等级Ⅱ):此阶段加上使用强度、工作环境等因素后,从用户的角度出发考虑产品的性能。

　　阶段 8(时期Ⅲ,等级Ⅰ):此阶段从整体业务的角度评价产品的性能。

　　新模型的各阶段与产品生命周期(图 1.1)模型对比如图 2.5 所示。

阶段 1	阶段 2	阶段 3	阶段 4	阶段 5	阶段 6	阶段 7	阶段 8
开发前			开发		开发后		
前期	设计		开发		生产	生产后	

图 2.5　新模型各阶段与产品生命周期模型的对比

　　以上八个阶段是顺序进行的,如图 2.4 所示。在每个阶段结束时必须做出决定:整个过程是继续向前还是向后迭代(如图 2.4 中的虚线所示)。这些内容将进一步在第 3 章中讨论。

第3章 产品性能与规范

3.1 引 言

新产品的开发过程开始于一项需求说明,即所需产品功能的描述和它们相关的性能标准。它涉及产品的性能与约束的定义,在此基础上就可以得出一组规范,这些规范构成了产品生产过程的基础。第1章定义了期望和预计的性能,第2章指出产品是一个复杂的对象,它可以分解为多个层次。因此,就有一个性能与规范的层次结构,并且这些层次都是相通的。本章将讨论产品的性能与规范以及它们在某些方面的联系,然后重点关注可靠性性能与规范。

本章概要:3.2节讨论产品的需求和约束方面的问题;3.3节和3.4节主要关注一般的性能与规范;3.5节讨论它们之间的联系;3.6~3.8节通过第2章提出的新产品开发过程模型,讨论时期Ⅰ至时期Ⅲ中产品的性能与规范;3.9节综合讨论3.6~3.8节的内容,并介绍新产品开发过程中关于性能与规范的决策过程。

3.2 需求、偏好和约束

本节讨论几个相关的问题,以了解产品的性能与规范。

3.2.1 需求

根据牛津词典(1989年版):

需求,是一个名词,是指要求的或是需要的;想要或需要。

在新产品开发过程中会有许多不同的需求,这些需求为新产品功能的定义以及前端阶段的评估方案提供了基础,它指引设计师设计出正确的方案,同时在新产品的设计和开发过程中为产品的验证和潜在设计方案的选择奠定了基础。在 IEC 60300 - 3 -4 中已给出了一些指定的方法。Gershenson 和 Stauffer(1999)建议对需求做出如下的分类:

(1)客户需求:这些需求表达出了客户期望产品具有的属性(如汽车发动机燃料必须低消耗)。

(2)公司需求:与商业相关的需求,与产品生命周期的各个因素有关(例如,新发动机的销量必须超过某一值,以实现预期的投资回报),同时必须考虑制造公司中不同群体(如工程师、经理、市场营销人员等)的利益。

（3）管理需求：这些需求涉及安全/健康、环境/生态、政治等问题，并且通常由政府政策强制执行（如排污水平必须符合新标准）。这将在第 10 章进一步讨论。

（4）技术需求：包括工程原理、材料性质以及物理定律（如汽缸的材料需要承受一定的压力和温度），这些需求通常能在用户指南和手册中找到。

以上需求都必须得到满足。[①]

在新产品开发中，另一个重要的问题是功能需求，根据 Lin 和 Chen（2002）："功能需求由功能和需求组成。功能描述了'要做什么'，而需求是由偏好或者限度规定的性能指标定义的。"

功能需求定义了两种类型的需求：

类型 1：一个性能指标和一个相应的偏好；

类型 2：一个性能指标和一个相应的约束。

3.2.2　偏好

偏好表达了不同的利益相关者（如用户、企业代表）希望产品具有的性能，也是产品应该有的性能。

Prudhomme 等人（2003）指出，在一个新产品的开发过程中，偏好并不能有效地描述不同利益相关者的需求。对于一个给定的性能指标，也用"灵活度"表示调整其偏好（期望性能）的意愿程度。[②]

根据客户或者制造商中的不同群体的重要程度，偏好也有一定的"优先级"。这对给定不同的性能指标，或者评估不同解决方案的整体价值中，都非常必要。[③]

3.2.3　约束

约束是变量的取值范围。在新产品开发过程中，存在各种各样的约束，如经费约束（为新的项目筹集资金）、资源约束（劳动力）、时间约束（新产品开发必须规定一些精确的时间节点）等。

在产品设计方面，Suh（2001）定义约束为一个单一的产品外部或内部属性或两个或两个以上的产品特性之间的关系；并给出了两种类型的约束，即输入约束（在新产品开发的开始阶段给出，如大小、重量、材料、成本等的约束）和系统约束（在开发的过程中会不断出现，如在一个系统中特定的电子部件的选择可能会限制另一个部分产生的温度）。

注意，偏好的选择也可能会导致后续阶段约束的出现（例如，一个特殊子系统的选择可能导致随后出现空间上的限制）。

---

① Gershenson 和 Stauffer（1999）用"客户需求"表示上述四个需求。

② 在许多工程设计文献中，这与"需求"和"希望"的区别相同（见 Roozenburg 和 Eekels，1995）。

③ 更多内容见 Blanchard（2004）。

3.3 产品性能

3.3.1 概念

根据牛津词典(1989年版):

性能,是一个名词,是指完成、实施、执行命令或承担的工作;做出任何行动或工作;工作,行动(人为或机械);特别的,指机器或者设备,包括汽车或飞行器在测试以及特定情况下表现出的能力。通常也用特性来表示一个机动车辆具有很好的性能。

在相关文献中有许多关于性能的定义,下面给出一些例子:

"性能是功能和行为的度量,即设备实现设计目标的程度。"(Ullman,2003)

"产品如何实现其预期的功能,典型产品的性能是速度、效率、寿命、精度以及噪声。"(Ulrich和Eppinger,1995)

"产品的性能可以描述为一个产品在外部工作环境下对行为的反应,产品的性能通过它的各个组成部分来实现。"(Zeng和Gu,1999)

可以看出,这些定义意味着产品的性能是产品功能的一种度量。当谈论到产品的性能时,还必须引进一些特性,如外形、耐用性以及价格。正如在第1章中定义的,产品性能是一个由变量组成的向量,其中每个变量是该产品或其元素的可度量属性。性能的变量与产品内部和外部特性都有关[1],这些性能变量可以是[2]:

(1)功能特性(如吞吐量、电力、燃料消耗);

(2)可靠性性能(如故障频率、平均故障时间、可靠概率等);

(3)商业特性(如效益、投资回报)。

一个产品的性能取决于多个因素,包括使用方式、使用强度、使用环境、操作员的技能等。

3.3.2 性能的类型

在新产品的开发中,定义了以下三种不同类型的性能:

1. 期望性能

从消费者的角度看,期望性能(DP)是消费者期望产品拥有的性能。对于个人消费者,期望性能与消费者的利益、意愿以及满意度相关。以一辆汽车为例,期望性能可以是其造成的最大环境污染程度,或者驾驶特性的最低水平等。如果消费者是一个企业,那么期望性能与其商业目标有关。例如,从航空运营商来看,喷气

---

① 与2.2.2节介绍的一样,产品可以分为几个级别,从子系统级往下到部件级,可以定义每个级的性能,Zeng和Gu(1990)介绍到,产品的性能可以通过它的组成部件的性能来实现。

② 这些变量(如尺寸、形状、重量)在有些场合可以视为性能变量。

发动机的期望性能可能是燃料利用效率要高于某些特定值,这又与操作成本相关。

从制造商的角度来看,期望性能是新产品开发的基础,最初的期望性能是在前端阶段建立的。期望性能的建立涉及期望性能与以下因素的一个平衡(Zeng 和 Gu,1999):

(1) 项目花费:产品开发的成本。

(2) 开发速度:从概念到投放市场/工作的时间。

(3) 生产成本:制造/建造产品的成本。

(4) 经济效益:产生的收入,以及在产品寿命周期内的售后服务费用。

期望性能的实现也会对这四个因素产生直接影响。然而,正如前面提到的,期望性能受到下列因素的影响:

(1) 客户的需求。

(2) 技术可行性。

(3) 早期的产品性能。

(4) 竞争对手的行动和竞争压力。

(5) 经济形势。

(6) 法律法规,标准和政策。

2. 预测性能

预测性能(PP)定义为"一个产品性能的估计值,通过分析、仿真、测试等方式获得"。在设计阶段,制造商必须先根据产品手册和说明中的技术参数来预测产品的性能[①]。在开发阶段,则需要从有限的测试中获取数据,在此基础上预测产品的性能。产品的预测性能在决策过程中具有非常重要的作用,在本章将会进一步讨论。

影响预测性能的因素(时期 Ⅰ 的等级 Ⅱ 和等级 Ⅲ,如图 2.4 所示):①设计方法的选择;②预测模型的选择;③用于预测的数据的质量。

在时期 Ⅱ 的等级 Ⅱ 和等级 Ⅲ 进行的具体测试中,预测(或估计)性能(从部件级到产品级)还受到另外一些因素的影响,包括:试验环境(正常测试和加速测试、环境测试)、试验时间以及分析测试数据的方法。

3. 实际性能

产品的实际性能(AP)与制造因素有关,如质量控制、生产过程能力、使用的材料以及供应商零部件的质量;也与顾客因素有关,如使用强度、使用环境以及对产品的维护等。即便是存储和运输,在某些情况下也会影响产品的实际性能。因此,不同的产品,实际性能会有所不同,没有两个产品具有完全相同的实际性能。

---

① 对象可以表示产品、子系统、组件、模块或者部件。

3.4　产品规范

根据牛津字典(1989 年版):

规范,是一个名词,详细描述了建筑、工程等领域中相关工作的细节,给出了如尺寸、材料、数量等的详细数据,同时给制造或建造人员提供一些指导;这些都包含在相应的文档中。

在相关文献中有许多关于规范的定义,下面给出一些例子:

"一种声明需求的文档。"(ISO 9000)

"规范是一种交流方式,将一方关于产品、服务、手续或者测试的需求或者意图记录下来,交给另一方。规范可以由产品供应商、用户、设计者、施工人员或制造商来提供。规范可以是一般的描述,也可以有特定的含义。规范包含两个部分,首先是定义需求,其次是定义验证需求的方式。"(BS 5760 – 4)

"规范由一个度量和取值组成。产品的规范由一个个单独的规范组成的集合。"(Ulrich 和 Eppinger,1995)

"系统及其元素的技术要求通过一系列规范进行描述……高层次的规范指导较低层次规范的形成……覆盖了相应的子系统、配置、设备、软件以及其他部件。"(Blan – chard 和 Fabrycky,1998)

"规范通常是一个文档,以一个完整的、准确的、可验证的方式,指出了一个产品或系统的需求、约束、预期的行为或者其他的特性。"(Kohoutek,1996)

"产品设计规范(PDS)是一个详细的需求清单,这些需求是一个成功的产品或者过程所必需的。这些规范应该说明什么是产品必须做的,什么不是必需的。当规范要以定量的方式给出时,它就应该给出性能的可接受范围。"(Dieter,1991)

"在设计过程中,设计需求是由设计规范描述的,在这些规范的基础上产生候选的产品设计。设计规范是设计需求的明确表达,以一个产品描述和产品性能的集合存在。"(Zeng 和 Gu,1999)

可以看到,这些定义涉及的范围和关注点有很大不同。但它们有一个共同点,即规范可视为产品开发过程中在某些阶段描述产品特性的一种方式。牛津词典(1989 年版)定义规范为详细描述一个过程的文档,在此基础上进行开发。其他人,如 Dieter (1991),认为规范是描述产品期望特性的温度,Zeng 和 Gu (1999)也同意这种观点。另外,Ulrich 和 Eppinger (1995)和 Blanchard(2004)定义规范是设计过程的一个初步输入,但会随着设计阶段的进行不断精炼。Blanchard(2004)认为最初的规范是系统规范,并且最终的规范是产品、过程以及材料规范。

定义一个对象(产品或者系统、子系统以及部件)的规范为:一组在预开发时期为实现对象期望性能而得出的声明集合。

规范在时期Ⅰ(预开发时期)的三个阶段是不同的,在每一阶段中性能与规范都有紧密的联系。

3.5　性能与规范的关系

性能与规范之间有两种关系,如图3.1所示。

(1) 前向关系(从期望性能到规范):期望性能概括了新产品开发需要达到的目标,规范则描述了如何实现这一性能(用一种综合的方法对评估最优方案),并将期望性能作为整个过程的输入。因此,规范实际上是期望性能的函数。通常实现同一期望性能可能有多种方案,这就会产生多个规范(定义多种方案),因此前向关系是一对多的。这一关系在时期Ⅰ中扮演重要角色。

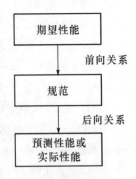

图3.1　性能与规范之间的两种关系

(2) 后向关系(从规范到实际性能):通常,(使产品达到规范要求的)预测性能或者(原型或产品发布的)实际性能与规范中所描述的期望性能会有所差异。预测或实际性可视为规范的函数。对于给定的规范,只可能导致唯一的实际性能,因此后向关系是一对一的。这一关系在时期Ⅱ中非常重要。

注:实际性能会受到一些不确定因素的影响,这些因素不受制造商的控制。在这种情况下,应该从统计层面定义期望性能,从而使预期(或平均)实际性能通过一对一的关系联系到规范上来。

3.6　时期Ⅰ中的性能与规范

时期Ⅰ中有三个等级,每个等级要处理性能与规范之间的关系,如图3.2所示。本节将分别讨论每个等级。

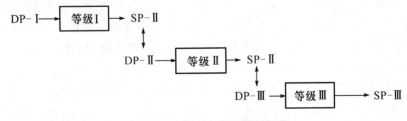

图3.2　时期Ⅰ中的性能与规范

3.6.1　阶段Ⅰ

阶段Ⅰ(图2.4中的时期Ⅰ,等级Ⅰ)的起点是发现新产品的需要(如降低保修成本,扭转销量下滑)或机会(技术进步,新兴市场)。一个想法的产生与筛选,以及对客户需求的理解(通常用"需求捕获"[①]来描述)对于阶段Ⅰ中期望性能DP-Ⅰ的定义非常重要。

阶段Ⅰ的性能与规范如下:

(1) DP-Ⅰ:从商业全局出发定义的新产品期望性能。产品的性能需要从商业目标和商业策略的角度来考虑,并且通过一系列的元素来定义,如市场份额、销量、营收、投资回报、客户满意度等,这些元素定义了全局的商业性能。

(2) SP-Ⅰ:规范定义了产品的属性(如功能特点,像 CPU 速度、内存容量、笔记本电脑重量等)、产品支持(如保修期、技术支持)以及其他变量(如客户满意度、声誉)等。如前所述,实现同一 DP-Ⅰ可以有多个不同的 SP-Ⅰ,而产生不同的SP-Ⅰ则与想法和概念的产生紧密相关。

(3) PP-Ⅰ:并非所有 SP-Ⅰ均可实现 DP-Ⅰ,需要用模型来确定 SP-Ⅰ是否可实现预期的 DP-Ⅰ。模型的输出是给定的 SP-Ⅰ对应的 PP-Ⅰ,然后将这一结果与 DP-Ⅰ进行对比,从而评估当前的 SP-Ⅰ是否能达到预期的 DP-Ⅰ。因此,SP-Ⅰ的产生是一个不断迭代的过程,因为如果 DP-Ⅰ和 PP-Ⅰ的不匹配,则需要修改 SP-Ⅰ,然后重复上述过程。如果匹配,则将进入时期Ⅱ。这一过程如图 3.3 所示。

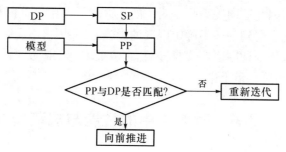

图 3.3　SP 产生的迭代过程

如果 PP-Ⅰ和 DP-Ⅰ的匹配过程并未产生 SP-Ⅰ,则需要修正 DP-Ⅰ或者终止项目。在传统的新产品开发方法中,这一评估是前端过程的主要工作并且受到了大量的关注。当企业决定投资并开始新产品的开发项目(或者决定不开始)时,前端活动结束[②]。

在有关 DP-Ⅰ和 SP-Ⅰ的决策过程中需要考虑多种约束条件,如财务方面(如资金约束)、资源方面(如技术和市场人力约束)以及技术方面(如性能约束)等。

---

① 需求获取过程的模型见 Cooper 等(1998)。
② Khurana 和 Rosenthal(1998)提供了前端阶段的延伸书目。

3.6.2　阶段 2

如果阶段 1 最后的决定是"前向推进",那么 SP－Ⅰ就可以传达给阶段 2 和阶段 3(时期Ⅰ的等级Ⅱ和等级Ⅲ)的设计团队。阶段 2 的目标是将产品属性与产品特点相联系,形成产品设计的基础。

阶段 2 的性能与规范如下:

(1) DP－Ⅱ:实质上是阶段 1 的 SP－Ⅰ,但是它还可能包括其他一些元素,开发工程师可能将这些元素视为与 SP－Ⅱ的产生有关。

(2) SP－Ⅱ:定义了产品特性。对于设计团队来说,最开始是观察产品新系统架构。在此基础上,需要定义设计过程中的相关特性。这些特点(以技术说明来定义)本质上是科学的和技术的(如确保客户满意度的产品可靠性或较低的保修费用)。注意,需要考虑产品的许多品种(每一种都有不同的特性),从而实现相应的 DP－Ⅱ。

(3) PP－Ⅱ:一系列定义 SP－Ⅱ的技术说明,但也许不能保证可以实现特定的 DP－Ⅱ。和阶段 1 中所述一样,使用模型来获取 SP－Ⅱ对应的预测性能 PP－Ⅱ,然后将 SP－Ⅱ与 DP－Ⅱ进行比较,以此来评估 SP－Ⅱ。换句话说,SP－Ⅱ的产生也是一个不断反复的过程,如图 3.3 所示。

约束

除了阶段 1 中的约束,阶段 2 还可能产生一些新的技术约束。这些因素包括:产品是否使用已有平台;是否使用已有技术;自主或者使用外部资源进行设计和制造等。

3.6.3　阶段 3

阶段 3(时期Ⅰ,等级Ⅲ)涉及产品的设计细节,这些设计产生了产品期望的特征。一个产品可视为一个系统,并且可分解为多个子层次(从子系统级到部件级),参见 2.2.3 节。

功能分析

功能分析是分配需求(期望性能)中的一个有效工具,随着设计的进行,这些需求将指派给一些"技术"函数[①]。功能树和功能原理框图经常用于功能分析。

设计过程中需求(期望性能)的分层原理和设计方案(规范)描述如下[②]:

(1) 子层次 j 的功能函数(阶段 3 的等级Ⅲ)F_j 及其对应的期望性能 DP_j 可以由一个设计选项(方案)DS_j 实现,而 DS_j 由规范 SP_j 定义。

(2) DS_j 受到的约束为 C_j。

(3) 对于下一个等级 $j+1$,设计方案 DS_j 需要有 n_{j+1} 个相应的功能,$F_{j+1,1}$,

[①] 　见 Blanchard(2004)、Fox(1993)、Pahl 和 Beitz(1996)、Pugh(1990)、Suh(2001)、Ullman(2003)。

[②] 　更多细节可参考 Suh(2001)。

$F_{j+1,2}, \cdots, F_{j+1,n_{j+1}} \circ$

（4）期望性能$DP_{j+1,1}, DP_{j+1,2}, \cdots, DP_{j+1,n_{j+1}}$和约束 $C_{j+1,1}, C_{j+1,2}, \cdots, C_{j+1,n_{j+1}}$分配给这 n_{j+1} 个功能。

因此，功能、需求（期望性能）和解决方案（规范）可以形成如图 3.4 所示的层次结构。

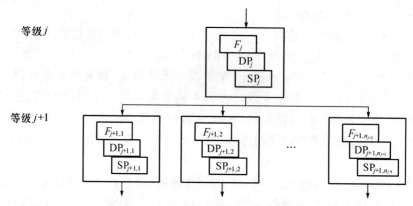

图3.4　功能、需求和解决方案的层次图

功能分析不仅可以通过功能分解实现从产品级到部件级的需求分配（Suh，2001；Blanchard，2004），还可以用于：

（1）模块设计：了解部件之间的功能关系和相互作用（Mikkola 和 Gassmann，2003）。如果不能理解考虑这些关系和相互作用，就可能导致产品开发过程中冗长而昂贵的反复试验，对于非模块化的设计也是如此。

（2）取值分析：确定部件的"取值"，并且去掉对产品没有帮助的部分。

（3）储存和再使用的设计：基于功能结构和再使用的设计知识，在不同的产品层次上保存现有的设计（Hashim，1993）。

阶段 3 中的性能与规范如下：

（1）DP－Ⅲ：每一个子层次对各对象设定的期望性能集合。用 DP－Ⅲ$_j$（$j \geqslant$ 1）表示子层次 j 中各对象的期望性能，产品所需要分解的子层次数，以及每个子层次包含的部件数取决于产品的复杂度。在第一个子层次中（相对于产品层面来说），有 DP－Ⅲ$_1 \equiv$ SP－Ⅱ，在下一个层次有，DP－Ⅲ$_{j+1} \equiv$ SP－Ⅲ$_j$（$j \geqslant 1$）。

（2）SP－Ⅲ：每一子层次各对象的规范集合。在最低的子层次，规范的内容包括几何形状、尺寸、容量、外部特性以及材料。最后，所有的部件和组件都得到了详细说明，并置于装配图纸和配件清单中[①]。

（3）PP－Ⅲ：每一子层次各对象的预测性能的集合，这些预测性能是在相应的规范的基础上得到的，需要利用如图 3.3 所示的迭代过程来评估前面的规范是

---

① 更多相关信息见 Pahl 和 Beitz（1996）。

否可以实现期望性能。

上述过程中用到的模型都是基于工程科学的。

注:随着子层次的不断推进,约束条件将变得越来越细。

3.6.4　补充说明

补充说明如下:

(1)预测性能(PP–Ⅰ到 PP–Ⅲ)都是通过模型得到的,模型的建立涉及模型结构的选择和模型参数的取值。因为模型是对现实世界的简化或近似,所以可以利用许多不同类型的模型。在此基础上根据获取的数据和信息进行建模,这些数据既有硬件的(等级Ⅲ模型的技术参数),也有软件的(等级Ⅰ中模型的主观数据)。

(2)是否进行重新迭代(图 3.3)取决于 DP 和 PP 之间的匹配程度。通常,DP 是一个包含多个元素的向量。需要定义 DP 和 PP 匹配的标准:一种标准是 DP 和 PP 中某个元素的相对偏差(作为 DP 的一部分)小于某个特定的值;另一种标准是 PP 中的某一元素要比 DP 向量中对应的元素值大(如发动机效率)或小(如发动机噪声等级)。

3.7　时期Ⅱ中的性能

时期Ⅱ关注的是实体对象(包括部件以及最终的产品)的性能,这些性能是由 SP–Ⅲ给出的详细设计规范建立的。建立这些性能需要通过一些中间子层次(子装配、装配、模块、子系统等)的部件,得到最终产品。由于该性能是基于对有限测试数据的估计,所以它也是等级Ⅱ和等级Ⅲ的预测性能,如图 3.5 所示。

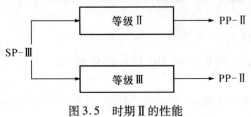

图 3.5　时期Ⅱ的性能

3.7.1　阶段 4

阶段 4(时期Ⅱ,等级Ⅲ)中的预测性能,是一组对象(包括部件到产品)的性能集合,并与测试数据有关,如图 3.6 所示。

如果某个部件的期望性能与已有部件不匹配,那就需要进行研究和开发,从而提高其性能。同样,如果对象(中间层)的预测性能与其期望性能不匹配,也需要进行一系列研究和开发,包括测试—修复—测试的循环。如果研究和开发过程的输出是成功的,则可以继续前进。如果失败,则需要退回去重新开始。

在过程最后可以得最终产品(或原型)的预测性能,即产品特性的一个估计值。如果它与期望的产品特性(DP - Ⅲ₁)相匹配,那么产品将进入现场测试阶段。

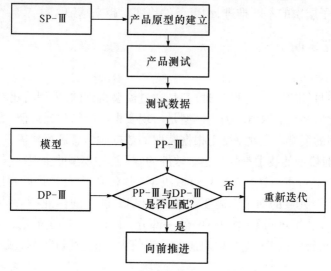

图 3.6　时期Ⅱ中 PP - Ⅲ的评估

3.7.2　阶段 5

在阶段 5(时期Ⅱ,等级Ⅱ)中,原型被发放到一小部分客户,从客户角度出发对产品性能进行评估。通过有限的测试,可以得到产品性能的预测值,因此得到了预测性能 PP - Ⅱ。如果 PP - Ⅱ与期望性能 DP - Ⅱ不匹配,则需要回退重新迭代。另外,如果匹配成功,则对应的规范 SP - Ⅲ就可以投入到产品生产中。

说明:

(1)时期Ⅱ中的 PP - Ⅱ和 PP - Ⅲ与时期Ⅰ中的不同。在时期Ⅰ中,它们是在设计过程中利用历史数据对模型进行评估得到的,而在时期Ⅱ中它们是基于试验数据得到的。

(2)有许多不确定因素会影响测试结果和采集数据。因此,基于数据的性能估计是点估计或者区间估计,这说明在之后评估过程中可以用点估计或区间估计。

3.8　时期Ⅲ中的性能

时期Ⅲ关注的进入批量生产阶段的产品性能,这种性能会因为生产的数量小(如几百架飞机)和数量大(如几百万部移动电话)而不同①。这一阶段的性能

---

① 当只有单个客户定制产品生产时,就没有这种关系。

如图 3.7 所示。

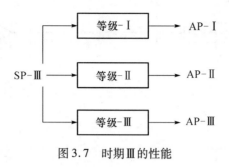

图 3.7　时期Ⅲ的性能

3.8.1　阶段 6

阶段 6(时期Ⅲ,等级Ⅲ)是产品的制造阶段。通常,在部件生产和组装过程进行微调之前,产品性能会比时期Ⅱ中原型的性能低一些。生产过程调整的目的是,使产品性能与期望性能匹配,称为过程稳定。这一过程完成后,就可以开始全面生产,并且将产品投放市场。

3.8.2　阶段 7

阶段 7(时期Ⅲ,等级Ⅱ)关注的是用户对产品性能的评价,产品的属性才是用户购买产品的基本原因。

从用户角度看的产品实际性能。这一性能需要通过现场使用数据来评估(如保修索赔数据、在保修期范围之外的备件销售、客户投诉等)。

这一性能的评估需要考虑不同用户对产品的使用强度、操作环境、责任心、维护及其他因素的差异。如果实际性能与 DP－Ⅱ相背离,则需要从最开始进行分析找出原因。通常的原因是:供应商提供的部件具有一定的差异,或者产品生产过程的差异。通过有效的质量管理,可以确保 AP－Ⅱ和 DP－Ⅱ间的合理匹配。

3.8.3　阶段 8

阶段 8(时期Ⅲ,等级Ⅰ)是新产品开发的最后阶段。这一阶段,将从商业角度考虑产品的性能。

AP－Ⅰ:基于一定的数据(如销售、保修成本、投资回报),并在一定的周期(一个月、一季度或一年)内进行分析得到。将它与 DP－Ⅰ比较,如果二者不匹配,则需要回到阶段 1(时期Ⅰ,等级Ⅰ)进行适当操作。

3.9　总 体 过 程

基于产品性能与规范的决策全过程如图 3.8 所示。

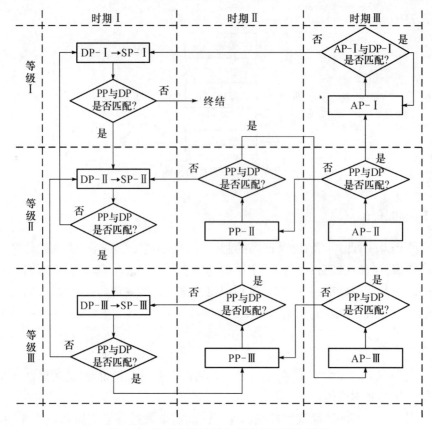

图 3.8 基于产品性能与规范的决策全过程

3.10 可靠性指标与规范

可靠性性能与规范是产品性能的一个子集,需要了解可靠性理论的一些概念,这些将在第 4 章进行讨论。剩下的章节将对可靠性性能与规范做进一步详细描述。

第4章 可靠性理论介绍

4.1 引　言

可靠性规范和性能的研究需要深入理解可靠性理论的许多概念。可靠性理论涉及多学科的知识,包括概率、统计和随机模型,它将工程设计与对失效机理的科学认识结合在一起,从各个方面对可靠性进行研究。可靠性理论主要探讨可靠性建模、可靠性分析和优化、可靠性工程、可靠性科学、可靠性技术和可靠性管理等问题。

在本章将简要讨论这些概念,便于以后章节的理解。对于熟悉可靠性理论的读者,本章可以作为一个复习的章节;而对于不熟悉可靠性理论的读者,将给出一些参考文献,读者可以获取更多相关的详细内容。Blischke 和 Muthy(2000)及 Rausand 和 Høyland(2004)两份参考文献经常被引用,其他文献在适当的时候也会指出。

本章概要:4.2 节定义可靠性的基本概念,如功能、失效、失效类型和影响,介绍可靠性的度量方式和一些寿命模型,重点讨论指数模型和 Weibull 模型;4.3 节介绍了可靠性科学关注的内容;4.4 节描述利用可靠性框图和故障树分析对系统进行建模的方法,讨论如何在寿命模型中融入环境因素的问题,并以比例风险模型为例进行简要的分析;4.5 节论述针对可修系统的建模方法,包括修复性维修策略和预防性维修策略;4.6 节介绍定性和定量的可靠性分析方法;4.7 节讨论可靠性工程的相关问题,着重讨论可靠性分配和可靠性增长;4.8 节和 4.9 节对可靠性预测与可靠性管理问题进行了简要的介绍;4.10 节以蜂窝移动电话作为案例进行了总结。

本章接下来的内容将用术语"产品"(item)表示任意的物理实体,它可以是一个大系统或是一个小部件。

4.2　基　本　概　念

在 1.3.1 节介绍了在 IEC 60050 - 191 中给出的可靠性定义。产品的一个或者多个功能可能需要涉及可靠性的概念,有些功能是非常重要的,而其他的可能是"可以有"。当使用可靠性术语时,必须指定相应的功能。产品的可靠性依赖于产品生产后阶段的环境和使用条件,对这些条件必须正确认识和评估,以建立可靠的产品。

4.2.1 产品的功能

定义可靠性的关键概念是该产品执行规定功能的能力。复杂产品包含的功能可分为以下六种(Rausand 和 Høyland,2004):

(1)基本功能:计划的或主要的功能,也可以认为是产品开发的原因。例如,泵的基本功能是抽水。

(2)辅助功能:用来支撑产品的基本功能。例如,泵的辅助功能是蓄水并防止其泄漏到环境中。

(3)保护功能:用来避免人身、物资和环境受到损害,负面的影响或者伤害。

(4)信息功能:指从状态监测仪表、警报器等方面提供信息。

(5)接口功能:可以通过接口将产品与其他产品联系起来。

(6)不必要的功能:在某些情况下,一个产品会有一些从不使用的功能。例如,有的电子设备具有大量"可以有"的功能,但这些功能往往是不必要的。在有些情况下,一个多余的功能可能会导致规定功能的失效。

4.2.2 失效和相关概念

1. 失效

若产品不能完成一个或多个规定的功能时,则产品失效。失效有如下两种定义:

(1)产品完成规定功能的能力终止(IEC 60050-191)。

(2)在特定的操作条件下,如果设备不能按照设计完成预定的功能时,则设备失效。

失效是随机发生的事件,并受到产品设计、制造或建造、维修以及操作等因素的影响。

2. 故障

故障描述了产品的一种状态,指产品没有能力完成规定的功能①,因此故障是失效导致的一种状态。

3. 失效模式

失效模式是对故障的描述,也就说,是如何观察到故障发生的。失效模式可看作一个功能偏离了它可以接受的性能。

例 4.1 规定泵抽水速度为 $100 \sim 110 L/min$ 的水,只要抽水速率保持在这些范围内,其性能就是可以接受的。一旦偏离了这个可接受的性能,就发生失效。因此,泵的失效模式有:①不能抽水;②抽水速率太低,小于 $100 L/min$;③抽水速率太

---

① 这里排除了由于预防性维修或者其他有意关闭系统的情况。

高,大于 110L/min。

4. 失效原因

失效原因是指在设计、制造或使用过程中导致失效的具体细节(IEC60050 - 191)。

为了防止失效或者避免再次发生失效,了解失效原因相关的知识是非常有帮助的。失效原因的分类如下:

(1) 设计失效:不恰当的设计。

(2) 弱点失效:系统中的脆弱点(固有的或诱导的),会使其无法承受正常的环境应力。

(3) 制造失效:在生产过程中的不规范。

(4) 老化失效:寿命或使用的影响。

(5) 误用失效:不正确的处理或缺乏注意和维护,或者是在非设计环境下操作以及去实现不合理的目的。

5. 失效机理

物理、化学或者其他的过程可能导致失效(IEC 60050 - 191),失效机理是非常重要的失效原因。

6. 失效分类

Blache 和 Shrivastava (1994)提出了以下四种失效模式的分类:

按失效持续时间的长短可将失效模式分为间歇失效和长期失效。

间歇失效是指仅持续一小段时间的失效。

长期失效是指失效一直持续,直到做出一些行动纠正这个失效。可长期失效又分为彻底失效和部分失效。彻底失效,导致功能的全部丧失;部分失效,导致功能的部分丧失。

按照失效发生的过程,失效模式可划分为突发失效和渐进失效。

(1) 突发失效:这种失效在很短的时间内发生,并且通常只有有限的或者完全没有预警;

(2) 渐进失效:如果适当监控,这种失效的发生会伴随一个警告信号的产生。

彻底失效和突发失效称为灾难性失效。渐进的和部分的失效称为退化失效。

根据失效原因的不同,失效模式可以分为以下三种形式:

(1) 一级失效:因自然衰老引起的失效。它发生在一定的应力,以及设计过程中可预见的条件下。原发性失效的避免只能通过重新设计物理项目。

(2) 二级失效:由过应力引起,即应力超过设计的所能承受的水平。过应力可能是由于过度使用产品引起的,并且在设计过程中不能预见。二级失效也叫做过应力失效。为了避免过应力失效的出现,需要减少过应力下的使用(通过给用户更好的信息)或者让产品更加稳健,从而克服过应力。

(3) 指令故障:由错误的控制信号或噪声引起。指令故障不代表产品的物理

45

失效,因为错误或不全的输入信号,该产品不能完成所需功能。当信号得到校正后,该产品可以重新完成预期功能,因此指令故障通常是间歇故障。

在有些情况下,将失效分为以下两类会更有效(IEC 61508):

(1)随机(硬件)失效:其发生的时间是随机的,这种失效出现可能是由于产品硬件的退化而导致的。

(2)系统失效:在一些特定的输入或环境条件下,系统失效可能是由于硬件或者软件错误导致的,只是表面的修复性维修通常不会消除系统失效。

例 4.2(安全仪表系统) 由于有效的通风系统阻止气体进入气体探测器,使得安全仪表系统不能检测到气体,导致系统失效。火焰检测器也有这种情况,即由于火焰被挡在一些临时的脚手架后,使得火焰检测器不能"看到"火焰。

7. 共因失效

共因失效是指一个相同的原因所导致的多部件失效。这种失效可以分为以下两类:

(1)由于相同的原因导致同一时间多种失效。

(2)由于相同的原因导致不同一时间内多种失效。

第二类失效出现的原因可能是,高于正常水平的温度、湿度以及振动。在有些情况下,失效的间隔时间很长。

共因失效对于冗余部件影响非常大,例如安全仪表系统中的多路输入元素。

8. 失效后果

失效发生时,无论是不是有利的,都可以被察觉到。根据失效的严重程度,可以将失效后果进行分类。由 Dhudshia(1992 年)提出的分类方法如下:

第 5 级:失效会导致大量客户的不满,并且会引起产品的不可操作或者不符合政府的相关规定。

第 4 级:失效将导致客户高度的不满,并且产品无法完成规定功能。

第 3 级:失效将导致客户不满和烦恼,并且产品整体或部分出现一定的性能退化。

第 2 级:失效会导致客户轻微的烦恼,并且产品整体或部分出现轻微的性能退化。

第 1 级:失效太微弱以至于客户(内部或外部的)可能无法检测到。

以下分类方式通常用于涉及健康、安全和环境(HSE)的情况:

灾难性的:引起大量专业人员的伤害或伤亡的失效。

危急性的:导致人员受到轻微的伤害、人员暴露在有害的化学物质或辐射中,或者释放化学物质到环境中的失效。

重要的:导致人员在一个较低水平下的暴露(在有害的化学物质或辐射中),或者激活工厂的报警系统(对于此类工厂中使用的产品)的失效。

轻微的:导致轻微损坏,但没有造成人员受伤,允许操作或服务人员任意形式的暴露(在有害的化学物质或辐射中),或允许释放任意化学品到环境中的失效。

4.2.3 产品可靠性的相关概念

产品可靠性的相关概念如图 4.1 所示。

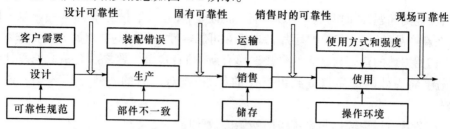

图 4.1 产品可靠性的相关概念

1. 设计可靠性

产品的设计可靠性是指在产品的设计和开发阶段中,产品预测的可靠性性能。预测是基于同类产品或零件的使用经验,或者是对产品的测试,专家的判断,以及各种类型的分析和试验。预测是在设计过程中,基于额定环境和操作条件进行的。

2. 固有可靠性

生产出来的产品,其可靠性会由于质量的差异与设计可靠性有所不同。这些变化可能是由于一些部件不符合设计规范或装配误差造成的。生产的产品具有的可靠性通常称为固有可靠性。

3. 现场可靠性

销售时产品具有的可靠性取决于固有可靠性以及运输和储存的影响。(运输和储存可能使可靠性降低)。现场可靠性是指产品销售后具有的可靠性。现场可靠性的计算是基于有记录的失效和故障进行的。对于一些产品,如汽车,各种组织会对失效数据进行采集和分析,并且发表在特定的杂志和网络上。现场可靠性也称为实际可靠性,与实际(可靠性)性能的概念一致。

通常,由于顾客使用产品的环境和条件不同,以及在设计过程中使用的额定值不同,产品的现场可靠性有所差异。现场可靠性也取决于客户在使用过程中对产品的维护措施。

4.3 可靠性科学

产品的失效往往是由于一些特性的退化(如强度)导致的。退化发生的速率是时间或者使用强度的函数。退化往往是一个复杂的过程,会由于产品的类型和使用材料的不同而变化。可靠性科学关注材料的特性以及产品退化的原因。它还涉及产品的制造过程(如铸造、退火)对部件或组件可靠性的影响。

4.4 可靠性建模 I

可靠性建模要解决的是:通过建立模型解决可靠性预测、评估以及优化不可靠产品性能的问题,同时考虑不可靠对产品的影响,并采取措施缓和这些影响。因此,在新产品的开发过程中,可靠性建模在可靠性性能和规范中发挥了重要作用。

初始失效的建模与之后的失效建模有所不同:初始失效之后会采取修复性维修措施,将失效的产品修复到可操作的状态,这对之后的失效建模产生一定的影响。

本节着重讨论部件与系统级的初始失效建模。

4.4.1 单个产品的可靠性建模

单个产品(一个部件或系统)初始失效时,通常只考虑工作状态和失效状态。当产品投入使用时处于工作状态,当发生失效时产品从工作状态转到失效状态。假设到初始失效时的时间为 T,由于失效的发生是随机的,因此 T 是随机变量。T 的分布不同的方式来选择:

(1)基于同类产品记录的现场数据(不考虑失效机制)。这种方式又称为"经验或数据驱动建模"或者黑盒方法。

(2)基于产品失效的原因和机理。产品的初始失效时间是产品退化达到一定的阈值时的时间。这种方式也称为物理建模或者白箱方法。

在许多应用中,这两种方法会结合起来,也可能会结合专家的判断。

故障分布和故障率函数

令 T 表示产品投入使用到初始失效的时间,T 是非负随机变量,假设取值为 $[0, \infty)$。因此,T 可以由一个绝对连续的失效分布函数来建模。该失效分布函数如下:

$$F(t; \theta) = \Pr(T \leqslant t), t > 0 \qquad (4.1)$$

式中:θ 为该分布函数的参数[①]。用 $F(t)[= F(T; \theta)]$ 表示在 $(0, t]$ 时间内发生初始失效的概率。

分布函数 $F(t)$(如果 $F(t)$ 是可微的)的概率密度函数为

$$f(t) = \frac{\mathrm{d}F(t)}{\mathrm{d}t}, t > 0 \qquad (4.2)$$

概率密度函数 $f(t)$ 可近似表示为

$$\Pr(t < T \leqslant t + \Delta t) \approx f(t) \cdot \Delta t \qquad (4.3)$$

---

① 通常不用参数 θ 的缩写,另外用 $F(t; \theta)$ 而不用 $F(t)$。

Δt 是一个微小量,上式表明了 $f(t)$ 是密度函数原因。

可靠度函数为

$$R(t) = \Pr(T > t) = 1 - F(t), t > 0 \tag{4.4}$$

是指产品在时间间隔 $(0, t]$ 可靠的概率,即时间 t 之前产品不会失效的概率。$R(t)$ 也称为产品的可靠度,有时用 $\overline{F}(t)$ 表示。

产品在 $(t, t + \Delta t]$ 内失效的条件概率是指在时间 t 之前产品没有发生故障。它可表示为

$$\Pr(t < T \leqslant t + \Delta t \mid T > t) = \frac{F(t + \Delta t) - F(t)}{1 - F(t)}, t > 0 \tag{4.5}$$

失效率函数 $z(t)$ 与 $F(t)$ 的关系为[①]

$$z(t) = \lim_{\Delta t \to \infty} \frac{\Pr(t < T \leqslant t + \Delta t \mid T > t)}{\Delta t} = \frac{f(t)}{1 - F(t)} = \frac{f(t)}{R(t)} \tag{4.6}$$

与式(4.3)相似,失效率函数也可近似表示为

$$\Pr(t < T \leqslant t + \Delta t \mid T > t) \approx z(t) \cdot \Delta t \tag{4.7}$$

式(4.7)中,Δt 为一个微小量。已知在 t 之前产品不会失效的前提下,$z(t) \cdot \Delta t$ 表明产品会在 $(t, t + \Delta t]$ 内失效的概率,或者说,它描述产品寿命对失效的影响比 $F(t)$ 或 $f(t)$ 更明确。失效率函数 $z(t)$ 也称为风险率函数或死亡率函数(FOM),用来说明失效率指的是当使用时间为 t 之后产品"失效的倾向"。

累计失效率函数为

$$Z(t) = \int_0^t z(u) \, \mathrm{d}u \tag{4.8}$$

由此,从式(4.6)可得

$$R(t) = \mathrm{e}^{-\int_0^t z(u)\mathrm{d}u} = \mathrm{e}^{-z(t)} \tag{4.9}$$

初始平均失效时间为

$$\mathrm{MTTF} = \int_0^\infty t f(t) \, \mathrm{d}t = \int_0^\infty R(t) \, \mathrm{d}t \tag{4.10}$$

许多学者已经提出了不同类型的分布对部件失效进行建模,如指数分布、威布尔分布等。

指数分布

考虑产品在 $t = 0$ 时投入使用,如果产品的失效时间 T 的概率密度函数为

$$f(t) = \lambda \mathrm{e}^{-\lambda t}, t > 0 \tag{4.11}$$

那么 T 服从指数寿命分布,有时写作 $T \sim \exp(\lambda)$。在可靠性领域中,指数分布是最

---

① 在文献中表示失效率函数的符号有许多,如 $h(t)$、$r(t)$ 和 $\lambda(t)$。

常用也是最容易误用的分布,主要是由于它在数学上简单易懂。

其可靠度函数为

$$R(t) = \Pr(T > t) = \int_0^\infty f(u)\,\mathrm{d}u = \mathrm{e}^{-\lambda t}, t > 0 \qquad (4.12)$$

在使用时间为 x 时的条件可靠度函数为

$$R(t|x) = \Pr(T > t + x | T > x)$$

$$= \frac{\Pr(T > t = x)}{\Pr(T > x)} = \frac{\mathrm{e}^{-\lambda(t+x)}}{\mathrm{e}^{-\lambda x}} = \mathrm{e}^{-\lambda t}, t > 0 \qquad (4.13)$$

这说明新产品在间隔为 t 的时间段内的可靠度与使用时间为 x 的旧产品相同。具有此特性的产品只要正常工作,就"像新的一样好",失效仅仅是纯粹的偶然失效,而与产品的使用时间无关。

其相应的失效率函数为

$$z(t) = \frac{f(t)}{R(t)} = \lambda, t > 0 \qquad (4.14)$$

平均失效时间为

$$\mathrm{MTTF} = \int_0^\infty R(t)\,\mathrm{d}t = \int_0^\infty \mathrm{e}^{-\lambda t}\,\mathrm{d}t = \frac{1}{\lambda} \qquad (4.15)$$

指数分布常用于电子器件的寿命分布,对于周期测试和维护的高可靠性产品同样应用较多。

威布尔分布

威布尔分布为

$$F(t) = 1 - \exp\left(-\left(\frac{t}{\alpha}\right)^\beta\right), t > 0 \qquad (4.16)$$

式中: α 为尺度参数;也称为产品的特征寿命 $\alpha > 0$; β 为形状参数, $\beta > 0$。

从式(4.16)看出,对于任意的 β,产品达到特征寿命时可靠的概率 $R(\alpha) = \exp(-1) \approx 0.3679$。

相应的概率密度函数为

$$f(t) = \frac{\beta}{\alpha^\beta} t^{\beta-1} \exp\left(-\left(\frac{t}{\alpha}\right)^\beta\right), t > 0 \qquad (4.17)$$

失效率函数为

$$z(t) = \frac{\beta}{\alpha^\beta} t^{\beta-1}, t > 0 \qquad (4.18)$$

可以看出:当 $\beta > 1$ 时,失效率函数是增函数;当 $\beta = 1$ 时,失效率恒定;当 $\beta < 1$ 时,失效率函数是减函数。

平均失效时间为

$$\text{MTTF} = \alpha' \Gamma \left(\frac{1}{\beta} + 1 \right) \tag{4.19}$$

式中：$\Gamma(\,\cdot\,)$为伽马函数（Rausand 和 Høyland，2004）。

随着 β 改变，失效率函数的形状有显著的变化。因此，威布尔分布可以对许多失效形式进行建模，并且在实践中得到了广泛应用。指数分布是威布尔分布取 $\beta = 1$，$\alpha = 1/\lambda$ 时的一种特殊情况。

其他失效分布可能来自威布尔分布，如 Blischke 和 Murthy（2000）提出的分布模型。还有许多其他的非参数威布尔分布已用于可靠性建模，更多相关内容参考 Murthy 等（2003）、Rausand 和 Høyland（2004）。

模型选择

黑盒方法中，模型选择是基于现有的数据分析进行的，这些数据可以是已失效产品的失效时间（完整数据）或者产品仍然在工作（截尾数据）。通常，产品的失效会以不同的间隔进行分组，此时获取的数据是不同分组中的产品失效时间（分组数据）。有一些数据绘图方法可以对建模提供一定的帮助，包括非参数的（如直方图、Kaplan Meier 曲线、风险图以及总试验时间（TTT）图）和参数的（如经验威布尔概率图）方法。更多相关内容参考 Ansell 和 Phillips（1994）、Crowder 等（1991）、Blischke 和 Murthy（2000）、Rausand 和 Høyland（2004）。

浴盆故障率出数和过山车故障率函数

在有些情况下，失效率函数的经验曲线表明，需要选择浴盆形状（图 4.2）或者过山车形状（图 4.3）的失效分布函数来表示失效率函数。过山车形状的失效率函数需要更复杂的公式，涉及两个或更多的分布。

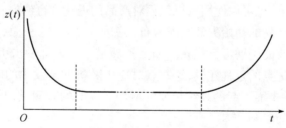

图 4.2　浴盆故障率函数

参数估计

一旦选择了一个分布，就需要确定相应的分布参数值。现在已经有很多不同的参数估计方法，大致可以分为图形的和统计的两类。图形的方法是使用图（如威布尔概率图）进行参数估计。例如，两参数威布尔分布，可以利用斜率和截距来获取参数。基于统计的方法包括矩估计法、极大似然估计法、贝叶斯法等。这些方法可以参见可靠性数据分析相关的书籍，例如 Lawless（1982）、Ansell 和 Phillips（1994）、Meeker 和 Escobar（1998）。

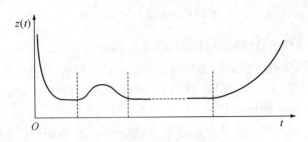

图 4.3　过山车故障率函数

模型验证

如果获取的数据取值范围较大,则可以将其分为两组:第一组用于模型选择和参数估计;第二组用于模型验证。现在已开发出许多不同的统计试验方法,用来检验第二组数据是否符合由第一组数据得到的模型。更多相关内容可参考 Blischke 和 Murthy(2000)、Murthy 等(2003)。

4.4.2　物理建模

物理建模需要对失效的原因和机理具有透彻的理解。这部分信息也可以理解为对失效率函数形状的分析。已经有大量的研究工作致力于了解一些特定的退化机理,如腐蚀、磨损和疲劳等,以及它们与时间的函数关系;还有它们是如何影响失效率函数的(Rausand 和 Høyland,2004)。如果知道产品失效的主要机理,就将为人们选择一个合适的分布打下良好的基础。

在某些情况下,也可以使用随机过程对产品的退化进行建模,进而通过解决一个正交问题导出产品的初始失效时间分布。例如,对于疲劳失效,先通过一个恰当的随机过程对裂纹的扩展进行建模。如果扩展是由于外部冲击引起的,那么冲击的发生用一个标记点的过程建模,这些点对应于随机冲击发生的时刻,标记(随机变量)表示由于冲击而引起的裂纹长度的增加。失效的时间是裂纹长度第一次超过某个临界长度的时刻。

这些模型涉及非常复杂的模型公式,因此与可靠性规范的内容不是很相关。因而,对这些模型不做深入研究。

部件级建模

当对新产品的初始失效时刻 T 进行建模时,可用的数据仅是产品的一小段寿命范围,因此数据会有明显的缺失,并且只包含很少一部分的失效。采用黑盒方法,不可能在这段很小的观测寿命之后得出关于可靠性的结论。例如,在大多数情况下,都不可能分辨出这些失效数据更加符合威布尔分布或对数正态分布。因为在整个寿命的初始阶段,这两种分布有着相似的失效率函数(Rausand 和 Høyland,2004)。要想得到一个合理的模型,必须结合黑盒和物理方法。

4.4.3　系统建模

系统失效的建模是在系统包含部件的失效的基础上进行的。令 n 表示系统中部件的数量。部件失效与系统失效之间的联系可以用可靠性框图(RBD)和故障树分析法等方式来描述。

可靠性框图

可靠性框图是较好地描述系统功能的网络图,它包含一个源端和一个终端,如图 4.4 所示。图中每一方框代表一个部件的功能。如果该功能是可以实现的就将该功能连接起来,如果它是无效的则不连接。如果源端和终端是连接起来的,则表明系统能够正常运行。注意可靠性框图仅仅代表系统的一个特定功能,因此两个不同的系统功能有两个不同的可靠性框图。

例 4.3(安全仪表系统)　简单的安全仪表系统包含三个传感器(部件 1、2 和 3),它们连接到一个逻辑解算器(部件 4),组成了一个 3 中取 2 的配置。逻辑解算器连接到两个执行终端(部件 5 和 6),成为一个 2 中取 1 的配置。如果出现了一个处理需求,那么三个传感器中的至少两个,逻辑解算器和两个执行终端中的至少一个都必须工作,整个安全仪表系统才能够成功起作用。安全仪表系统的可靠性框图如图 4.4 所示。

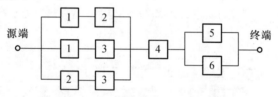

图 4.4　安全仪表系统的可靠性框图

如图 4.4 所示,相同的部件可能出现在几个环节中,因此必须认识到,可靠性框图不是物理布局图,而是系统特定功能的示意图。

结构函数

令 $X_i(t)$ 表示部件 $i(i=1,2,\cdots,n)$ 在 t 时刻的状态,有

$$X_i(t) = \begin{cases} 1, & \text{部件 } i \text{ 在 } t \text{ 时刻正常} \\ 0 & \text{部件 } i \text{ 在 } t \text{ 时刻失效} \end{cases} \tag{4.20}$$

这里"正常"是指特定的功能。

令 $X(t)=(X_1(t),X_2(t),\cdots,X_n(t))$ 表示在 t 时刻 n 个部件的状态。令 $X_S(t)$(二进制随机变量)表示系统在 t 时刻的状态(正常或失效)。可以从可靠性框图中得到以下表达式:

$$X_S(t) = \phi(X(t)) \tag{4.21}$$

它将部件的状态与系统的状态联系起来,$\phi(\cdot)$ 称为结构函数。

对于串联系统,当所有的部件正常工作时,整个系统才能正常工作也就是说,当且仅当 $X_i(t) = 1(i = 1,2,\cdots,n)$,则系统的状态 $X_\mathrm{S}(t) = 1$。因此,串联系统的结构函数是所有部件工作状态的乘积,即

$$\phi(\boldsymbol{X}(t)) = \prod_{i=1}^{n} X_i(t) \tag{4.22}$$

对于并联系统,当有一个部件正常工作时,整个系统就能正常工作。也就是说,当且仅当 $X_i(t) = 0(i = 1,2,\cdots,n)$ 时,$X_\mathrm{S}(t) = 0$。因此,并联系统的结构函数为

$$\phi(\boldsymbol{X}(t)) = 1 - \prod_{i=1}^{n} [1 - X_i(t)] \tag{4.23}$$

对于 3 中取 2 系统,当三个部件中至少有两个工作时,整个系统就能正常工作。它也可看作三个串联系统并联的结果,如图 4.5(c)所示。其结构函数为

$$\phi(\boldsymbol{X}(t)) = 1 - [1 - X_1(t)X_2(t)][1 - X_1(t)X_3(t)][1 - X_2(t)X_3(t)] \tag{4.24}$$

因为 $X_i(t)$ 为二进制变量,所以 $X_i(t)^2 = X_i(t)$,利用该性质,3 中取 2 模型结构函数可转化为

$$\phi(\boldsymbol{X}(t)) = X_1(t)X_2(t) + X_1(t)X_3(t) + X_2(t)X_3(t) - 2X_1(t)X_2(t)X_3(t) \tag{4.25}$$

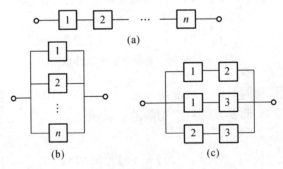

图 4.5 可靠性框图

(a) 串联系统;(b) 并联系统;(c) 3 中取 2 系统。

系统可靠度

令 $R_\mathrm{S}(t)$ 表示系统的可靠度,$\boldsymbol{R}(t) = (R_1(t),R_2(t),\cdots,R_n(t))$ 表示 n 个部件的可靠度。如果各个部件失效是相互独立的,系统的结构函数就变为与 $X_i(t)$ 无关的代数表达式,即

$$R_\mathrm{S}(t) = \phi(\boldsymbol{R}(t)) \tag{4.26}$$

因此,由各个部件的可靠度,可以得到系统的可靠度(Rausand,Høyland,2004)。

54

系统初始失效时间的分布函数为

$$F_S(t) = 1 - R_S(t) \tag{4.27}$$

例 4.4（安全仪表系统）　再次考虑例 4.3 中的系统，其结构函数为

$$\phi(X(t)) = [X_1(t)X_2(t) + X_1(t)X_3(t) + X_2(t)X_3(t) - 2X_1(t)X_2(t)X_3(t)] \cdot$$
$$X_4(t)[X_5(t) + X_6(t) - X_5(t)X_6(t)]$$

令 $R_i(t)$ 表示部件 $i(i = 1, 2, \cdots, n)$ 的可靠度，那么系统的可靠度为

$$R_S(t) = [R_1(t)R_2(t) + R_1(t)R_3(t) + R_2(t)R_3(t) - 2R_1(t)R_2(t)R_3(t)] \cdot$$
$$R_4(t)[R_5(t) + R_6(t) - R_5(t)X_6(t)]$$

故障树分析法

故障树表明了系统潜在故障（表示为顶事件）之间的相互关系，以及可能导致该故障发生的原因。这些原因包含部件故障、人为失误以及环境事件或条件。故障树是系统潜在故障的一个"静态图片"，对于导致系统故障的事件链，故障树不能表达出它们的动态性质。

故障树分析（FTA）的起点是系统故障，即失效发生后的系统状态。故障树的建立是不断重复问"什么可以导致这个事件的发生"这一问题的过程，而当沿着故障树一直往下，达到如图 4.6 所示的状态时，就完成故障树的建立。故障树最底层

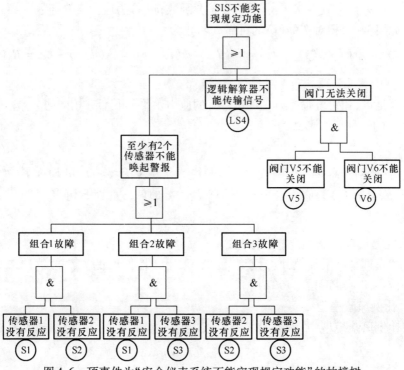

图 4.6　顶事件为"安全仪表系统不能实现规定功能"的故樟树

的事件称为底事件。这些事件之间用逻辑门连接,其输出由输入决定。为此,运用了一些特殊的符号,下面以例4.5为例进行了说明。更多相关信息见 Rausand 和 Høyland(2004)、IEC 61025(1990)、NASA(2002)。

例4.5(安全仪表系统) 再次考虑例4.3中的安全仪表系统。当一个处理需求出现时(如火、气体泄漏),图4.4中三个传感器(部件1、2、3)中至少两个有反应,并且向逻辑解算器(部件4)发送信号,然后逻辑解算器向两个阀门传送一个信号(部件5和6),两个阀门中至少有一个阀门关闭才能关闭整个过程。顶事件为"安全仪表系统不能实现规定功能"的故障树如图4.6所示。

4.4.4 环境影响的建模

产品受到的应力(如电压、压强、温度)会影响其失效时间,进而影响产品的失效分布,应力影响程度的增大会加速产品的失效。已经有大量研究对此进行建模,最著名的两个模型为加速失效时间(寿命)模型和比例风险模型。

1. 加速失效时间(寿命)模型

令 T_s 表示特定应力水平 s 下的失效时间,在加速失效时间模型中 T_s 的可靠度函数为

$$R(t;s) = R_0(t/\psi(s)) \tag{4.28}$$

式中:$R_0(t)$ 为正常应力水平 s_0 下的可靠度函数;$\psi(s)$ 为应力 s 的函数。

在此模型中,相对 $T/\psi(s)$ 的可靠度函数为

$$R_s(t) = \Pr(T_s/\psi(s) > t) = \Pr(T_s > \psi(s) \cdot t) = R(\psi(s) \cdot t) = R_0(t) \tag{4.29}$$

也就是说,相对寿命 $T_s/\psi(s)$ 在所有的应力水平 s 下都有相同的分布。

$\psi(s)$ 的一种典型形式为

$$\psi(s) = e^{\gamma s} \tag{4.30}$$

此时,比例寿命 $e^{-\gamma s}T_s$ 服从的分布与应力水平 s 无关。T_s 的均值 $E(T_s) = e^{\gamma s}\mu_0$,式中 $\mu_0 = E(T_0)$ 为应力水平 s_0 下的平均失效时间。取对数可得

$$\ln T_s = \mu_0 + \gamma s + \varepsilon \tag{4.31}$$

式中:ε 为随机误差项,且与 s 无关。

上述模型是一个线性回归模型,因此,采用线性回归的方法去估计未知参数 μ_0 和 γ(Ansell 和 Phillips,1994)。

2. 比例风险模型

在比例风险模型中,寿命为 T_s 的产品在应力水平 s 下的失效率函数为

$$z(t;s) = z_0(t) \cdot h(s) \tag{4.32}$$

式中:$z_0(t)$ 为正常应力水平 s_0 下的失效率函数;$h(s)$ 为 s 的函数。

这个模型可以将失效率函数分解为两个部分:一部分是时间 t 的函数(不是应力 s);另一部分是应力水平 s 的函数。

应力水平 s 下的可靠度函数为

$$
\begin{aligned}
R(t;s) &= \exp\left(-\int_0^t z(u,s)\,\mathrm{d}u\right) \\
&= \left(\exp\left(-\int_0^t z_0(u)\,\mathrm{d}u\right)\right)^{h(s)} = (R_0(t))^{h(s)}
\end{aligned} \tag{4.33}
$$

令 s_1 和 s_2 为两个不同的应力水平,这两个应力水平下的失效率函数之间的关系可以表示为

$$
\frac{z(t;s_1)}{z(t;s_2)} = \frac{z_0(t)\cdot h(s_1)}{z_0(t)\cdot h(s_2)} = \frac{h(s_1)}{h(s_2)} \tag{4.34}
$$

因此,在 t 时刻两个失效率函数与 t 无关,仅依赖于 s_1 和 s_2。这就解释了为什么该模型称为比例风险(如失效率)模型。

为了得到失效率函数的简便形式,通常只有转化应力水平,例如,取对数或指数。有时也需要考虑两个或者更多的应力,例如,若有一个管道,因管道液体中的沙粒引起腐蚀,那么腐蚀的速率(类似故障率函数)取决于沙粒的含量和流速。腐蚀是两者共同作用的结果,而非一种应力。

通过变换或组合相关的应力,可以得到一个应力的向量 $\boldsymbol{x} = (x_1, x_2, \cdots, x_m)$。使用物理参数作为应力也比较常见,如一根管子的直径,这种参数也称为协变量或者伴随变量。因此,比例风险模型也可以表示为

$$
z(t;\boldsymbol{x}) = z_0(t)\cdot\psi(x,\boldsymbol{\beta}) \tag{4.35}
$$

式中:$\psi(\boldsymbol{x},\boldsymbol{\beta})$ 为函数,$\boldsymbol{\beta} = (\beta_1, \beta_2, \cdots)$ 为由未知参数组成的行向量。

例 4.6(恒定的失效率) 假设失效率率是恒定值,即 $z(t;\boldsymbol{x}) = \lambda_0\cdot\psi(\boldsymbol{x},\boldsymbol{\beta})$,则可靠度函数为

$$
R(t;\boldsymbol{x}) = \exp(-\lambda_0\cdot\psi(\boldsymbol{x},\boldsymbol{\beta})) \tag{4.36}
$$

平均失效时间为

$$
\mathrm{MTTF}_x = \frac{1}{\lambda_0\cdot\psi(\boldsymbol{x},\boldsymbol{\beta})} = \mathrm{MTTF}_0\cdot\frac{1}{\psi(\boldsymbol{x},\boldsymbol{\beta})} \tag{4.37}
$$

式中:MTTF_0、MTTF_x 分别为正常应力和水平应力水平 x 下的平均失效时间。

注意,在 MIL-HDBK-217F 中确定电子元器件失效率的一个简单模型,是这个模型的一个特例。

$\psi(\cdot)$ 最常用的形式在 Cox(1972)中介绍过,之后称为 Cox 模型。该模型为

$$
\psi(\boldsymbol{x};\boldsymbol{\beta}) = \exp(\boldsymbol{\beta x}) = \exp\left(\sum_{j=1}^m \beta_j x_j\right) \tag{4.38}
$$

式中:m 为应力向量 $\boldsymbol{x}$ 的维度。

通过取对数,得到线性关系为

$$\ln z(t;\boldsymbol{x}) = \ln z_0(t) + \sum_{j=1}^{m} \beta_j x_j \qquad (4.39)$$

该模型的参数估计方法可以在 Ansell 和 Phillips(1994)、Crowder 等(1991)、Kumar 和 Klefsjø(1994)中可以找到。

4.5 可靠性建模 Ⅱ

对后来失效的建模(部件、系统或一些中间级)取决于相关的维护活动。IEC 60050 – 191 定义维护为"所有的技术和管理行为的组合,包括监督措施,目的是为了使对象保持或者恢复到可以完成规定功能的状态"。维护涉及服务(如清洁和润滑)、测试/检查、拆卸/更换、修理/大修等行为,通过重新设计修改。

控制退化过程的维护措施称为预防性维修(PM)。通过采取措施使产品恢复正常运行状态称为修复性维修(CM)。实施 PM 和 CM 措施所需的时间有所不同,需要对其进行合适的建模。对于轻微的 PM 和 CM 措施,需要的时间与失效间隔时间的关系很小,可以忽略。对于一些主要的大修措施,所需的时间特别长,不能忽略。

4.5.1 修复性维修的建模

建模的方式取决于失效产品是否可维修。

1. 更换

如果产品是不可修的,就只能采取修复性维修措施,用一个可以工作的产品(新的或用过的)去替换它。如果用一个新产品(与失效产品类似)进行替换,那么其失效时间分布也是一个随机变量,并且与初始的产品具有相同的分布 $F(t)$。这种修复措施使得产品可以"同新的一样好",如图 4.7 所示。

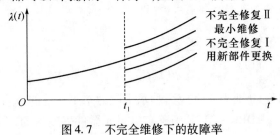

图 4.7　不完全维修下的故障率

如果用一个使用时间为 x 的产品更换,那么失效时间的分布为条件失效分布,即

$$F(t|x) = \Pr(T \leq t + x | T > x), t \geq 0 \qquad (4.40)$$

2. 最小维修

该模型主要用于包含多个部件的复杂产品。如果其中一个部件出现故障,并且导致产品失效,就只需要维修故障的部件。维修完成后,系统的状态与失效之前近似。由于维修后产品失效的可能性与部件故障之前近似,因此这种维修措施对系统影响最小。这种维修称为最小维修。最小维修后产品的状态称为"修旧如旧"。

令 $z(t)$ 表示新产品的失效率。如果产品在 t_i 时刻故障,并且维修时间很小(可以忽略),那么可修系统的失效率 $\tilde{z}(t) = z(t)(t > t_i)$,如图 4.7 所示。

3. 不完全修复

不完全修复介于更换和最小修复之间,也称为正常维修。经过不完全维修的产品其失效率一般来说大于一个新产品且小于最小维修的产品(图 4.7 中不完全维修 I)。维修措施也有可能带来其他的故障,所以不完全维修后产品的失效率比维修之前要高,如图 4.7 中的不完全修复 II。

已经有很多针对不完全修复的模型,更多内容可以参考 Pham 和 Wang (1996)。

4.5.2　预防性维修建模

预防性维修是指控制产品退化速率并减少失效发生可能性的一系列活动。因此,与修复性维修是在产品失效之后进行的不同,预防性维修措施是在产品仍处在可操作状态时进行的。常用的预防性维修策略有很多,包括:

(1)基于使用时间的策略:基于产品使用时间的预防性维修。

(2)基于时间的策略:以设定的时间实施的预防性维修。

(3)基于状态的策略:基于产品状态的预防性维修,包括监控可以表征产品退化过程的一个或者多个变量。

(4)基于时机的策略:适用于包含多个部件的产品,当其中一个部件故障需要进行修复性维护时,就给对其余部件实施预防性维修创造了时机。

(5)重新设计策略:需要重新设计极不可靠的部件,使得新的产品会(有希望)比之前有更高的可靠性。

ROCOF

失效发生率(ROCOF)在失效建模和预防性维修(以及修复性维修)中都是一个非常有用的概念,它描述系统在使用历史 $H(t)$ 中时间区间 $(t, t + \Delta t)$ 内失效的概率,并记录了 $(0, t)$ 内失效和维护性措施的实施。ROCOF 由下面的强度函数给出:

$$\lambda(t) = \lim_{\Delta t \to 0} \frac{\Pr(N(t + \Delta t) - N(t) > 1 \mid H(t))}{\Delta t} \tag{4.41}$$

式中:$N(t)$为$(0,t)$内失效的次数。

由于当$\Delta t \rightarrow 0$时,区间$(t,t+\Delta t)$内发生两次或者更多失效的概率为0,所以该强度函数也可以由失效的条件期望数导出,即

$$\lambda(t) = \frac{\mathrm{d}}{\mathrm{d}t}E(N(t) \mid H(t)) \tag{4.42}$$

ROCOF 的累积函数为

$$\Lambda(t) = \int_0^t \lambda(u)\mathrm{d}u = E(N(t)) \tag{4.43}$$

描述预防性维修的模型中,应用较为广泛的是以下两个模型(Doyen 和 Gaudoin,2004):

年龄的减少

该模型涉及实质年龄的概念。产品的年龄会随着时间线性增加,而每一次预防性维修都会使产品的实质年龄得到一定的减少。ROCOF 是实质年龄的函数。

令 $B(t)$ 表示产品在 t 时刻的实质年龄,$t_i(i=0,1,2,\cdots)$ 表示预防性维修实施的时刻。在第 i 次预防性维修后,实质年龄的减少量为 τ_i,因此实质年龄 $B(t) = t - \sum_{j=0}^i \tau_j(t_i < t \leqslant t_{i+1})$,其中,$\tau_0 = 0,t_0 = 0$。那么 ROCOF 可以由下面的强度函数得到,即

$$\lambda(t) = z(B(t)) = z\left(t - \sum_{j=0}^i \tau_j\right), t_i < t \leqslant t_{i+1}, i = 0,1,2,\cdots \tag{4.44}$$

在第 i 次预防性维修导致的实质年龄的减少量和 i 的取值受到下式约束:

$$0 \leqslant \tau_i < t_i - t_{i-1}, i = 1,2,\cdots \tag{4.45}$$

这意味着,产品不能恢复到像新的一样。实质年龄 $B(t)$ 和强度函数 $\lambda(t)$ 与时间的关系如图 4.8 所示。

故障率的减小

在这个模型中,每一次预防性维修都会使 ROCOF 得到一定的减小,在第 i 次维护后,ROCOF 为

$$\lambda(t) = z(t) - \sum_{j=1}^i \delta_i, t_i < t \leqslant t_{i+1} \tag{4.46}$$

式中:δ_i 为在第 i 次预防性维修得到的故障率的减小量。它满足约束条件

$$\lambda(0) \leqslant \sum_{j=1}^i \delta_i \leqslant \lambda(t_i), t_i < t < t_{i+1} \tag{4.47}$$

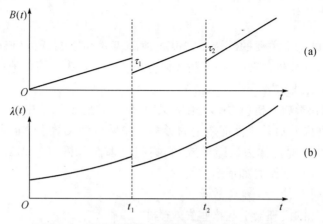

图 4.8　预防性维修中考虑年龄减少的 ROCOF

上面的约束条件可以确保相应的 ROCOF 永远不会比一个新产品的失效率低。图 4.9 表示了在预防性维修中 ROCOF 的减小。

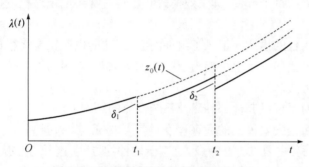

图 4.9　在预防性维修中 ROCOF 的减小

注：当实施预防性维修的时间不能被忽略时，ROCOF 不能在实施预防性维修期间进行定义。

4.5.3　其他方法

现在已经有许多不同的方法应用于系统级的失效建模，如马尔马夫方法和半马尔马夫方法（Bhat，1972；Ross，1996；Limnios 和 Oprisan，2001）等。

4.6　可靠性分析

可靠性分析方法可以分为定性分析和定量分析两大类。前者的目的是分析各种失效模式以及导致系统部可靠的原因；后者采用适当的数学模型，结合实际失效数据，然后对系统可靠性进行定量估计。

4.6.1　定性分析

定性分析的两个主要的问题是 FMEA 故障模式和影响分析(FMEA)/故障模式、影响和危害性分析(FMECA)和故障树分析。在 4.4.3 节简单地讨论了故障树分析,本节将讨论 FMEA。

故障模式和影响分析(FMEA)用来识别、分析并验证系统中可能存在的失效模式,以及这些失效对系统性能产生的影响。如果每个失效模式的危害程度也得到了分析,这种分析就称为故障模式、影响和危害性分析(FMECA)。根据 IEEE 352 标准,FMEA 必须回答如下基本问题:

(1) 各组件为什么一定会故障。

(2) 什么样的机理会引起这些失效模式。

(3) 如果失效了,会有什么影响。

(4) 如何检测失效。

(5) 产品的设计会导致哪些固有的失效。

对于各组件的每个部件,其失效模式和影响通常会记录存档,这些文件包括以下内容:

(1) 对各组件的描述。记录了组件的编号、功能以及正常运行模式。

(2) 失效的描述。列出可能出现的不同失效模式,相应的失效机制以及检测各失效模式的方式。

(3) 失效对系统的其他部件以及系统性能的影响。

(4) 按照每个失效模式的危害程度对各失效模式进行排名。

FMEA 有两种主要的方法:一种是基于硬件的方法,这种方法从系统各层次中最底层的硬件部件开始,分析它们可能出现的失效模式;另一种是基于功能的方法,这种方法关注系统的功能而不是硬件。FMEA 的实施可以从最高的系统层开始逐渐往较低的层次进行(自上而下),也可以从最低的部件层开始逐渐往最高的系统层进行(自下而上)。如果可以通过系统框图或其他系统描述将系统的硬件部件全部独立地区分出来,那么通常运用基于硬件的自下而上分析法;如果是在分析一个还处在早期设计阶段,所有的硬件细节都还没有确定,那么基于功能的自上而下方法会更加适用。

通过 FMEA/FMECA 可以得出一些最关键的失效模式,并列入一个关键项目的清单。关键项目清单是一个不断丰富的文件,它可以为系统设计的改进、试验的设计以及安全操作程序的制定等提供很有价值的帮助。

例 4.7(安全仪表系统)　过程关闭系统是安全仪表系统中一个常见的例子。关闭动作通常是由安全阀执行的,也就是说,在正常操作过程中,通过液压或气压使阀门保持开启的状态,当阀门接收到关闭的信号时,压力就被释放,阀门就会因为一些固定的机制(如弹簧力)进行关闭。

关闭阀的失效模式和失效影响如下：

失效模式	失效影响
不能关闭	（液、气）流不能停止
关闭位置的泄漏	（液、气）流只有部分停止
外部泄漏	液体（或气体）泄漏到环境中
误关闭	没有信号就关闭
不能打开	关闭后不能打开

不同故障模式的严重程度与相应的过程、环境以及流体的类型有关。

4.6.2　定量分析

定量分析通常用来评估不同的性能量，这里简要讨论一些主要的特征量。

1）可用度

令 $X(t)$ 表示产品在 t 时刻的状态，它是一个二进制变量，当产品处于正常工作状态时 $X(t)=1$，否则 $X(t)=0$。与可用度相关的还有几个概念，下面分别进行介绍：

（1）时刻 t 的可用度（也称为点可用度）为

$$A(t) = \Pr(X(t)=1) = E(X(t)) \tag{4.48}$$

（2）可用度的极限存在时，有

$$A = \lim_{t\to\infty} A(t) \tag{4.49}$$

（3）$(0,\tau)$ 内的平均可用度（也称为任务完成度）为

$$A(0,\tau) = \frac{1}{\tau}\int_0^\tau A(t)\,\mathrm{d}t \tag{4.50}$$

式中：$A(0,\tau)$ 为在时间 $(0,\tau)$ 内产品处于正常工作状态所占时间的平均比例。

（4）平均可用度的极限（也称稳定状态可用度）为

$$A_\infty = \lim_{\tau\to\infty} \frac{1}{\tau}\int_0^\tau A(t)\,\mathrm{d}t \tag{4.51}$$

特殊情况下，如果产品每次失效之后可以修复到一个"修旧如新"的状态，那么产品的无失效时间（失效间隔）是独立同分布的，维修时间也是独立同分布的。因此，稳定状态下平均可用度为

$$A_\infty = \frac{\mathrm{MTTF}}{\mathrm{MTTF} + \mathrm{MTTR}} \tag{4.52}$$

式中：MTTR 为平均维修时间。

产品在 t 时刻的不可用度定义为 $\bar{A}(t)=1-A(t)$，与可靠度的其他概念类似。

2）规定的失效概率

考虑产品在 $t = 0$ 时投入使用,该产品的一些关键失效模式是不可见的。因此,需要对产品进行固定时间间隔 τ 的功能检测。假设所有的失效都可以在功能测试中检测出来,并且产品维修后"修旧如新"。测试和维修时间相对于 τ 很小,可以忽略不计。在这种情况下,平均不可用度通常称为规定的失效概率(PFD)。PFD 可以由下式确定(Rausand 和 Høyland,2004):

$$\text{PFD} = 1 - \frac{1}{\tau}\int_0^\tau R(t)\,\mathrm{d}t \tag{4.53}$$

例 4.8（安全仪表系统） （1）考虑只有一个输入元素(如传感器)的安全仪表系统,输入元素的失效率(失效不可见)为恒定值 λ。该元素的可靠度函数 $R(t) = \mathrm{e}^{-\lambda t}$。在检测间隔 τ 内,PFD 为

$$\text{PFD} = 1 - \frac{1}{\tau}\int_0^\tau \mathrm{e}^{-\lambda t}\mathrm{d}t = 1 - \frac{1}{\lambda\tau}(1 - \mathrm{e}^{-\lambda\tau}) \approx \frac{\lambda\tau}{2}$$

当 $\lambda\tau$ 很小时(如 $\lambda\tau \leqslant 10^{-2}$),上式中的近似是可以接受的。

如果安全仪表系统出现一个处理需求时,PFD 表示传感器不能引起警报的(平均)概率。

（2）考虑安全仪表系包含三个相同且独立的输入元素,组成 3 中取 2 系统。这些输入元素的失效率为恒定值 λ,并且都是在相同的时间间隔 τ 内检测。该系统的可靠度函数 $R(t) = 3\mathrm{e}^{-2\lambda t} - 2\mathrm{e}^{-3\lambda t}$,PFD 为

$$\text{PFD} = 1 - \frac{1}{\tau}\int_0^\tau (3\mathrm{e}^{-2\lambda t} - 2\mathrm{e}^{-3\lambda t})\mathrm{d}t \approx (\lambda\tau)^2$$

（3）考虑安全仪表系统有两个独立的元素,组成一个串联系统。元素的失效率都为恒定值,分别为 λ_1、λ_2。则系统的可靠度函数 $R(t) = \mathrm{e}^{-\lambda_1 t} \cdot \mathrm{e}^{-\lambda_2 t} = \mathrm{e}^{-(\lambda_1 + \lambda_2)t}$,PFD 为

$$\text{PFD} = 1 - \frac{1}{\tau}\int_0^\infty \mathrm{e}^{-(\lambda_1 + \lambda_2)t}\mathrm{d}t \approx \frac{(\lambda_1 + \lambda_2)\tau}{2} = \text{PFD}_1 + \text{PFD}_2$$

式中:PFD_i 为元素 $i(i = 1, 2)$ 的 PFD。

安全仪表系统分为不同的安全完整性等级(SIL)。对于一个工作于低需求模式的 SIS,其安全完整性等级由 PFD 定义,具体定义方式如下:

SIL	PFD
4	$10^{-5} \leqslant \text{PFD} \leqslant 10^{-4}$
3	$10^{-4} \leqslant \text{PFD} \leqslant 10^{-3}$
2	$10^{-3} \leqslant \text{PFD} \leqslant 10^{-2}$
1	$10^{-2} \leqslant \text{PFD} \leqslant 10^{-1}$

对于一个 SIL 级别为 3 的系统,制造商必须确保 SIS 的 PFD≤10^{-3}。另外有一些定性的要求。

3)$(0,t)$ 内的失效次数

令 $N_f(t)$ 表示时间区间 $(0,t)$ 内的失效次数。考虑两种情况,并忽略推导细节,直接给出结果,有兴趣的读者见相关文献。

不可修产品:考虑一个产品,一旦发生失效,就必须用另一个同型号的新产品(在统计意义上与失效产品相同),并假定实施更换的时间忽略不计。在这种情况下,失效的发生过程符合更新过程,因为产品一旦失效就会更换并恢复到新的状态。令 $p_n(t)$ 表示 $N_f(t) = n$ 的概率。因此有

$$p_n(t) = F^{(n)}(t) - F^{(n+1)}(t) \tag{4.54}$$

式中:$F^{(n)}(t)$ 为 $F(t)$ 的 n 重卷积[①]。

令 $M(t)$ 表示 $N_f(t)$ 的期望值,则 $M(t)$ 可以由下面的积分求出(也称恢复积分式):

$$M(t) = F(t) + \int_0^t M(t-x)f(x)\,\mathrm{d}x \tag{4.55}$$

可修产品:产品一旦失效,可进行最小维修,并假定维修时间忽略不计。在这种情况下,$N_f(t)$ 符合强度函数为 $\lambda(t) = z(t)$ 的非齐次泊松过程,则

$$p_n(t) = \frac{(Z(t))^n}{n!}\mathrm{e}^{-Z(t)}, n = 0,1,2,\cdots \tag{4.56}$$

式中:$Z(t)$ 为累积失效率函数,见式(4.8)。

$(0,t)$ 内失效次数的期望为

$$E(N_f(t)) = Z(t) \tag{4.57}$$

4.6.3 仿真

有些情况下求解的过程非常复杂,解析方法无法获得期望的结果,此时,可以使用蒙特卡洛仿真(Mitrani,1982;Ross,2002)。蒙特卡洛仿真是在计算机上仿真类似真实情况的寿命场景。首先考虑系统的模型(通常是一个流程图或可靠性框图),并考虑部件的失效、CM 和 PM 活动以及其他预定的事件和监控事件,建立一个模拟的寿命场景,并尽可能地接近真实情况。通过仿真的寿命场景可以求出产品的一系列性能度量值(如失效次数、停机时间等)。

通过大量次数的仿真,可以从仿真结果得到性能度量值的估计值。仿真器有一个内部时钟,因此在仿真中可以考虑季节的变化以及仿真的长期趋势。

[①] 多卷积的内容见 Ross(1996)。

4.7　可靠性工程

可靠性工程涉及系统的设计和建立,并考虑系统部件的不可靠度,同时包含提高可靠性的试验和计划,好的可靠性工程可以得到一个更加可靠的产品。

4.7.1　可靠性分配

可靠性分配(或可靠性分摊)是在设计阶段将产品(系统级)的可靠性要求分配给子系统、部件的过程。初步的可靠性分配往往是基于历史性能数据的,即同类产品已经达到的可靠性。

在部件级,市场上可以购买到的部件其可靠性往往低于可靠性分配目标值,因此需要提高部件的可靠性,对周期性更换的部件进行预防性维修。

例4.9　考虑一个由 n 个独立部件构成的串联系统,各部件的可靠度函数为 $R_1(t),R_2(t),\cdots,R_n(t)$,那么系统的可靠度函数 $R_S(t) = \prod\limits_{i=1}^{n} R_i(t)$。假设系统的可靠性要求是在一些特定的时刻 t 有 $R_S(t) \geq R^*(t)$。如果

$$R_S(t) = \prod\limits_{i=1}^{n} R_i(t) \geq R^*(t) \tag{4.58}$$

那么相应的要求可以实现。反之,要改善一个或更多的部件。这个过程必须考虑改善各部件的成本和困难。

为了实现可靠性分配的目标,已经提出很多方法,如平均分配法、ARINC 分配法、AGREE 分配法、目标可行性法和最小努力算法。更多相关的信息参考 MIL – HDBK – 338B 和 Ebeling(1997)。

4.7.2　可靠性改进

改进部件(或系统)可靠性的基本方法使用冗余和可靠性增长。

1. 使用冗余

这涉及多个产品的重复使用(子系统到部件级)。冗余只能应用在系统的功能设计允许备份部件存在的情况。

建立冗余时,需要使用一个包含多个该部件的备份模块,使用这些备份的方式取决于冗余的类型。只有当模块中的一些或者所有备份全部故障时,整个模块才会失效。冗余有如下两种类型:

(1)主动冗余:主动冗余意味着,当模块投入使用时,所有的备份部件处于工作状态,也称"完全通电"。主动冗余通常称为热备份。

(2)被动冗余:在被动冗余中,备份模块中只有一部分部件是完全通电的,其

余的产品部分通电(也称部分加载备份),或者处于保留状态,当在投入使用时才会通电(冷备份)。当一个完全通电的产品故障时,若备份部件尚未完全故障,备份模块就会利用一个转换机制用另一个备份部件将故障部件替换掉。

2. 可靠性增长

可靠性增长试验的目的是通过设计上的细微改变,以及制造过程的改变提高产品的可靠性。可靠性增长是通过一个测试、分析和改进(TAAF)[①]程序,以迭代的方式实现的。它的每次迭代涉及图4.10所示四个步骤的顺序执行。

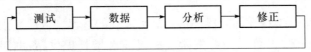

图4.10　测试、分析和调整循环

TAAF 过程从设计阶段开始进行,包含一些将产品置于其寿命周期中可能遇到的应力下进行的试验,并记录试验中产品出现的缺陷和失效,工程师会详细分析这些数据,进而发现产生这些缺陷的根本原因;然后通过改变产品的设计移除导致发生失效的因素,以避免该种失效模式的出现。此过程需要一直重复,直到试验结果令人满意。更多 TAAF 相关的讨论、TAAF 试验设计方法以及 TAAF 与其他试验方法的关系可参考 IEC61014 以及 Priest(1988)。

现在已经有一些可靠性增长模型可以对开发过程进行监控,并提高相关产品的可靠性。这些模型大致可以分为连续模型和离散模型两类。这两类模型分别又可以分为参数模型(涉及失效时间的特定分布)和非参数模型(除失效分布,还涉及可靠性提高的一个功能形式规范)。著名的可靠性增长模型有 Duane 模型、IBM 模型、CLOW/AMSAA 模型、Lloyd 和 Lipow 模型、Jelinski 和 Moranda 模型、Littlewood 和 Verrall 模型、Littlewood 模型、Musa 模型及 Musa – Okumoto 的模型。更多深入详细的讨论可参考 Lloyd 和 Lipow(1962)、Amstadter(1971)、Dhillon(1983)、Walls 和 Quigley(1999)、MIL – HDBK – 338B(1998)。

有时也会引入故障报告和纠正措施系统(FRACAS),用于记录试验和改进过程中获得的失效数据。FRACAS 是一个闭环的报告系统,与 TAAF 循环并行进行。在试验的早期实施 FRACAS,并将其与建模联系起来,就可以显现其最大优势。要了解更多 FRACAS 的细节可参考 O'Connor (2002)、Dhudshia(1992)、MIL – STD – 2155 (1985)。可靠性增长试验数据的统计分析方法在 IEC 61164 中有介绍。

4.7.3　根本原因分析

根本原因分析是在失效发生之后进行的,目的是了解失效是如何发生及其发

---

① 有些作者用缩写 TAFT(测试、分析、改进、测试)。

生的原因。该分析重点关注导致失效发生的根本原因,在分析过程中会多次问"为什么",直到获得满意的解释。一旦找到根本原因,就可以通过适当的设计改变或者原材料选择等措施来解决相应的问题。更多关于机械部件的根本原因分析可参考 Nishida (1992)和 DOE - NE - STD - 1004 - 92,关于电子部件的分析可参考 MIL - HDBK - 338B。

4.8　可靠性预计和评估

可靠性预计是指在设计阶段评估产品可靠性的过程。可靠性预计为可靠性提高提供了决策基础,也可以为开发阶段的可靠性增长提供帮助(Meeker 和 Esco-bar,1998;Blischke 和 Murthy,2000)。可靠性预计是在已知设计信息的基础上,得到的产品可靠性潜力。在开发阶段,我们可以通过试验获得真实的可靠性评估结果,这个过程称为可靠性评估。

4.8.1　可靠性预计

预计涉及的模型与实际系统不同,它为试验设计、产品制造、可靠性增长的评估、维护以及其他管理活动提供了基础。当产品设计做出改动时,可靠性预计也要进行相应地持续更新。Healy 等(1997)讨论了可靠性预计,包括目的:

(1)开展指标权衡研究。

(2)为开发阶段的试验设计提供信息。

(3)规划设计改进措施。

(4)成本分析,包括整个寿命周期内的成本研究。

(5)为可靠性增长的评估提供基础。

(6)了解维护需求和成本。

4.8.2　可靠性评估

进行详细的可靠性评估,最重要的目的是验证预计的可靠性已实现或者可实现;也包括验证更新后的可靠性预计,监控产品的质量,决定是否需要进行可靠性增长等。从试验中获得的数据是可靠性评估的基础,可靠性评估需要用到一些统计评估方法,这在许多书中都可以找到。

在开发阶段,可以从不同类型的试验中产生数据。Meeker 和 Hamada(1995)讨论了如下试验:

(1)评价原材料性能的实验室试验。

(2)各组件、部件的寿命试验。

(3)环境应力筛选试验。

(4)原型试验。

（5）各组件、部件的退化试验。

（6）来自供应方的试验结果。

（7）质量鉴定试验。

（8）应力寿命试验。

（9）可靠性验证试验。

为保证数据的有效性和可靠性，有必要进行仔细的试验设计。

另外一种重要的试验技术是加速试验，即在超出正常应力水平下的试验。这种方法使得分析员可以在较短的时间内获得试验数据，但是这也有可能会引入在正常压力水平并不存在的新失效模式。

制造过程中进行的试验是为了排除制造瑕疵和早期组件失效，通常用到的是下面两种试验方法：

（1）环境应力筛选（ESS）：是一种通过向产品施加环境应力，从而发现潜在缺陷的筛选过程。环境应力是温度、振动或湿度的任意组合。

（2）老化测试：老化是一种用来排除由于制造缺陷而导致的高初始失效率的过程，它可以发现产品早期的失效，从而在出售之前可将这类失效产品剔除掉。

4.9　可靠性管理

可靠性管理处理的是产品开发过程与管理相关的问题，包括产品的设计、制造和操作中的管理问题。制造者需要从全局的商业角度来看待这些问题，并考虑消费者关注的内容，如产品的可靠性、安全性、操作成本、保修期、维护服务合约等。可靠性性能与规范中两个最重要的问题是成本和进行有效管理的数据。

4.9.1　成本

为了使产品可靠需要大量的成本，从制造商的角度看，有设计成本、开发成本、生产成本和售后支持成本。从消费者的角度看主要有产品使用期内的维护成本。

对于一件昂贵的用户定制产品来说，LCC 对于消费者决定是否使用该产品很关键。LCC 过程包括图 4.11 所示的步骤，更多关于 LCC 的信息可参考 IEC 60300 – 3 – 3（2005）、Fabrycky 和 Blanchard（1991）、Kawauchi 和 Rausand（1999）。

产品的不可靠同样会导致很多间接的成本：从制造商的角度看有保修成本、销量的减少、消费者的不满意及产品和商业声誉的负面影响；从消费者的角度看，间接成本是由于产品不可靠所导致的成本。

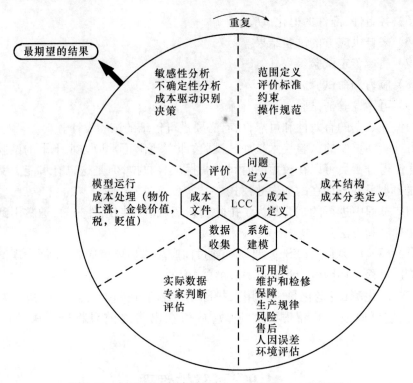

图 4.11　LCC 过程的步骤(Kawauchi 和 Rausand,1999)

4.9.2　进行有效管理的数据

在产品寿命周期的不同阶段,进行可靠性相关的决策需要大量不同类型的数据。相关的数据会在第 5 ~ 9 章分别讨论,在第 11 章进行总结。

4.10　案例研究:移动电话

移动电话包含多个组成部件,集成电路(IC)或称为芯片是其中一个重要部件。集成电路可以分为数字的、模拟的以及混合的(同一个芯片上既有数字信号也有模拟信号)三类。数字集成电路包含大量的逻辑门、触发器、多路复用器以及其他电路。模拟集成电路(如传感器、运算放大器等)可以处理连续信号,通常用于实现不同的功能(如放大、过滤、调波)。混合集成电路可以实现诸如 A/D 和 D/A 转换等功能。

集成电路是以层为单位制作的,涉及制图、沉积和刻版三个步骤。也有一些辅助的步骤,如掺杂、清洗、平展等。

这些步骤都是以单晶硅晶片作为基质进行的,并使用光刻法标记基质上的不同区域,然后对基质进行掺杂,沉积多晶硅、绝缘物或金属路径。整个过程在多个层次上进行。单晶硅晶片切成矩形块,每块称为一个晶粒,晶粒通过封装连接起来。封装的技术有很多,在倒装芯片球栅阵列(FCBFA)封装中,晶粒被上下固定,并通过一种类似电路板的基质连接在封装球中。这种方式允许信号的输入、输出阵列分布在整个晶粒上。[1]

自出现芯片起,其可靠性已经受到了很大的重视。Roesch(2006)对硅、化合物半导体芯片的可靠性研究做了一个综述。硅芯片的可靠性研究时期以及各时期受到的关注情况如下:

第一代(1975—1980):了解硅(Si)、铝(Al)、二氧化硅(SiO_2)以及它们的各种结合物的材料形状,用于可靠性的提高。

第二代(1980—1985):对于主要可靠性问题的机理进行识别和研究,如电子迁移、应力迁移、与时间相关的介电击穿(TDDB)、模具破裂、晶键断裂等。

第三代(1985—1990):对不同的机理(可靠性物理)建立退化模型,得到了随温度循环和腐蚀的环境应力加速因子[2]。

第四代(1990—1995):强调晶片级固有可靠性(BIR)。

第五代(1995—2000):综合考虑可靠性和质量,减少缺陷。

---

[1]　更多 IC 的内容见 Mead 和 Conway (1980)、Hodges 等(2003)。

[2]　更多半导体设备的失效机理见 Amerasekera 和 Campbell(1987)。

第5章 概念阶段的规范与性能

5.1 引言

前期阶段是指图 2.4 中阶段 1(时期 Ⅰ,等级 Ⅰ)。阶段 1 的性能与规范在 3.6.1 节已经讨论过。本章将进行更详细的讨论。对于标准产品和客户定制产品,规定期望性能 DP–Ⅰ 的过程稍有不同。当 DP–Ⅰ 已经确定,推导出规范 SP–Ⅰ 和预测性能 PP–Ⅰ 的过程是相似的。

本章概要:5.2 节和 5.3 节讨论标准产品的问题,5.2 节首先讨论整个过程,它涉及三个子阶段,在接下来的三个部分将对三个子阶段进行更详细的讨论,5.3 节重点介绍数据采集和数据分析;5.4 节论述创意的产生和筛选;5.5 节讨论产品概念的系统化和评估,由此定义 DP–Ⅰ,然后推导出 SP–Ⅰ 和 PP–Ⅰ;5.6 讨论特殊(客户定制)产品的性能与规范;5.7 节关注前期阶段的决策对产品可靠性隐含的影响,并与下一章内容形成连接;5.8 节讨论移动电话案例研究的相关问题。

5.2 标准产品的前段过程

决定标准产品的性能与规范的过程如图 5.1 所示,包括如下三个子阶段:

子阶段 1——数据采集与分析:数据分析表明是否有开发新产品的需要(NPD)。将在 5.3 讨论与数据采集有关的问题和数据分析的方法与技术,并举例说明一些开发新产品的典型情形。

子阶段 2——创意的产生与筛选:在 2.5.1 节讨论过一些基本概念。在这个讨论的基础上,着重关注在 5.4 节所需要的方法和技术。

子阶段 3——产品概念的系统化和评价:在 2.5.1 节中讨论过一些基本概念。在这个讨论的基础上,着重关注基于前两个子阶段结果来定义 DP–Ⅰ,然后得到 SP–Ⅰ 和 PP–Ⅰ。其迭代过程如图 5.1 所示。同时讨论 5.5 节所需要的方法、技术和模型。

给出三个子阶段中需要的所有方法与技术的细节是不可能的,所以只讨论一些重要的部分,并给出参考文献以便感兴趣的读者能获得更详细内容。同样,无法讨论所有已经建立起来的不同模型,而是重点介绍一些简单的模型,说明在决策中模型的应用,并给出一些参考文献,感兴趣的读者可以了解其他模型的细节。

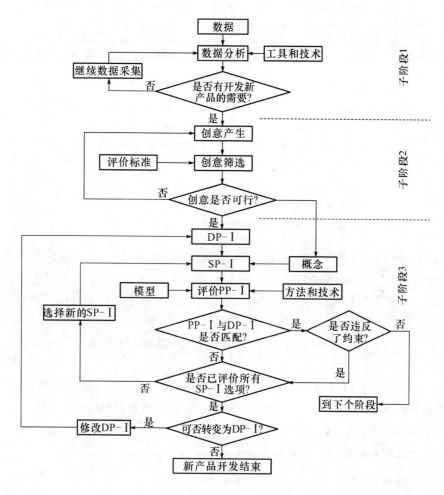

图 5.1　标准产品的前期阶段

5.3　数据采集与分析

在新产品开发中,制造商采集到的各种数据是紧密相关的。数据分析将这些数据转换成信息,这可以从许多不同的层次进行。而这些信息提供了决定是否继续研发新产品的依据。图 5.2 展示了数据、数据分析、信息和决策之间的联系。

5.3.1　数据采集

在前期阶段,决策的相关数据可以大致分为科学/技术数据、客户相关数据、产品相关数据、市场相关数据和企业相关数据。数据的主要来源如下:

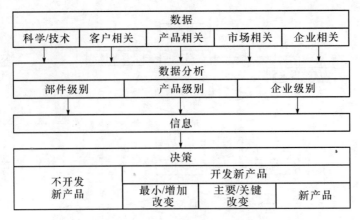

图 5.2　数据、数据分析、信息和决策之间的关系

（1）管理系统：企业使用多种不同类型的管理系统，这些系统连同其提供的数据种类的例子包括财务系统（成本数据）、项目管理系统（产品开发过程中的相关数据）、生产系统（产品相关的数据，如，生产过程中的合格规范）、供应管理系统（物流数据）和客户支持系统（客户相关数据）。

（2）市场调查：用来获得商业的和顾客相关的数据，包括为获得有效可靠的数据而精心设计的调查问卷。

（3）保修服务和现场支持：其数据提供了关于产品现场性能的有价值信息。如果数据采集方法得当，还能提供跟顾客相关的有用信息，如使用方式和强度、客户满意度和需求。

关于数据采集的更多细节将在第 11 章讨论。

5.3.2　数据分析

数据分析是对数据的总结和描述。累加值是对基本信息内容简明的估量，图示可以给出信息整体形象的描述。这些对于有效的决策都非常必要。分析取决于数据的类型。数据分析的方法和技术将在第 11 章介绍。

可以在三个不同的级别进行分析，如图 5.2 所示，下面对每个级别进行讨论。

1. 部件级别

部件级别的分析主要处理与部件性能相关的技术数据。在可靠性方面，这些数据包括故障模式和故障原因（根本原因分析）、失效时间、维修时间（在部件可维修的情况下）、维修费用等。这种数据是产品生命周期的售后阶段发展过程中产生的。通过分析可以得到部件可靠性估计，有助于决定是否需要对部件进行进一步研发，或用一个更可靠的部件来替换。

2. 产品级别

产品级别的数据可以是技术的、经济的、和使用相关的。在可靠性方面，通过分析了解与产品相关的信息：现场可靠性（技术的）；每件已出售产品的保修成本（经济的）或客户满意度（使用相关的）。这可以用于决策，例如改进生产过程（如果问题是生产过程中的质量变化）或通过改变设计提高可靠性（例如，降低保修成本，提高客户满意度）。

3. 企业级别

企业级别的数据从企业的角度讨论产品性能，在销量和收益受到影响的市场上数据也会发生变化。因此，分析与市场相关数据，可以得到有关竞争对手的行为趋势和影响的信息；技术数据提供关于新产品潜力相关的信息等。

5.3.3　数据采集与分析的结果

数据采集与分析会做出一个决策，决定是否启动一个新产品开发项目。如果启动就进行子阶段2，如果不启动就继续进行数据的采集和分析，如图5.1所示。

在这里指出四种开发新产品的情形：

情形1：企业级别的分析表明，顾客对产品满意，保修成本比预期高，导致利润下降。改进的动力是最高管理层希望通过降低保修成本提高整体利润。产品开发的目的是为了通过对设计最小的改动提高产品的可靠性。

情形2：价格是产品在市场上一个重要的变量。价格需要随着时间而减少，除非有周期性的产品升级来抵消价格的减少，确保预期的利润率。在这种情形下，产品开发是改进现有产品（同一产品的平台内），由经济因素驱动。

情形3：客户认为竞争对手推出的新产品更好，影响制造商现有产品的销量。制造商应对这种情形的方法是，推出改进的新产品（具有更好的性能）以及更好的产品支持（如更长的保修期）。在这种情况下，开发新产品的动力是市场因素，而且新产品需要明显好于现有产品[1]。

情形4：科学上的新突破意味着新产品的突破[2]。然而，它涉及开发新的技术，成本较高且结果不确定。如果能够开发出新技术，新产品可能会有重大影响，使投资具有非常高的回报。在这种情况下，新产品开发的最初重点是发展所需的技术，提出产品原型。在这种情况下，产品开发是技术驱动的。

5.4　创意的产生和筛选

第2.5.1节在新产品开发的过程中定义了"创意"的概念。本节将看到创意的产生和筛选，并讨论与之相关的方法和技术。

---

[1]　486CPU笔记本电脑的生产商会定期地升级其产品，每次会融入新屏幕、CPU、电池、硬盘或RAM的结合。最终，奔腾CPU完全取代了基于486CPU的平台（Wilhelm 和 Xu，2002）。

[2]　关于更多的新产品突破参考 Deszca 等（1999）。

5.4.1　对客户的理解

对客户的理解对于新产品的研发是非常重要的。Ulwick(2002)指出：

"一个经常听到的说法是,问消费者他们想要什么是无用的,因为他们不知道他们想要什么。"

Flint(2002)指出：

"许多组织不知道他们应该采集哪一种客户信息,即使知道也没有能力做到,没有规范的获取客户信息的流程,而且(或者)急于从想法(即创意的产生)及其筛选过渡到 NPD 的发展阶段。

目前有许多新产品在公司之间流动,这些产品最好的情况是毫无用处,最坏的话还会是有害的,因为它们是公司内部产生的创意,没有建立在对客户良好的理解上,对客户的理解更多地被认为是一件麻烦的事,而不是意义深远的机会。"

这表明对客户的理解是一个具有挑战的问题。下面是一些有助于这一过程的技术和方法：

(1)顾客价值确定过程：这个过程旨在获得深层的客户知识①。

"它包括定性和定量研究,目的是认识顾客价值维度,确定具有战略意义的重要价值维度,确定顾客对价值传递的满意程度,发现价值传递问题,所有都在目标市场部分进行。"(Flint,2002)

(2)民众意向和参与者观察：重点是了解产品使用中固有的文化和社会学意义。这是通过额外长时间观察,了解客户的需求及其对产品的使用②。"这些对民众意向观察的方法已经成功地促使一些新产品创意,因为它们真正反映了'顾客的声音'。"(Flint,2002)

(3)质量功能开发(QFD)：这种方法由一个多学科的团队来确定客户的需求,通过一个结构化和论证过的框架将其融入产品设计③。

5.4.2　创意的产生

1. 来源

创意产生的来源包括：

(1)供应商,经销商,销售人员。

(2)贸易杂志和其他出版物。

(3)保修条款,客户投诉,故障。

---

① 更多细节参考 Woodruff 和 Gardial(1996)。

② 更多细节参考 Atkinson 和 Hammersley(1994)。

③ 关于 QFD 一个有趣的回顾参考 Akao(1997)。关于基本概念介绍性的讨论参考 Hauser 和 Clausing(1988)。

（4）客户调查,重点小组,访谈。

（5）现场测试,试用者。

（6）研发。

（7）知觉图(顾客感知的视觉对比)。

（8）标杆(与一流的服务、产品进行比较)。

（9）逆向工程(分解竞争对手的产品,来提高自己的产品)。

2. 方法和技术

有好多不同的方法和技术对创意的产生非常有用[①],其中一个广泛使用的方法是联合分析。

联合分析是一种将新产品与客户需求对应的系统的方法。这是一种理解客户喜好,并将其融入新产品的开发过程。特别地,它使人们能够估计到客户怎样在各种各样的产品属性之间做出权衡,并且基于以下假设:

（1）产品、服务切实可以分解为一组基本的属性。

（2）新产品的选择方案,可以由一些基本的选择方案综合而成。

（3）产品、服务的选择方案,可以真实地描述,无论使用语言还是图形。

方法包括:

（1）顾客对某种产品属性的相对重视程度的数值评估。

（2）产品的每个潜在特色对客户的价值(效用)。

5.4.3　创意的筛选

制造商评价创意:首先必须明确到足够详细的水平,方便有效的评价;其次评估创意需要制定合适的标准。标准涉及到几个因素,可以分为下面四种类型[②]:

（1）产品相关:技术可行性,所涉及的技术类型,需要的研发,合适的产品平台和技术策略。

（2）市场相关:需求,满足客户的需求,销售,新的和现有的市场等。

（3）财务相关:必要投资,回报,风险。

（4）业务相关:适合长期的业务(公司,技术,营销策略)。

已开发许多不同的方法、技术和模型用于筛选创意。Ozer(1999)针对新产品的评估,调查过一些不同的模型,其中一些如下:

（1）类比:使用同类产品的历史数据来评价新产品的成功。

（2）专家意见:专家提出对新产品前景的看法。

[①]　包括分类比较、联合分析、重点设计、讨论组、自由启发、信息加速、凯利目录网、阶梯法、领先用户技术、Zaltman 比喻启发方法。增加创新性的方法,如在创意产生中的头脑风暴、侧面思考、共同研讨和创新模板。更多细节参考 Kleef 等(2005)。

[②]　Udell 和 Baker(1982)提出 33 个因素,可以分为社会因素、企业风险因素、需求分析因素、市场认可因素和竞争因素。更多关于筛选的因素参考 Brentani(1986)。

（3）购买意向:潜在客户通过评估产品来决定他们是否会购买。

（4）多属性模型:消费者基于产品属性的描述评估产品,从而评估消费者的喜好。

（5）讨论组:在主持人的引导下,一组消费者(或专家)公开进行关于新产品的深度讨论。

还有一些众所周知的方法,如创意打分法(Kleef 等,2005)和层次分析法(Calantone 等,1999)。

5.4.4　创意的产生与筛选的结果

创意的产生与筛选的结果是一套可行的创意,形成了新产品概念系统化和评估的基础。

5.5　产品概念系统化和评估

子阶段 3 的起点是产品策略,它是企业整体战略的一部分。这在企业级别定义了产品期望性能 DP – Ⅰ。每个产品的概念在前期阶段定义了产品规格 SP – Ⅰ。为得到每个 SP – Ⅰ 的预测性能 PP – Ⅰ,需要建立模型;然后 PP – Ⅰ 与 DP – Ⅰ 进行比较,考虑概念是否值得进一步发展。这是一个迭代的过程,如图 5.1 所示。本节将详细地讨论这个过程。

5.5.1　定义 DP – Ⅰ

一旦决定进行新产品的开发,其出发点是制定新的产品策略。这需要解决以下问题:

（1）进行什么样的产品投资。

（2）产品开发项目的时间是多少。

（3）所有的产品是否需要在产品平台上共享。

（4）产品需要哪些技术。

产品不同版本的选择(如果不止是一种产品)必须平衡消费者喜好的差异以及设计和生产标准化的经济问题。

DP – Ⅰ 定义了新产品必须为企业实现哪些东西,这一点通过企业目标规定出来。换言之,DP – Ⅰ 是企业级别的期望性能。企业目标包括的因素大致分为信誉、销售和市场份额、收入、利润和投资回报率。四大类,如图 5.3 所示。下面讨论这些特征的显著特点。

信誉

信誉很复杂,涉及商业信誉、产品形象、顾客的满意度和忠实度等问题。这些反过来会影响企业的股票价值和新产品的销售额。

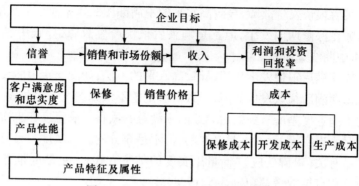

图 5.3　DP - Ⅰ 和 SP - Ⅰ 的关键因素

产品性能和产品支持的实际水平与先前期望值之间的差异,会影响顾客的满意程度。当产品性能比期望的好,顾客比较满意。相反,顾客不满意[1]。

消费者对产品(性能和支持)感觉的期望取决于不同的产品质量观念、价值 - 价格概念(价格昂贵产品应该表现更好)、制造商的信誉、产品广告等。顾客对预期效应的购买远多于对产品和服务的购买,这一点是非常重要的。

"随着汽车越来越好,消费者对于汽车的问题也越来越挑剔。许多汽车制造商准备设计一个新模型的时候,已经开始将消费者的期望考虑在内。因此,现在的汽车比以前更好。"(Evanoff,2002)

衡量顾客的满意程度,可以通过设计合理的问卷,问卷上设置几个离散的等级,从极度满意到极度不满意变化[2]。另一种方法是通过关键事件,即可能发生的事件中的不寻常事件。这样的一个事件可能会导致客户对产品性能及其服务支持的积极或消极评价[3]。

不满意水平取决于产品失效时间,会随着时间减少。四种情形(图 5.4):

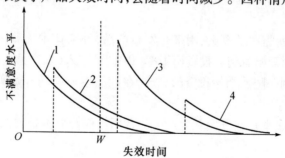

图 5.4　不满意度水平—失效时间 W 对应保修期

---

[1]　许多关于消费者行为的书(如 Neal 等(1999))详细地讨论了消费者满意问题。

[2]　衡量消费者对耐用物品和工业产品的满意度是不同的。更多关于消费者对耐用物品满意度的信息参考 Oliver(1996)。关于对工业产品的满意度参考 Homburg 和 Rudolph(2001)。

[3]　更多关于关键事件资料参考 Flanagan(1954)。Archer 和 Wesolowsky(1996)使用这种方法,以汽车为案例,研究消费者对产品性能的反映。

（1）购买后很快发生故障,导致高水平的不满如图 5.4 中曲线 1 所示。

（2）故障在保修期内发生,但不是购买后很快产生故障,导致中等水平的不满,如图 5.4 中曲线 2 所示。

（3）保修期满后很快发生故障,导致高水平的不满,如图 5.4 中曲线 3 所示。

（4）保修期满后很久发生故障,导致低水平的不满如图 5.4 中曲线 4 所示。

整体的不满意度是所有失效后导致的不满意的累积。满意度和忠实度有着密切的联系。对于忠实度,满意度是必要的,但不是充分的。忠实度与重复购买和推荐购买新产品有关(口碑效应)"衡量忠实度的唯一方式是,主动的推荐次数和卖方收到的再订购订单数量。"(Gitomer,1998)

顾客忠实度会影响效益:"超过 14 个不同的工业部门,客户保持 5% 的增长将导致 25% ~95% 的利润增长。"(Reichheld,1996)

如果客户对产品或服务的质量不满意,就很容易转变。

销量和市场份额

在一个垄断市场(只有一个制造商),产品生命周期的销量取决于许多市场变量。对销量产生重大影响的变量有保修期、销售价格、广告、产品性能、产品质量、制造商的信誉等。在一个竞争的市场(多个厂家生产类似的产品),其他制造商的市场变量决定了生产厂家的市场销量和市场份额。

收入

产品的收入取决于销售量和销售价格。收入通过不同价格产品的总销量获得,将不同销售价格求和(价格随着产品生命周期变化的情况)。

利润和投资回报率

利润是收入与成本之间的差额。这里有几种成本,主要成本是与可靠性方面 DP－Ⅰ相关的成本,如图 5.3 所示。其他重要的成本包括市场成本、财务成本、技术培养等。

投资是开始所需要的资金,用来开发新产品,外来技术培养,生产设施的建设和运营成本,直到开始盈利。投资回报率(ROI)是收入(在产品生命周期的投资收入)与投资的比例。随着初始投资的完成,在产品生命周期开始实现收入,应该使用适当的折扣程序。

开发与生产成本是在开发和生产中的费用。保修成本是与保修要求提供的服务相关的费用。

情形说明

定义 DP－Ⅰ需要把产品性能与商业目标联系起来,并制定一定的约束。第 5.3.3 节描述了四种情形。在情形Ⅰ中,DP－Ⅰ是确保新产品保修成本(作为销售价格一小部分)低于某一特定值,产品开发不能超过一定的成本限制,而且项目必须在规定的期限内完成。在情形Ⅲ中,DP－Ⅰ是实现一定的市场份额,使得 ROI 超过一定的值。

5.5.2   推导 SP – Ⅰ

SP – Ⅰ是产品属性和特征(包括价格)以及产品服务支持(保修,延长保修,服务条款)所要达到的目标值,以实现预期的商业目标(DP – Ⅰ)。在不同种类产品的情况下,需要为每种类型的产品定义 SP – Ⅰ。将重点放在与可靠性设计相关的产品属性和特征。

保修

保修是制造商对买方的承诺,保证产品或服务与介绍的一样。保修可以认为是买方与制造商(或卖方)之间的合同协议,参与到产品或服务的销售。保修可以是不言明的,也可以明确说明。

从广义上讲,保修的目的是,如果一个产品在正确使用的情况下不能够实现预期功能,确定制造商的责任。合同确保产品性能与预期一致,并保证在发生故障或者性能不满意时,能够对购买者合理补偿。保修是为了让购买者相信在一个特定的时期内产品在正常条件下使用能够按照预期功能运行。

有许多不同类型的保修政策, Blischke 和 Murthy(1994,1996)对其进行了分类。最标准的产品在销售的时候使用下列两个保修政策之一:

政策 1:免费更换保修(FRW)政策。制造商同意从购买时间算起,若产品在保修期 W 内出现失效或故障,可免费更换或修复产品。该协议在保修期满时自动终止。

政策 2:按比例返还保修(PRW)政策。制造商同意从购买时间算起,若产品在保修期 W 到期前失效,退还购买价格的一部分。买家可以选择购买一件新产品。退款数额取决于产品失效的时间 T,剩余保修时间内退款数额可以是($W-T$)的线性或非线性函数。令 $\psi(T)$ 表示这个函数。以退还函数的形式定义了一系列的按比例返还政策。最常见的形式是线性函数 $\psi(T) = [(W-T)/W]P$,式中 P 为销售价格。

这些保修政策的典型应用是消费产品,从廉价的物品(如塑料产品),到相对昂贵的物品(如汽车、冰箱),再到昂贵的不可修复的部件(如电子产品)。

特别感兴趣的是保修弹性,即总销售额的相对变化与保修周期的相对变化的比率[①]。

销售价格

产品生命周期内的总销量在垄断市场取决于垄断商家的销售价格,在竞争市场由制造商及其竞争对手的销售价格共同决定。销售价格的提高会引起销售率的下降和总销量的减少。销售价格会在产品的生命周期中变化。

与概念发展的连接

概念在第 2.5.1 节已经讨论过。根据 Krishnan 和 Ulrich(2001),概念的发展

[①]   克莱斯勒汽车的保修弹性是 0.143(Padmanabhan,1996)。

需要回答下列问题:

（1）产品属性（包括售价）的目标值是什么。

（2）产品的核心概念是什么。

（3）产品结构是什么。

（4）对于该产品,还会有什么样的新版本。

（5）在产品的不同版本中,哪些部件可以共享。

（6）产品的整体外观和工业设计是什么样的。

概念的筛选与创意的筛选十分相似,都是将确定不可行的概念淘汰掉的过程。每个产品概念定义了一个 SP-Ⅰ。

5.5.3　评估 PP-Ⅰ

PP-Ⅰ是根据一个给定的 SP-Ⅰ 得到的产品预测性能,可以用来确定一个选定的 SP-Ⅰ（如价格、保修）是否实现第 5.5.1 节中定义的 DP-Ⅰ。它包括的元素如图 5.5 所示。PP-Ⅰ是通过建立适当的模型得到的。模型的建立涉及数据和信息,模型的分析需要各种方法和技术。

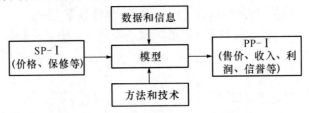

图 5.5　SP-Ⅰ与 PP-Ⅰ的联系

从有关文献中可以找到大量的模型,各个模型在细节和复杂性上千差万别,只重点关注一些简单的确定性模型。这些模型对 SP-Ⅰ 做一个粗略的分析是足够的,可以得到不同 SP-Ⅰ（决策变量）定性的和定量的影响。可以用更精确的（复杂的和/或随机的）模型得到更好的预测,列举一些参考文献,感兴趣的读者可以了解这些模型的更多细节。建立这样的模型需要更多的数据和信息。

5.5.4　模型

客户满意/不满意模型

保修的一个重要作用是保证产品的性能令人满意,因此在保修期内的任何故障都会导致客户不满意。

模型 5.1　对于一个具有较短保修期的不可修复产品,如果产品在保修期 W 内失效,则会导致客户不满意。在这种情况下,客户变得不满意的概率为

$$P_{\mathrm{d}} = P_{\mathrm{r}}(T \leqslant W) = F(W) \tag{5.1}$$

式中: $F(t) = P_{\mathrm{r}}(T \leqslant t)$ 为产品失效时间的概率分布函数。

模型 5.2　对于具有相对较长保修期的可修复产品,不满意度取决于顾客所遇到的失效次数。如果故障只需要做细微的修复且修复的时间可以忽略不计,那么在保修期内的失效率为 $\lambda(t)$,从而客户对所购买的产品不满意的概率为

$$P_{d} = 1 - \sum_{k=0}^{n_0} \frac{[\varLambda(W)]^k}{k!} \mathrm{e}^{-\varLambda(W)} \tag{5.2}$$

式中:$\varLambda(t)$ 为累积失效率;n_0 为指定的非负整数。

注意:当 $n_0 = 0$ 时,$P_{d} = 1 - \exp[-\varLambda(W)] = F(W)$。

销售模型

对于某些产品,产品生命周期与产品的使用寿命基本相同,所以没有重复购买。在这种情况下,只需针对第一次的销售建立模型。然而,当使用寿命远小于产品的生命周期时,就需要建立首次和重复购买模型。

新产品的销售取决于产品属性(性能、价格、保修)和营销成效(广告)以及许多不同的发展模型[①]。主要关注"发散型"模型,对第一次购买时的价格和保修期的影响进行建模[②]。

模型 5.3　首次购买,具有固定的价格和保修期)

整个生命周期 L 内,总销量(首次购买)为

$$\overline{Q} = KW^{\alpha}P^{\beta} \tag{5.3}$$

式中:P 为产品的销售价格;K 为常数;α 和 β 为保修期和价格弹性,可表示或

$$\alpha = \frac{\partial L/L}{\partial W/W}, \beta = \frac{\partial L/L}{\partial P/P} \tag{5.4}$$

α、β 是对早期(相似)产品的分析或基于专家(主观)的判断而获得的。

模型 5.4　(首次销售,价格和保修期固定

销售率是由一阶微分方程给出

$$n(t) = \frac{\mathrm{d}N(t)}{\mathrm{d}t} = [\overline{Q} - N(t)][a + bN(t)], \ N(0) = 0 \tag{5.5}$$

式中:$N(t)$ 为到时间 t 时的总销售量;a 和 b 代表广告和口碑效果。

到时间 t 的销售量是通过求解方程(5.5)得到的,结果为

$$N(t) = \frac{\overline{Q}[1 - \mathrm{e}^{-\phi(t-t_0)}]}{1 + (b/a)\overline{Q}\mathrm{e}^{-\phi(t-t_0)}} \tag{5.6}$$

---

① 销售预测模型包括:Box - Jenkins、客户/市场调查、决策树、德尔菲方法、扩散模型、经验曲线、专家系统、指数平滑法、主管意见打分、线性回归、相似分析法(近似预测)、市场分析模型(Atar 模型、基于假设的模型)、移动平滑法、神经网络、非线性回归、相关分析法、销售动力综合、情景分析法、仿真、趋势近似分析。参考 Kahn(2002)可以得到这些模型的更多细节。

② 这是简单的 Bass - diffusion 模型,首先由 Bass(1969)提出。从此以后,基本模型将其他因素考虑进去(如广告效应、价格、口碑的积极和消极影响)。关于这些模型的细节可参考 Mahajan 和 Wind(1992)。

式中：$\phi = a + b\,\overline{Q}$。注意 $\lim_{t \to \infty} N(t) = \overline{Q}$。

模型 5.5 （首次购买，价格和保修期变动

价格和保修条款通常在产品的整个生命周期内变化，如下所示：

周期	区间	价格	保修期
1	$[0, T_1)$	P_1	W_1
2	$[T_1, T_2)$	P_1	$W_2(>W_1)$
3	$[T_2, \infty)$	$P_2(<P_1)$	W_2

这样做的理由：在第一时期的购买者（也称为"革新者"）愿意支付较高的价格，承担更高的风险；在第二时期的购买者需要更大的保证（提供更长的保修期）；在第三时期的购买者追求低廉的价格。

三个阶段的销售率分别为

$$n(t) = \frac{\mathrm{d}N(t)}{\mathrm{d}t} = [\overline{Q}_1 - N(t)][a + bN(t)], N(0) = 0 \qquad (5.7)$$

$$n(t) = \frac{\mathrm{d}N(t)}{\mathrm{d}t} = [\overline{Q}_2 - N(t)][a + bN(t)], N(T_1^+) = N(T_1^-) \qquad (5.8)$$

$$n(t) = \frac{\mathrm{d}N(t)}{\mathrm{d}t} = [\overline{Q}_3 - N(t)][a + bN(t)], N(T_2^+) = N(T_2^-) \qquad (5.9)$$

式中

$$\overline{Q}_1 = KP_1^\alpha W_1^\beta, \overline{Q}_2 = KP_2^\alpha W_2^\beta, \overline{Q}_3 = KP_3^\alpha W_3^\beta \qquad (5.10)$$

注意：$N(T_1^-)$ 为第一时期结束时的总销售额；$N(T_2^-)$ 为第二时期结束时的总销售额。$n(t)$ 为不连续的函数（图 5.6）但 $N(t)$ 为连续函数

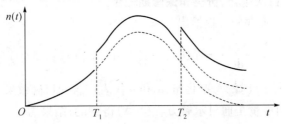

图 5.6 模型 5.5 销售率与时间的关系

模型 5.6 （首次购买，客户不满意，口碑不好）

不满意的顾客会影响潜在客户，使他们放弃购买。

这是通过失去的顾客获得的。令 $S(t)$ 为随时间 t 失去的客户数量，$s(t)$ 为客户流失率，则有

$$s(t) = \frac{\mathrm{d}S(t)}{\mathrm{d}t} = [\overline{Q} - S(t) - N(t)][\zeta P_d N(t)], \; S(0) = 0 \qquad (5.11)$$

式中:ζ 为口碑负面影响的参数。

销售率为

$$n(t) = \frac{\mathrm{d}N(t)}{\mathrm{d}t} = \left[\overline{Q} - S(t) - N(t) \right] \left[a + b(1 - P_{\mathrm{d}})N(t) \right], Q(0) = 0$$

(5.12)

第一次销售停止时间 $\hat{\imath}$ 由下式给出

$$\overline{Q} - S(\hat{\imath}) - N(\hat{\imath}) = 0 \qquad (5.13)$$

客户流失的比率由 $S(\hat{\imath})/\overline{Q}$ 给出,已购买产品的客户的比率由 $N(\hat{\imath})/\overline{Q}$ 给出。关键的参数是:① ζ,较大的值意味着更严重的客户流失;② P_{d},反映产品不可靠性的影响。

模型 5.7　(重复购买的销售)

这种模型适合于产品的使用寿命小于产品生命周期的情况。令 ν_j 为客户已购买产品 j 次,当已经购买的产品的使用寿命已满,再次购买产品的概率。重复购买次数的上限是小于 L/T 的最大整数。令 $n_j(t)$ 为第 j 次购买的销售率。那么

$$n_{j+1}(t) = \frac{\mathrm{d}N_{j+1}(t)}{\mathrm{d}t} = \nu_j n_j(t - T) \qquad (jT \leqslant t < L; j \geqslant 1)$$

第一次购买销售率由 $n(t) = n_1(t)$ 给出。

成本模型

在可靠性设计的背景下,与成本相关的要素是保修成本、开发成本和生产成本。对这些成本的建模是一个具有挑战性的问题,关于这些讨论可参考 Asiedu 和 Gu (1998)、Layer 等(2002)。

保修服务的成本取决于产品的可靠性和保修服务策略,讨论两个简单的模型。开发成本取决于所需的创新度和复杂性,将在第 6 章和第 7 章进行讨论。生产成本取决于产品的复杂性和产量,单位生产成本随着产量的增加而减少。这点在第 6 章和第 8 章进一步讨论。

模型 5.8　(保修成本——免费更换保修(FRW)政策)

如果故障只需要进行很小的维修,而且维修时间可以忽略,那么根据 ROCOF,故障会以强度函数 $\lambda(t)$ 发生。令维修费用(平均值)为 C_{r}。然后,预期的单位保修成本为

$$c_{\mathrm{W}} = C_{\mathrm{r}} \int_0^{t_{\mathrm{W}}} \lambda(t)\,\mathrm{d}t = C_{\mathrm{r}}\Lambda(W) \qquad (5.14)$$

预期的保修成本(总销售量 $N(L)$)为

$$C_{\mathrm{W}}(\theta) = N(L)c_{\mathrm{W}} = N(L)C_{\mathrm{r}}\Lambda(W) \qquad (5.15)$$

注意:如果采用不完全维修而不是最小维修,成本将发生变化。

模型 5.9　(保修成本——按比例返还保修(PRW)政策)

预期的单位保修成本为

$$c_W = \int_0^W \psi(x)f(x)\,dx \tag{5.16}$$

式中:$\psi(x) = (W-x)/W$。

关于其他更多保修类型的成本的模型可参考 Blischke 和 Murthy（1994）。

预期的保修成本总额(总销量 $N(L)$)为

$$C_W(\theta) = N(L)c_W \tag{5.17}$$

模型参数

为了进行定量分析,必须为模型参数赋值。这需要适当的数据和信息。不幸的是,前期阶段可用的数据和信息相当有限。这里有三种确定模型参数值的方法。

方法1:基于类比

可根据早期相似产品的试验和使用数据、以前的研发过程以及生产成本来估计模型参数。人们可直接应用这些估计,或经过适当的修改以反映新产品的状态变化。

当前产品销售的数据用来估计当前发散模型的参数。如果当前产品与前期产品的广告效应明显不同,那么新产品销售模型的参数需要修正。

对于生产成本和发展成本的模型参数,可以用几个较早的或类似的产品数据。得到成本和可靠性的关系曲线,然后外推得到新模型的成本估计。关于设计工作的成本资料,参考 Bashir 和 Thomson（2001）,以及其中所引用的参考文献。

方法2:专家观点

在此信息是从专家获得的,如使用德尔菲法。大多数关于预测技术的书中都讨论到这种方法以及其他一些方法(Martino,1992)。实现不同的可靠性目标,或者在不同价格和保修期的结合下的市场销量,这些成本可以通过这种方法获得。这种方法面临的挑战是确定一些能够提供合理的信息的专家。

方法3:主观想法

当数据和信息非常有限时,建模时就必须做一些猜测——无论是对一些参数的点估计还是区间估计。

5.5.5 产品概念系统化和评估的输出

产品概念系统化和评估的结果是最终的 SP – I (能够反映产品性能和产品支持的属性的目标值)使得 PP – I 与 DP – I 匹配。

5.6 特殊(客户定制)产品

客户定制产品有下列共同特点:

(1) 复杂产品(包括任何现有的或新的技术)。

（2）明确规定产品的性能（与可靠性相关或者无关），由客户指定或者由制造商和客户共同协商而定。

（3）在制造和现场操作过程中对产品性能的评价。

（4）如果在现场操作中没有实现性能目标，则改变设计。

（5）客户和制造商之间的合同（通常称为承包人）。

（6）成本由买方承担。

客户定制产品前期阶段的流程图如图 5.7 所示。图中：PP－Ⅰ(c)为客户角度的产品预期性能；PP－Ⅰ(m)为制造商角度的产品预测性能。本节讨论图中的不同要素。

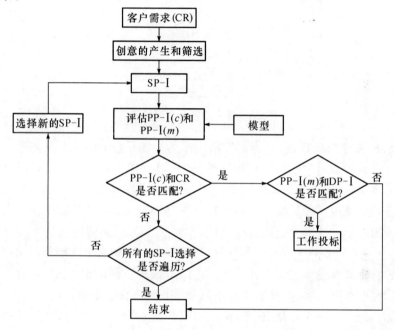

图 5.7　客户定制前期阶段的流程图

5.6.1　性能要求

确定产品的性能要求（也称客户需求）是一个迭代的过程，如图 5.8 所示。通常情况下，客户（买方）发送性能要求到一个或多个制造商，使他们清楚新产品的性能，还附带有投标该项目所需要准备的资料①。制造商返回给客户一个最初的投标方案，说明新产品如何实现，给出性能等级的说明，并对各种成本进行粗略的估计（如研发、生产、运行）。这是基于有限的数据，使用粗略的模型得到的。客户对每个方案进行评估，确定要拒绝的方案，然后根据投标方案考虑对产品性能要求

---

① 　如果制造商获得生产的合同，制造商通常称为承包人。

进行可能的修改。没有被拒绝的方案进入下一个阶段,重复这个过程。通过几次的重复,最终选择一个制造商,然后买家和制造商关于产品性能和成本达成协议。最终的结果是生产该产品的合同。

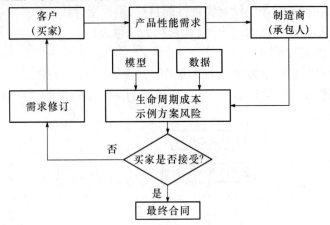

图 5.8　客户定制产品性能需求

例 5.1(安全仪表系统)　考虑北海沿岸的油气平台上的一个分离器。分离器的相关风险通常是通过危险与可操作性研究(HAZOP)来确定的。对每个显著危害必须考虑防护措施,分离器的压力过高会造成这样的风险,可以通过在分离器上安装减压阀来减少这种风险。如果这种保护还不充分,可以考虑在管道入口处增加一个关闭功能。这种功能称为安全仪表功能(SIF)。必须通过一个安全仪表系统实现,由一个或多个压力传感器、逻辑解算器和一个到多个关闭阀门组成。可靠性对 SIF 的要求为完全安全等级(SIL),可以取四种不同的值。SIL 的值由平台整体的风险接受准则来决定,或者通过不同的 SIL 赋值方法得到。

例如,如果发现要求为 SIL 3,标准 IEC 61508 给出了一系列更具体的要求。这意味着要求的故障概率(PFD)必须小于 10^{-3}(见第 4 章),系统的硬件错误偏差必须依据 IEC 61508 给出的表。此外,除 SIL 3 的要求,客户(即石油公司)也有一系列与假跳闸率、易测性以及空间和成本限制有关的要求。顾客必须与制造商协商所有的要求,在安全要求规范(SRS)上达成一致。

图 5.8 是计算系统 PFD 所需要的详细的模型和数据,还有其他各种要求。其中一些模型已在第 4 章介绍。

5.6.2　合同

合同规定了产品性能要求的目标值和各种条件,这些既包括与可靠性相关的性能,也包括与可靠性无关的性能。如果合同的目的仅仅是确保产品性能满足一些最低水平,那么它是一种保证合同。在这种情况下,产品开发的目的是保证实现指定的水平。相反,在某些情况下,买家更倾向于鼓励承包商超过最低水平,因此,合同会包括实现这些功能的激励条款。这是通过将制造商实现的性能水平和报酬挂钩而实现的。客户会在产品的整个生命周期都积极参与,关注产品的全生命周期。

可靠性、维修性和保障性包括以下一项或多项内容:

(1)保证的平均故障间隔时间(MTBF)。

(2)保证修理或更换单元的周转时间。

(3)提供一份买方使用的货物备用清单,直到 MTBF 得到保证才产生费用。

(4)测试精度(内置测试(BIT)和其他测试)。

(5)保证系统的有效性(点的有效性和/或区间的有效性)。

必须正确定义产品的性能,不能有任何歧义。可靠性相关的性能要求包括数据采集的时间规划、要采集的数据类型、依据数据评估性能的程序。对于 MTBF,必须明确是点估计还是区间估计。同样,在产品开发过程中,合同必须说明测试类型和怎样依据测试数据评估部件、子系统或系统级别的性能。如果这些没有明确说明,在后面有可能引起麻烦。

5.6.3　改进可靠性的保修

可靠性改进保修(RIW)是一类保修政策,适用于客户定制产品。RIW 旨在激励制造商提高产品可靠性,减少客户长期的修复和维护成本。

这种类型的保修的首次使用是商业航空公司购买飞机的时候[①]。在美国军事采购中,RIW 最初称为"无故障"或"标准"的保修(Trimble,1974),而其他类似版本的航空公司 RIW 几乎是在同一时间提出(Gregory, 1964;Klause,1979)[②]。RIW 在接下来的几年得到广泛使用,以一个可靠的 MTBF 作为首要特征(Gandara 和 Rich,1977),被美国政府确定为国防采办中的必要因素。在复杂的工业和商业交易中这种保修也得到极大的认可。

保修声明需要强调以下的一个或多个问题:

(1)保修期的持续时间是多少。

(2)是保证或激励保修。

(3)买方和承包商的义务是什么。

(4)包含哪些问题。

(5)需要排除什么东西。

(6)如何解决有问题的配件,它们是否在产品使用生命周期的开始或直到结

---

① RIW 的成功应用是泛美航空公司在 20 世纪 60 年代末购买波音 747,Hiller(1973)和 Schmoldas (1977)对此进行过讨论。

② RIW 的首次实际应用是 1967 年采购 F－111 战斗轰炸机上的陀螺仪。这种保修提供 MTBF 保证,而且看起来非常成功,实现了超过 400h 的 MTBF 和运行时间内每小时减少 40% 的维护成本。

束才交付。

注意:这不是一个详尽的列表,可能还有许多其他的问题。下面的保修政策来自 Gandara 和 Rich (1977)①。

"在这种政策下,购买产品后的时间 W 内,制造商同意免费维修或替换故障元件。此外,制造商保证购买的产品的 MTBF 不少于 M。如果计算得到的 MTBF 小于 M,制造商将为买方免费提供:

(1)工程分析,确定失效的原因,满足 MTBF 要求;

(2)工程更改建议;

(3)根据通过的工程更改方案,对所有单元进行改动;

(4)货物备用清单,直到 MTBF 至少达到 M。"

5.6.4 创意的产生和筛选

创意的产生与第 5.4 节讨论的标准产品类似。筛选是不同的,必须考虑客户的要求以及制造商的商业目标。

5.6.5 DP-Ⅰ

对于制造商,与标准产品一样,DP-Ⅰ从商业的角度解决产品的性能问题。DP-Ⅰ包括以下一个或多个变量,如成本、利润、风险、外包和信誉。还需要考虑各种制约,如必要的投资、时间和需要的专业知识。

下面将对其中一些进行简要的讨论。

成本

成本有几种不同类型,包括开发成本、生产成本、支持成本(备件等)和保修成本。制造商在签订合同的标价中必须考虑这些成本。保修成本必须包括更换、维修、升级费用,这取决于保修的时间和其他条款,要预测这些成本需要模型。

从买方的角度来看,利息成本就是全寿命周期成本。图 5.9 显示了 LCC 的不同要素。

风险

制造商面临的风险包括:

(1)技术风险:这是因为没有达到合同规定的性能水平,导致过高的保修成本和/或工程设计改动。

(2)项目风险:这是由于在产品的研发和生产过程中,没有及时交付产品和/或成本超支。

(3)外包相关的风险。

这些风险可以通过适当的情景分析来评估,在此人们关注可选择的情景,估计

---

① Blischke 和 Murthy(1994)讨论了其他一些类型的 RIW 政策。

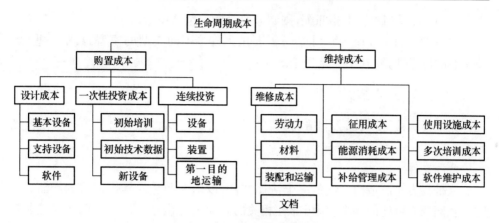

图 5.9　寿命周期成本的组成

它们发生的概率和造成的后果。

外包

外包定义为将活动转移给他人完成的过程,在概念上的主要优势是基于两个战略思考:

(1) 内部资源主要用于企业的核心能力。

(2) 所有其他的活动,不考虑战略必要性和/或当制造商不具备足够的能力和技能的外包。

复杂的产品需要几个不同方面的专业知识,很少见到制造商具备所有的技术和能力。

5.6.6　SP - I

SP - I 定义了替代的产品概念和开发选择。不同概念的出现与多种因素、技术和产品结构等有关。这些选择包括将一个或多个子系统的设计和/或制造外包出去。

5.6.7　PP - I

PP - I 有两种不同类型:一种是 PP - I(c)——客户的角度;另一种是 PP - I(m)——制造商的角度。

PP - I(c):评价产品的预测性能是从顾客要求中定义的性能变量出发的。如果 PP - I(c) 不符合客户要求,则返回并考虑新的 SP - I。如果没有更多可用的 SP - I 选择,则整个过程将以制造商不能想出一个满足客户要求的概念而结束;如果 PP - I(c) 符合客户要求,则需要评估 PP - I(m) 和 DP - I 之间的匹配。

PP - I(m):评估预测性能是从 DP - I 中定义的性能变量出发的。如果 PP - I(m) 与 DP - I 不匹配,则整个过程将因为不满足制造商的利益而结束;如果 PP－Ⅰ(m)与 DP－Ⅰ相匹配,则制造商投标承包这项工作。

评估 PP－Ⅰ(c)和 PP－Ⅰ(m)需要用到许多不同类型的模型,其中一些(涉及产品的可靠性)将在第6章讨论。

5.6.8　阶段1的结果

如果投标被接受,那么制造商与客户签订合同。这将成为过程下一个阶段的起点。

合同文件

这是买方与制造商之间的一个法律文件,以确保制造商提供期望的产品。为防止合同双方可能的误会(跟可靠性相关的方面),合同在解决下列问题时是非常重要的:

(1) 产品性能要求。

(2) 定义。

(3) 文件要求。

(4) 质量控制要求。

(5) 工作安排。

(6) 可靠性评估和验证。

(7) 数据采集和分析。

这些应该在一个明确的方式下进行,而且必须完整。起草这种合同需要一个由律师、工程师、可靠性专家和经理组成的团队。

争议的解决

在大多数情况下,产品和合同都是比较复杂的。这意味着有些问题合同可能考虑不到,在合同签订之后会引起潜在的问题和争议。另外,对合同的解释(如测试条件或操作环境)和其他无法核实的因素(例如,失效的原因可能是操作者的失误,也可能是设计缺陷)也可能引起争论。因此,双方(买方和制造商)需要寻找一种备用的争议解决机制,将其作为合同的一部分。

5.7　产品可靠性的影响因素

对于标准产品,在前期阶段的决策中并没有明确体现产品的可靠性。然而,许多变量(保修成本、开发成本、维护成本、客户满意度)与产品的可靠性有关,这些变量将在第6章中说明。在客户定制产品的情况中,产品的可靠性通过对各种性能(如可靠性、MTBF)而明确体现出来,也间接通过一些变量如开发成本、LCC 等来体现。SP－Ⅰ和 DP－Ⅰ(和约束)的要素是第二时期的输入,并解释 DP－Ⅱ。从这一点出发,首先确定产品(在系统级别的)可靠性,然后决定部件级别的可靠性。

5.8　案例研究：移动电话

正如第 1.1 节中说明的,开发新产品的动力源基于下列中的一个或多个:

(1) 技术的进步。

(2)（现实的或预想的）新客户需求。

(3) 竞争对手的行动。

本节将着眼于技术的进步和不断变化的客户需求。

技术的进步

移动电话的不同要素在第 2.2.3 节已经说明(例 2.2)。

集成电路: Walsh 等(2005)基于硅集成电路在技术上革命性的和持续性的变化划分了 7 个时代。每个设备上门电路、二进制位和晶体管数量的增加都源自于表 1.1。有 5 个方面的改变:①设备(SSI →MSI →LSI →VLSI →ULSI →UULSI);②主要设计和生产过程(生长结 →双极 →双极 MOS →PMOS →NMOS →CMOS →BiMOS);③技术上硅的代替物(锗 →FZ →GaAs SOS →裸露的硅 GaAs →SOI GaAs);④半导体设备的生产驱动(晶体管,二极管→晶体管放大器 →A/D 器件→逻辑 RAM →EPROM),硅基片直径(从小于 2 英寸增大到 6 ~ 14 英寸);⑤微米级别的关键尺寸(从 10 微米降到 1 微米以下)。

显示技术: 除在液晶显示器(LCD)的进展,还有新的替代技术,如反射式双稳态显示技术和有机发光显示器(OED)。Kimmel 等(2002)论述了这个话题以及在移动电话上使用 ODE 的缺点。从可靠性的角度来看,主要的缺点是不同颜色发射器寿命的差异和长时间使用质量的降低[①]。

电池: 目前,移动电话使用的电池(锂、镉、镍等)需要(在使用约 4h 后)再充电,寿命(定义为电容量降低到额定的 80%)为 2000 ~ 3000h。Atkinson(2005)报道,燃料电池技术的进步将移动电话寿命延长超过 5000h,这可能将使燃料电池取代普通电池。

客户的需求

为满足不断增长的客户需求而增加的新特性,引起图像分辨率的不断改进,以及为 MP3 播放器和视频下载而不断增加存储容量。2005 年的一项调查显示,53% 的人感觉用移动电话听音乐比较舒服,38% 的人感觉用移动电话看电视或电影比较舒服。

---

① Szweda(2006)讨论了这个话题,并报告已经克服蓝色发射器有关的缺点。这意味着,OLED 显示器会影响 LED 显示器的销量。

客户的选择

考虑到移动电话市场比较广泛,移动电话的选择已经成为人们关注的话题。Isiklar 和 Buyukozkan(2007)提出了一种多准则决策(MCDM)方法来建立消费者选择移动电话的模型。它采用层次分析法(AHP)确定评估标准的相关权重,以及顺序偏好相似的理想解决方案及相对权重延伸的技术的(TOPSIS)给各种移动电话分级。他们关注两个标准(产品相关的和用户相关的),每一标准有三个准则。

第6章　设计阶段的规范与性能

6.1　引　言

本章主要论述产品生命周期中阶段2(时期Ⅰ,等级Ⅱ),以及阶段3(时期Ⅰ,等级Ⅲ)中的可靠性性能与规范。阶段2重点关注在产品层次上制定技术规范,从而确保产品达到阶段所定义的目标。阶段3制定部件级的可靠性规范,重点关注设计过程实现这些规范的方法,即从产品级到部件级不断细化技术规范的过程。

本章概要:6.2节论述标准产品的产品级规范;6.3节针对的是特殊产品;6.4节对一些推导SP-Ⅱ(产品整体可靠性)所需的元素进行建模;6.5节讨论上述元素模型的一个典型示例;6.6~6.8节介绍关于标准产品和特殊产品的部件级规范,6.6节说明了阶段3涉及的过程;6.7节论述确保部件级可靠性实现的方法;6.8节讨论阶段3的输出,并将其作为阶段4的输入;6.9节讨论蜂窝移动电话案例的相关问题。

6.2　标准产品的阶段2

阶段2的目标是获得产品的整体可靠性SP-Ⅱ,以确保实现阶段1中的目标。这需要首先定义期望性能DP-Ⅱ。获得SP-Ⅱ是一个反复的过程,需要首先定义期望性能DP-Ⅱ,并将预测性能PP-Ⅱ与DP-Ⅱ相对比,然后根据比较结果决定我们是回退或是进入到阶段3,如图6.1所示。

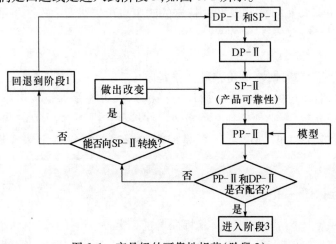

图6.1　产品级的可靠性规范(阶段2)

6.2.1　定义 DP - Ⅱ

期望性能 DP - Ⅱ通常是一个包含多个元素的向量,定义 DP - Ⅱ需要透彻理解产品的可靠性(SP - Ⅱ)与新产品开发中许多其他变量的关系,其中有些部分已在前几章中讨论过。图6.2 显示了其中一些变量以及它们对产品可靠性的影响。可以看出,这种关系既可以是直接的(第一级相互作用),也可能是间接(第二级或第三级相互作用)。

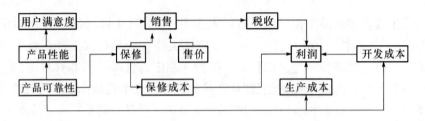

图6.2　产品可靠性对商业目标的影响

DP - Ⅱ的元素可以从 DP - Ⅰ和 SP - Ⅰ的元素中获取。其中一些元素定义了导出 SP - Ⅱ的目标函数。另外的元素用于定义必须满足的约束条件,下面通过两种情况来说明。

情况 1

多家制造商生产几乎相同的产品(从功能的角度上看),从而在市场上造成了竞争。另外,保修是由法律决定的。这意味着,价格和保修条款不是决策变量。制造商可能选择更加关注信誉和盈利,因此它们也是阶段 1 商业目的中的两个要素。阶段 2 的目标函数可能是减少开发、生产和保修成本。另外是最大限度地提高客户满意度。这些要求可以定义 DP - Ⅱ。那么,确保达到规定的 DP - Ⅱ而使选择的规范 SP - Ⅱ可以得到实现,同时,特定的约束也可以满足,一个约束可以是保证开发成本不超过规定值。

情况 2

若企业处于垄断地位,则价格和保修是阶段 1(SP - Ⅰ)的决策变量,目标是达到阶段 1 中的商业目标 DP - Ⅰ。阶段 1 中的约束可能是保证成本不超过规定的值,同时客户的满意度必须达到某特定值。在这种情况下,阶段 2 中的目标函数与阶段 1 相同,即 DP - Ⅱ = DP - Ⅰ,但是需要选择适当的 SP - Ⅱ来实现这一目标,并满足阶段 1 中的约束。

6.2.2　得到 SP - Ⅱ

SP - Ⅱ是整体产品的可靠性,其特征可能以几种不同的方式归纳。对于复杂的可修产品,其特性通过故障率(ROCOF)描述往往是最合适的,故障发生率的形式需要指定。在这里,同样有几种情况。

情况 1:ROCOF 的程式化形式

用图 6.3 表示故障率函数 $\lambda(t,\theta)$,图中只给出了一个形式,其中故障率函数的参数设置为 $\theta=(\theta_1,\theta_2,\theta_3)$。在 θ_1 之前,故障率是恒定的,之后将是线性增加。使用寿命是指故障率低于某一指定值的时间段,并且大于或等于 θ_1。如果产品的可靠性提高,则对应的 θ_1、θ_2、θ_3 会增加。

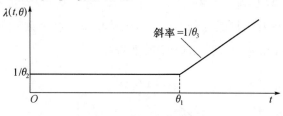

图 6.3 程式化故障率函数

情况 2:威布尔故障率

其对应的故障率函数形式为

$$\lambda(t,\theta) = \frac{\beta}{\alpha^\beta}t^{\beta-1} \tag{6.1}$$

相关参数可以通过向量 $\boldsymbol{\theta}=(\alpha,\beta)$ 给出,其中 α 为故障率的尺度参数,β 为故障率的形状参数。产品的可靠性随着 α 变大或 β 变小而增加。

对于不可修产品,最合适的表征方式是可靠度函数 $R(t;\theta)$,可选择的可靠度分布函数的范围十分广泛,包括指数分布和威布尔分布等。

注意:(1)故障发生率(可靠度)函数是阶段 2 中用于决策的额定函数。实际的故障发生率(可靠度)函数与额定函数有所不同。如果实际故障发生率(可靠度)函数相较额定函数低(高),则所需的可靠性是有保证的。

(2)既使用程式化的故障发生率,也使用威布尔形式的故障发生率。威布尔形式的优点是它能使相关的分析更容易。

决策变量

令 y 表示阶段 2 中可靠性设计过程的决策变量。根据不同的情况,它可以是额定故障发生率函数的一个或多个参数。我们通过以下例子说明:

案例 1 该产品是一种短生命周期的高科技产品。此时,用户在更换该产品之前的持有时间相对较短,用 L 表示。决策变量 y 由向量 (θ_1,θ_2) 给出。参数 θ_2 需要大于某个特定值(保证用户的最低满意度,即顾客的满意率大于某一特定值),并且 $\theta_1=L$。

案例 2 该产品具有较长的使用寿命和产品生命周期。在这种情况下,决策变

量 y 由向量 $(\theta_1,\theta_2,\theta_3)$ 表示。通过合理选择这些参数,可以优化目标函数(DP−Ⅱ),同时满足阶段 1 中所定义的相关约束。

使用率

用使用率定义产品的使用强度。例如:一个洗衣机每星期使用的平均次数;复印机的吞吐量或每单位时间的复印量(每天或每周打印的平均页数);汽车在单位时间内行驶的距离(如每年行驶多少千米等)。对于某些产品,不同的用户群体,产品的使用率 u 有着明显的区别。u 可以用使用率密度函数 $g(u)$ 描述(图6.4),其中 $u \in [u_1,u_2)$,u_1、u_2 分别为使用率的下限和上限。

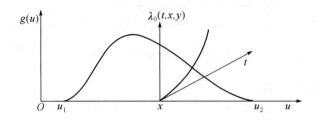

图 6.4 使用率和故障率

令 $\overline{Q}$ 表示总的潜在客户总体。使用率在区间 $[u,u+\delta u)$ 内的用户占所有顾客的比例为 $g(u)\delta u$,相同使用率区间内的用户数目为 $\overline{Q}g(u)\delta u$。

通常,产品都设计了一个额定的使用率 x。例如,$x=10$ 表示洗衣机每星期使用 10 次。产品在此使用率下,故障率为 $\lambda_0(t;x,y)$,其中 y 是前面讨论过的可靠性决策变量。额定的使用率 x 可看作产品的健壮性指标,y 可看作产品的固有可靠性指标——产品在额定使用率下的可靠性。如图 6.4 所示,随着 x 向左(右)移动,该产品的健壮性将变强(弱)。

随着使用率的增加,产品的退化率也将增加。用户的使用率 $u>x$(曲线下侧与过 x 的垂直线右侧部分的区域)与 $u<x$(曲线下侧与过 x 的垂直线左侧部分的区域)相比,产品将会发生更多的故障(统计意义上来看),这会对可靠性的设计产生一定的影响。当一个可靠性决策变量为 y、额定使用率为 x 的产品以使用率 u 进行操作时,该产品的故障率函数用 $\lambda(t;x,y,u)$ 表示。该函数与固有故障率 $\lambda_0(t;x,y)$ 相关,特别在使用率变化较大的情况下,该函数在产品的可靠性设计中十分重要。

注:如果使用率没有显著变化或其变化不影响产品的退化率,那么在阶段 2 产品的可靠性设计中只需要 $\lambda_0(t;x,y)$ 而不需要 $\lambda(t;x,y,u)$。

产品品种

若用户群的需求变化显著,则靠单一的产品设计来实现商业目标是不可能的。

在这种情况下,最佳的策略是通过一个共同的产品平台,为用户提供各种产品。不同品种的产品可以通过改变产品的属性或特性得以实现。[①]

在产品的可靠性方面,当两个产品的参数 x 或 y 不同时,其可靠性就会有一定的差异(可靠性是 x 和 y 的函数)。参数 x 较大的产品健壮性更好,参数 y 较大的产品可靠性更好。

阶段 2 中的决策问题是:①确定是否需要不同的产品品种;②确定每个产品的 x 和 y 的值。

6.2.3　评价 PP - Ⅱ

评价 PP - Ⅱ需要能将 SP - Ⅱ联系至 PP - Ⅱ的模型,这些模型建立在 DP - Ⅱ包含的元素之上,其中的一些如图 6.5 所示。有一些元素对应的模型在第 5 章中已有所讨论,但是因为加入了一些新问题(如使用率),所以需要在下一节进一步讨论。这些模型联系在一起就可以定义一个能决定 SP - Ⅱ(产品可靠性)的新模型。

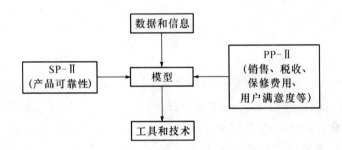

图 6.5　PP - Ⅱ 与 SP - Ⅱ 的连接

6.3　用户定制产品的阶段 2

阶段 2 中获取定制产品规格的过程如图 6.6 所示,其出发点是顾客的需求 (DP - Ⅱ = SP - Ⅰ),该产品的整体可靠性 SP - Ⅱ以类似于标准产品阶段 2 中的方式获得。DP - Ⅱ可以包含多个变量,如生命周期的成本、可用性等。对于一个给定的规范,需要通过建立模型来获得预测性能。

[①]　产品品种相关的文献很多,如 Clark 和 Fujimoto(1991)、Wheelwright 和 Clark(1992)、Erens 和 Hegge (1994)、Meyer 等(1997)、Prasad (1998)、Chakravarty 和 Balakrishnan (2001)、Salvador 等(2002)、Fujita (2002)。

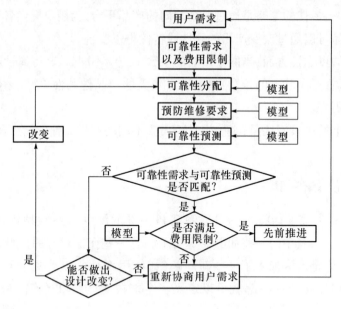

图 6.6　得到定制产品的规范

6.4　模　型

在 SP-Ⅱ中,需要选择的决策变量是变量 x 和 y,这些变量定义了产品的固有可靠性,并且可以通过故障率函数 $\lambda_0(t;x,y)$ 来描述。使用率的影响体现在故障率函数 $\lambda(t;x,y,u)$ 中。本节用包含这两个决策变量的模型来分析 PP-Ⅱ元素。

模型6.1:考虑使用率的变化

使用率通过密度函数 $g(u)(0 \leqslant u_1 \leqslant u < u_2 \leqslant \infty)$ 建模,该密度函数可以是单峰或多峰的。

模型6.2:考虑使用率对故障率的影响

如果实际的使用率高于(低于)额定的使用率,则退化速度也会相应较高(低)。建立模型如下:

$$\lambda(t;x,y,u) = \lambda_0(t;x,y)\left(\frac{u}{x}\right)^{\gamma}, \gamma \geqslant 0 \tag{6.2}$$

需要注意:

(1) 模型(6.2)类似于第4.4.4节中讨论的加速失效时间模型。

(2) 当 $u = x$ 时,相应的有 $\lambda(t;x,y,u) = \lambda_0(t;x,y)$。

模型6.3:考虑产品失效

如果产品在额定使用率下使用,则其在时间 $[0,t)$ 内失效的次数可以用累积故障率函数表示为

$$\Lambda_0(t;x,y) = \int_0^t \lambda_0(t';x,y)\,\mathrm{d}t' \qquad (6.3)$$

如果产品在使用率 u 下使用,则其在时间 $[0,t)$ 内失效的次数为

$$\Lambda(t;x,y,u) = \int_0^t \lambda(t';x,y,u)\,\mathrm{d}t' \qquad (6.4)$$

模型 6.4:考虑开发费用

开发费用一般来说是 x 和 y 的增长函数。开发费用 C_D 的模型可以表示为

$$C_D(x,y) = \Psi_0 + \Psi_1 y^\varepsilon x^v \quad \varepsilon > 1, v > 1 \qquad (6.5)$$

模型 6.5:考虑保修费用

产品卖出后,有在保修期 W 内免费提供保修的服务。在给定的使用率 u 下,根据模型 (6.2) 可得,每单位的(条件)期望保修费用为

$$C_W(x,y \mid u) = C_r \int_0^W \lambda_0(t;x,y)\left(\frac{u}{x}\right)^y \mathrm{d}t \qquad (6.6)$$

式中: C_r 为每次修理的平均费用。

使用率在 $[u,u+\delta u)$ 范围内的用户数量为 $\overline{Q}g(u)\delta u$,其中 $\overline{Q}$ 是总的销售量。因此,总的维修费用为

$$C_W(x,y) = \overline{Q}\int_{u_1}^{u_2} g(u)\left[C_r \int_0^W \lambda_0(t;x,y)\left(\frac{u}{x}\right)^y \mathrm{d}t\right]\mathrm{d}u \qquad (6.7)$$

6.5　案例分析

此案例对应于多个制造商共同占有的具有竞争的市场,该产品的价格是由制造商和用户之间的相互作用所产生的市场效益决定的,因此产品的市场价格并不是决策变量。与此类似,有时立法者会设置最低的保修期限(例如,欧盟制定其产品要至少有两年的保修期限),因此当制造商决定以最低的保修期限出售他们的产品时,保修期限也不能算作决策变量。

对于给定保修期的产品,其保修费用取决于产品的可靠性,可以通过提高 x 值或降低 y 值来较少保修费用。然而,达到这个目的却要以较高的开发成本为代价。目标是通过选择 x 或 y(决策变量),使总成本(目标函数)最小化。首先考虑单一产品的情况,即没有产品差异。之后,在具有产品差异时,考虑两种产品满足不同使用率的情况。

需要注意:

(1) 可能存在一个或多个约束,例如,总的开发成本必须小于一定值,保修成本必须低于一定值,等等。在这里,假设只有约束条件 y,并且使用率在其限制范围内取值。

（2）目标函数包括其他因素,如顾客满意度等,但这对应另一种情况。

6.5.1 情况1:没有产品差异——单一设计

因为只有一种产品,所以可靠性设计只涉及使用率 x 和参数 y 两个变量的决策。用来得到决策变量最优值的新模型涉及三个模型,如图6.7所示。

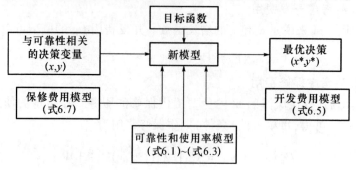

图6.7 案例的新模型

目标函数及最优决策

目标函数 $J(x,y)$ 是开发费用与总的预计维修费用的和,即

$$J(x,y) = C_\mathrm{D}(x,y) + C_\mathrm{W}(x,y) \tag{6.8}$$

将式(6.7)代入式(6.8),得

$$J(x,y) = C_\mathrm{D}(x,y) + \overline{Q}\int_{u_1}^{u_2}g(u)\left[C_\mathrm{r}\int_0^W \lambda_0(t;x,y)\left(\frac{u}{x}\right)^\gamma \mathrm{d}t \right]\mathrm{d}u \tag{6.9}$$

此最优化问题是,在约束条件 $u_1 \leqslant x \leqslant u_2$ 和 $y > 0$ 下使 $J(x,y)$ 最小化。同时也可能有其他约束条件,例如,开发费用可能有一个特定的上限,即 $C_\mathrm{D}(x,y) \leqslant \overline{C}$。以下面的例子说明相关问题。

例6.1 使用率 u 下的产品故障率用威布尔分布给出为,即

$$\lambda(t;x,y,u) = \left(\frac{u}{x}\right)^\gamma \frac{\beta t^{\beta-1}}{y^\beta} \tag{6.10}$$

设计费用由式(6.5)给出,又根据式(6.10)和式(6.7),可得

$$C_\mathrm{W}(x,y;W) = \frac{\Psi_2}{y^\beta x^\gamma} \tag{6.11}$$

式中

$$\Psi_2 = \overline{Q}C_\mathrm{r}W^\beta\int_{u_1}^{u_2}u^\gamma g(u)\,\mathrm{d}u \tag{6.12}$$

将式(6.5)和式(6.11)代入式(6.8),得

$$J(x,y) = \Psi_0 + \Psi_1 y^\varepsilon x^\nu + \frac{\Psi_2}{y^\beta x^\gamma} \tag{6.13}$$

可靠性设计涉及选择适当的 x 和 y 使 $J(x,y)$ 最小化,并且满足约束 $u_1 \leqslant x \leqslant u_2$ 和 $y>0$。用如下的两个步骤来获取可靠性设计中决策变量的最优值:

(1) 固定 x 选取最优的 y 值使

$$J_1(y \mid x) = \Psi_0 + \Psi_1 y^\varepsilon x^v + \frac{\Psi_2}{y^\beta x^\gamma} \tag{6.14}$$

最小。

假设 $y^*(x)$ 为最优值,根据一阶条件有

$$\frac{\mathrm{d}J_1(y \mid x)}{\mathrm{d}y} = \varepsilon \Psi_1 y^{\varepsilon-1} x^v + \frac{\Psi_2(-\beta)}{y^{\beta+1} x^\gamma} \tag{6.15}$$

从而有

$$y^*(x) = \Psi_3 x^{-(\gamma+v)/(\varepsilon+\beta)}$$

式中

$$\Psi_3 = \left(\frac{\Psi_2 \beta}{\Psi_1 \varepsilon}\right)^{1/(\varepsilon+\beta)} \tag{6.16}$$

因为 $(\gamma+v)/(\varepsilon+\beta)>0$,所以当 x 增加时 $y^*(x)$ 会随之下降。这意味着,产品使用率越高(x 越大),可靠性最优值 $y^*(x)$ 越小。

(2) 寻找最优的 x,使

$$J_2(x) = J(x,y^*(x)) = \Psi_0 + \Psi_1 (y^*(x))^\varepsilon + \frac{\Psi_2}{(y^*(x))^\beta x^\gamma} \tag{6.17}$$

最小。

将式(6.16)中所得到的 $y^*(x)$ 代入,可得

$$J_2(x) = \Psi_0 + (\Psi_1 \Psi_3^\varepsilon + \Psi_2/\Psi_3^\varepsilon) x^{(v\beta-\varepsilon\gamma)/(\varepsilon+\beta)} \tag{6.18}$$

设 x^* 为最优值,则其取值如下:

(1) 如果 $v\beta - \varepsilon < 0$,则 $x^* = u_2$(基于最大的使用率进行设计)。

(2) 如果 $v\beta - \varepsilon > 0$,则 $x^* = u_1$(基于最小的使用率进行设计)。

(3) 如果 $v\beta - \varepsilon = 0$,则 x^* 可以在 $[u_1, u_2]$ 中任意取值,选取 $x^* = u_2$。

此时,y 的最优值取 $y^* = y^*(x^*)$,那么可靠性设计包括如下选择决策变量的过程:

(1) 如果 $v\beta - \varepsilon\gamma \leqslant 0$,则 $x^* = u_2, y^* = \Psi_3 u_2^{-(\gamma+v)/(\varepsilon+\beta)}$。

(2) 如果 $v\beta - \varepsilon\gamma > 0$,则 $x^* = u_1, y^* = \Psi_3 u_1^{-(\gamma+v)/(\varepsilon+\beta)}$。

对可靠性的最佳投入为 $C_D(x^*, y^*)$。若感兴趣,可以进一步对 x^* 和 y^* 进行敏感性分析。

6.5.2　情况 2:有产品差异——两种设计

现在考虑制造商决定开发两种产品(产品 1 和产品 2)的情况。除决策变量变

为(x_1,y_1,x_2,y_2)外①,新模型大致与图6.7中的模型类似。

销售

需要对产品1和产品2的销售进行建模,可以通过对$g(u)$进行如下分段来处理。使用率大于x_2的用户全部购买产品2,使用率小于x_1的用户全部购买产品1,使用率在区间$[x_1,x_2]$内的购买产品1或产品2。假设购买产品1的用户占比例为p,剩下的用户购买产品2。因此,产品1的使用率函数为

$$g_1(u) = \begin{cases} g(u), & u_1 \leqslant u < x_1 \\ pg(u), & x_1 \leqslant u < x_2 \\ 0, & x_2 \leqslant u < u_2 \end{cases} \tag{6.19}$$

相应产品2的使用率函数为

$$g_2(u) = \begin{cases} 0, & u_1 \leqslant u < x_1 \\ (1-p)g(u), & x_1 \leqslant u < x_2 \\ g(u), & x_2 \leqslant u < u_2 \end{cases} \tag{6.20}$$

产品1和产品2的总销售量分别为

$$Q_1(x_1,x_2) = \overline{Q} \int_{u_1}^{u_2} g_1(u)\,\mathrm{d}u$$

$$Q_2(x_1,x_2) = \overline{Q} \int_{u_1}^{u_2} g_2(u)\,\mathrm{d}u \tag{6.21}$$

产品可靠性

在额定使用率下,产品1的可靠度函数为$\lambda(t;x_1,y_1)$,产品2的可靠度函数为$\lambda(t;x_2,y_2)$,其中$u_1 \leqslant x_1 < x_2 \leqslant u_2$。在不同于额定使用率的使用率$u$下,产品的可靠度函数由式(6.2)给出。其中,参数x_1和y_1是产品1的参数,参数x_2和y_2是产品2的参数。

维修期望费用

假设产品1(产品2)以FRW策略进行销售,其保修期为$W_1(W_2)$,总的期望维修费用用式(6.7)表示:

产品1总的期望维修费用为

$$C_{W_1}(x_1,x_2,y_1) = \overline{Q} \int_{u_1}^{u_2} g_1(u) \left[C_r \int_0^{W_1} \lambda_0(t;x_1,y_1) \left(\frac{u}{x_1} \right)^{\gamma} \mathrm{d}t \right] \mathrm{d}u \tag{6.22}$$

产品2总的期望维修费用为

---

① 用下标1和2分别表示产品1和2相关的变量,则x_1和y_1为产品1的决策变量,x_2和y_2是产品2的决策变量。

$$C_{W_2}(x_1,x_2,y_2) = \overline{Q}\int_{u_1}^{u_2}g_2(u)\left[C_r\int_0^{W_2}\lambda_0(t;x_2,y_2)\left(\frac{u}{x_2}\right)^{\gamma}\mathrm{d}t\right]\mathrm{d}u \qquad (6.23)$$

开发费用

只要产品 1(产品 2)被开发,就必然有开发费用,可以将其表示为 $C_{D_1}(x_1,y_1)$ $(C_{D_2}(x_2,y_2))$。然而,当两个产品进行并行开发时因为会存在一些共同的开发组件,所以总的开发费用 $C_D(x_1,y_1,x_2,y_2) < C_{D_1}(x_1,y_1) + C_{D_2}(x_2,y_2)$。总开发费用可以用多种方式建模:

$$C_D(x_1,y_1,x_2,y_2) = C_{D_1}(x_1,y_1) + \eta C_{D_2}(x_2,y_2)(0 < \eta < 1) \qquad (6.24)$$

两种产品的相似度越高,η 值就越小。

目标函数和最优决策

目标函数 $J(x_1,y_1,x_2,y_2)$ 是两种产品的开发费用与总的预计维修费用的总和,其表达式为

$$J(x_1,y_1,x_2,y_2) = C_{W_1}(x_1,x_2,y_1) + C_{W_2}(x_1,x_2,y_2) + C_D(x_1,y_1,x_2,y_2)$$

$$(6.25)$$

优化目标是使目标函数 $J(x_1,y_1,x_2,y_2)$ 最小,约束条件为:$u_1 \leqslant x_1 < x_2 \leqslant u_2$,$y_1 > 0, y_2 > 0$。同时存在其他约束,如 $C_D(x_1,y_1,x_2,y_2) \leqslant \overline{C_D}$,该优化问题需要用数值计算的方法来解决。

6.6 标准产品以及用户定制产品的阶段 3

标准产品与用户定制产品的阶段 3 是一样的,因此将其放在一起来考虑。

产品可以视为一个能在功能上分解为多个子系统的系统。每个子系统又能分解为若干个主要的组件,这样可以一直分解到部件层。用 J 表示分级的层数,其中第 1 层代表子系统层,第 J 层代表部件层[①],那么系统的分解共有从 $1 \sim J-1$ 的 $J-1$ 个子阶段。子阶段的数目取决于产品的复杂性,部分子系统可能比其他的子系统需要做更多的分解。每个子系统涉及对一些元素的定义,例如,一些子系统处于第一层,每个子系统的部分组件处于第二层,等等。

例 6.2(安全仪表系统) 一个安全仪表系统至少有:输入元素(如传感器、探测器)、逻辑解算器(如可编程逻辑控制器)和终端元素(如阀门、开关等)三个子系统。这些都属于系统的层次 1。例如,子系统终端元素的一部分——停车阀系统属于系统的层次 2。而停车阀系统至少有控制/公用系统、激励源以及阀门三个组件,属于系统的层次 3。同时,阀门也可以分解为阀壳、闭阀机构(球/门)、阀座、阀

---

① 注意 J 与前一节比较,有另外的含义。

盖密封等,这些系统的层次4。上述这些又可以分解为更细的部分。另外,所有的子系统和组件都不是一定要分解为同样数量的层次。

6.6.1 子阶段1

设计阶段的第一步是对产品的初始功能分解,同时也定义了处于第一层的子系统(见第3.6.3节)。用$\{\overline{F_1},\overline{F_2},\cdots,\overline{F_{m_1}}\}$表示产品需要具备的功能集合,这些功能将以预期的方式搭载在m_1个元素(处于第一层的子系统)上。这里,用$\overline{F_i}$表示子系统i所搭载的功能集。

例6.3(安全仪表系统) 在例6.2中,安全仪表系统被分解为三个子系统,即$m_1=3$。比如,子系统3终端元素包含两个处于不同管道A和B的停车阀,此子系统具有功能集$\overline{F_3}$。这些功能如下:

(1)有需要时,此子系统必须关闭管道A和B中的流量,从而保证阀门不会有泄漏。

(2)在关闭阀门后,系统必须可以再次打开流量。

(3)子系统必须能防止管道与环境的中间部位的泄漏。

(4)子系统必须能够防止管道A和B的无意关闭等。

子阶段1中的可靠性设计涉及质量分析,这可以由相关的技术手段完成,例如,故障树分析和故障模式、影响、危险性分析(FMECA)。这些技术已在第4章中讨论。如果相关的风险是不能接受的,就需要像图6.8那样进行反复迭代;如果相关的风险是可以接受的,就继续进行质量分析,包括导出相关的规范。

质量分析包括对各子系统进行可靠性指标的分配。分配过程的输入是期望性能 DP－III$_1$＝SP－II,产品的整体可靠性从阶段2中获得。而分配的输出是第一级中的规格 SP－III$_1$,它是由分配给每一个子系统的可靠性指标所构成的向量,向量的维数是通过功能分解所得到的子系统的个数。

需要建立一些基于子阶段2中所分配的可靠度模型来预计产品的可靠性,结构函数以及第4章所讨论的可靠性框图是实现这一目的的模型。如果 PP－III$_1$和 DP－III$_1$是匹配的,就可以继续进行到下一个子阶段;否则,需要对可靠性分配进行调整,重复图6.8所述的过程。

例6.4(安全仪表系统) 安全仪表系统的预期可靠性通常定为第4章讨论到的整体安全性水平(SIL)。假设例6.2中的安全仪表系统必须满足 SIL 3 水平,这意味着所要求的平均失效概率必须小于10^{-3}。该系统具有输入元素、逻辑解算器和终端元素三个子系统,在需要时,所有的子系统必须能够按照预期完成相关功能。此系统是三个子系统构成的串联结构,从第4章可以知道,系统的 PFD$_s$ 可以表达为

$$PFD_s \approx PFD_1 + PFD_2 + PFD_3$$

式中:PFD$_j$ 为子系统$j(j=1,2,3)$要求的平均失效概率,相关的要求必须分配到三

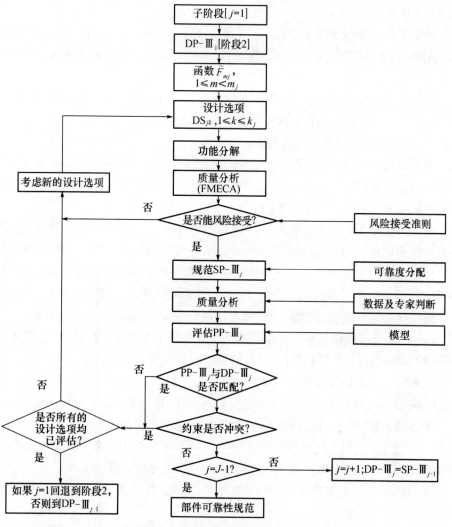

图 6.8 部件层的可靠性规范(阶段 3)

个子系统,使得 $\mathrm{PFD}_s < 10^{-3}$。分配必须考虑到技术的可行性、费用以及其他的一些约束,一种可能的分配结果如下:

(1) 35% 分配给输入元素,$\mathrm{PFD}_1 < 3.5 \times 10^{-4}$。

(2) 15% 分配给逻辑解算器,$\mathrm{PFD}_2 < 1.5 \times 10^{-4}$。

(3) 50% 分配给终端元素,$\mathrm{PFD}_3 < 5.0 \times 10^{-4}$。

除分配的可靠度,IEC 61508 中还有其他质量要求,如子系统中的冗余度。

6.6.2 子阶段 $j(j=2,3\cdots,J-1)$

每一个子阶段都需要定义预期的性能,然后像子阶段 1 那样导出相关的规范,如图 6.8 所示。

每个子阶段都包含若干个元素,用 $\{E_{j,1}, E_{j,2}, \cdots, E_{j,n_j}\}$ 表示第 j 个子步骤中的 n_j 个元素,其中,$j = 2, 3, \cdots, J-1$。注意,$n_{j+1} > n_j$,并且下一子阶段中元素的个数取决于产品设计。[①]

类似于子阶段 1,首先必须要做的事就是定义子阶段 j 中各元素所应有的功能,令 $\{\overline{F_{j,1}}, \overline{F_{j,2}}, \cdots, \overline{F_{j,m_j}}\}$ 表示这些功能。好的设计能更深地涉及子阶段 $j+1$ 中的元素,从而保证能够满足所需性能。

在子阶段 j 中,需要定义每个元素的预期可靠性。用 DP – Ⅲ$_{jv}$ 表示元素 E_{jv} 的预期可靠性,其中 $v = 1, 2, \cdots, n_j$。DP – Ⅲ$_j$ 是一个 n_j 维向量,其中 DP – Ⅲ$_j$ = (DP – Ⅲ$_{j1}$, DP – Ⅲ$_{j2}$, $\cdots$, DP – Ⅲ$_{jn_j}$)。

第 j 子阶段的设计可选项由一种或多种可行的元素组合构成。首先,用 DS$_{j\kappa}$ 表示设计的可选项,其中 $\kappa = 1, 2, \cdots, k_j$。DS$_j$ = (DS$_{j1}$, DS$_{j2}$, $\cdots$, DS$_{jk_j}$)是子阶段 j 中的设计选项所构成的向量。在每个选项中,都有一些元素需要在子阶段 $j+1$ 中进一步分解成两个或更多的元素,另一些元素则不需要分解。第 $j+1$ 级中的各元素需要联系在一起,来保证阶段 j 中的所有功能 $\overline{F_{ji}}$ 的实现,其中 $i = 1, 2, \cdots, m_j$。

从 DS$_j$ 中选择的设计选项首先需要在质量分析中进行评估,该评估过程类似于子阶段 1 中的过程。如果相关的风险是可接受的,就将可靠度分配给子阶段 $j+1$ 中的各个元素,该过程即定义相关的规范 SP – Ⅲ$_{jv}$($v = 1, 2, \cdots, n_{j+1}$)。SP – Ⅲ$_j$ 是第 j 个子阶段的规范向量,共有 n_j 个维度,其中 SP – Ⅲ$_j$ = (SP – Ⅲ$_{j1}$, SP – Ⅲ$_{j2}$, $\cdots$, SP – Ⅲ$_{jn_j}$)。

子阶段 j 中的可靠性预计也与子阶段 1 中的过程类似,并且是基于阶段 $j+1$ 中各元素所分配的可靠度来进行的,同样,可以使用第 4 章所讨论的结构函数和可靠性框图。对于元素 E_{jv},其可靠性预计的结果为 PP – Ⅲ$_{jv}$($v = 1, 2, \cdots, n_j$)。PP – Ⅲ$_j$ 是子阶段 j 中所有元素的预计可靠性,表示为 PP – Ⅲ$_j$ = (PP – Ⅲ$_{j1}$, PP – Ⅲ$_{j2}$, $\cdots$, PP – Ⅲ$_{jn_{j+1}}$)。

将预计可靠性 PP – Ⅲ$_j$ 与期望可靠性 DP – Ⅲ$_j$ 对比,确定两者是否匹配。如果两者匹配,就进入到下一个子阶段,并且 DP – Ⅲ$_{(j+1)v}$ = SP – Ⅲ$_{jv}$($v = 1, 2, \cdots, n_{j+1}$,$j < J-1$),当 $j = J-1$ 时,就在整个部件层上获得了可靠性规范 SP – Ⅲ。如果两者不匹配,当 $j = 1$ 时回退到概念设计,当 $j > 1$ 时回退到前一子阶段,整个过程如图 6.8 所示。

6.7 实现部件级的可靠度分配

如果给各部件分配的可靠度符合标准的商业可用部件的可靠度(部件具有类

[①] n_j 表示系统 j 级包含元素的数量,m_j 表示系统或某个元素包含功能的数量。

似的功能),则相关的决策问题就变得非常容易。然而,当所被分配的可靠度更高(例如,在图 6.9 中,所设计的可靠度要高于 0.99,这将超出区间 $(0,L]$),则制造商有冗余、预防性维护和通过开发三个选择实现可靠性增长。图 6.10 显示了在各选项中进行决策的过程。这一部分首先讨论这些选项,然后考虑最佳决策的问题。

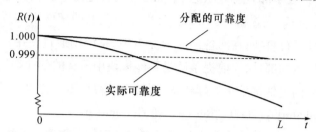

图 6.9　组件所分配的可靠性与实际可靠性

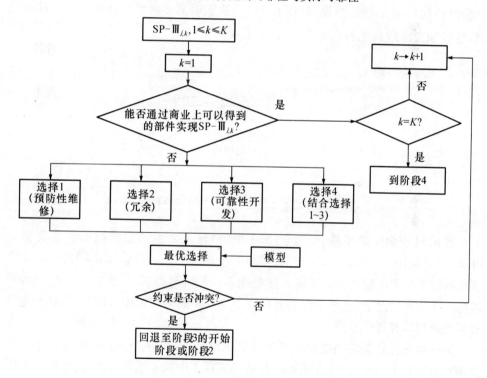

图 6.10　实现部件即的可靠性要求

6.7.1　冗余

冗余一种是通过使用备份的部件来提高可靠性的技术。冗余只能应用于系统的功能设计允许备份部件存在的情况,这种方法广泛应用于电子产品来提高各部件的可靠性。

建立冗余结构,需要使用一个包含 M 个该部件的备份模块,使用这些备份的方式取决于冗余的类型。当为主动冗余时,一旦冗余开始工作,模块中所有 M 个部件均处于工作状态,也叫做完全通电。相反,在被动冗余中,只有一个处于全赋能状态,其余备份处于部分通电状态(热备份)或者是处于保留状态,当投入使用时才通电(冷备份)。在热备份的情况下,当完全通电的部件出现故障时,可以由部分通电的部件进行替换;在冷备份的情况下中,系统则通过使用一个切换机制,切换到另一个保留的部件,但前提条件是不能模块中所有的部件都处于故障状态。如果模块中所有的组件都处于故障状态,则整个模块故障。若要了解更多细节,可参见 Blischke 和 Murthy(2000)、Rausand 和 Høyland(2004)。

备份部件所需的数量取决于实际可靠度和分配的可靠度。系统可靠性会随着备份部件数目 M 的增加而提高(图 6.11)。决策时需要考虑冗余对生产成本的影响,也必须考虑到其他的一些约束,如重量和体积。

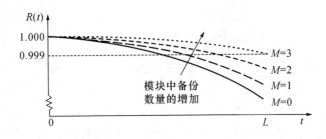

图 6.11   通过冗余达到分配的可靠性目标

例 6.5(安全仪表系统)   在例 6.4 中,对输入元素子系统的可靠度要求是 $PFD_1 < 3.5 \times 10^{-4}$,为满足这一要求,需要多个探测器。一种选择是将两个独立的探测器以 2 中取 1 配置方式安装。这意味着在系统运行时,至少有一个检测器在运行。在这种情况下,这两个探测器是以主动冗余的方式工作,其中 2 中取 1 逻辑需要在逻辑结算器中实现。

另一种选择是安装同类型的三个独立探测器。在这种情况下,可以让它们在主动冗余方式下工作,并且在逻辑解算器中实现 3 中取 2 逻辑。此时,如果三个探测器中至少有两个给逻辑解算器发出了信号,那么警报就会被触发。此方案将提供与 2 中取 1 配置大致相同的可靠性,但假警报出现的数目会少很多。

6.7.2   预防性维修

实现部件可靠度分配目标的方法之一是预防性维修,即定期更换部件。更换的时间间隔取决于部件的实际可靠度和分配的可靠度,如图 6.12 所示。对预防性维修进行决策,需要考虑到其对生命周期的成本、可用性等方面的影响。设以周期

T 进行定期的预防性维修,则更换部件的数目是小于 L/T 的最大整数。

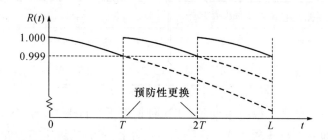

图 6.12　通过预防性维修实现分配的可靠度目标(维修间隔 T)

6.7.3　通过开发实现可靠性增长

部件可靠性的提高可以通过测试—分析—修复(TAAF)过程来实现。这个过程从部件的测试开始,通常在不断增加的应力水平下进行,直到部件故障。然后采集与试验和故障相关的数据(如故障模式、故障时间、故障特征)。通过分析这些数据发现故障的原因,进而对部件的设计进行纠正和改进减少未来的故障频率。重复此过程,直到实现可靠性目标。[1]

该方法的需求(如资源、开发时间等)取决于实际可靠度和分配的可靠度,如图 6.13 所示。需要注意这种开发过程都具有不确定性。用 τ 表示开发时间,它取决于所分配的可靠度。开发费用 $\pi_{\mathrm{D}}(\tau)$ 是 τ 的一个递增函数。

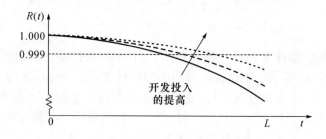

图 6.13　通过开发达到分配的可靠性指标

6.7.4　最优决策建模

每个部件都有初级变量和二级变量两个决策变量。对部件 $k(k=1,2,\cdots,K)$,将初级决策变量表示为 γ_k,可在 $0 \sim 4$ 的整数中取值,见表 6.1。当其取值为非零时,就有相应的二级决策变量,见表 6.1。

---

[1]　更多与 TAAF、TAAF 试验设计原则以及 TAAF 与其他试验方法的关系相关的讨论见 Priest(1988)。

表 6.1　部件 k 的二级决策变量

γ_k	选项	二级决策变量	γ_k	选项	二级决策变量
0	标准部件	无	2	使用预防性维修	T_k（更换间隔）
1	使用冗余	M_k（备份部件数量）	3	初始开发程序	τ_k（开发时间）

当 $\gamma_k = 0$ 时，没有二级决策变量，在这种情况下，分配的可靠度与部件的实际可靠度相等，即 $R_{kA}(t) = R_{kC}(t)$。在剩余三种情况下的二级决策变量是：①M_k 表示备份部件的数量，此时 $\gamma_k = 1$；②T_k 表示更换间隔，此时 $\gamma_k = 2$；③τ_k 表示开发时间，此时 $\gamma_k = 3$。因此，决策变量的集合为 $\{\gamma_k, M_k, T_k, \tau_k\}$（$k = 1, 2, \cdots, K$）。

部件可靠性规范的优化

决策变量的选择会影响各种费用，以下两种费用是与可靠性设计相关的：

（1）单个产品的成本 $C_P = \sum_{k=1}^{K} C_{kP}$；

（2）总的开发费用 $C_D = \sum_{k=1}^{K} C_{kD}$。

C_{kP} 是产品中部件 k 的相关费用，可以表示为

$$C_{kP} = \begin{cases} C_k, & \gamma_k = 0 \\ M_k C_k + \xi_k, & \gamma_k = 1 \\ N_k C_k, & \gamma_k = 2 \\ \pi_P(R_{kA}), & \gamma_k = 3 \end{cases}, \quad k = 1, 2, \cdots, K \tag{6.26}$$

式中：C_k 为市场上部件 k 的单位购买费用。当 $\gamma_k = 1$ 时，备份的总数为 M_k，而 ξ_k 则是冷储备或热储备中花费在转换过程中的额外费用。当 $\gamma_k = 2$ 时，需要进行维修更换的次数 $N_k = [L/T]$（其中 $[x]$ 是不大于 x 的最大整数），更换所产生的费用也需要包含在总的费用中。当 $\gamma_k = 3$ 时，产品的费用是所分配的可靠度的函数，表示为一个增函数 $\pi_P(R_{kA})$（$k = 1, 2, \cdots, K$）。

部件 k（$k = 1, 2, \cdots, K$）的相关开发费用表示为

$$C_{kD} = \begin{cases} 0, & \gamma_k = 0 \\ 0, & \gamma_k = 1 \\ 0, & \gamma_k = 2 \\ \pi_D(\tau_k), & \gamma_k = 3 \end{cases} \tag{6.27}$$

式中：$\pi_D(\tau_k)$ 取决于所分配的可靠度与部件当前所具有的可靠度的差值以及开发

时间。①

部件可靠性规范的最优值可以通过对定义费用函数并将其最小化得到,其中一个函数是总的制造费用,包括生产和开发费用的总和,其数学表达式为

$$J(\gamma_k, M_k, T_k, \tau_k) = \sum_{k=1}^{K} C_{kP} + \sum_{k=1}^{K} C_{kD} \quad (1 \leqslant k \leqslant K) \tag{6.28}$$

最优值是通过选择适当的决策变量,使以上的费用函数最小化得到的,同时满足相关的约束条件。图 6.14 表示了优化的过程,优化的过程中会用到很多相关的工具。

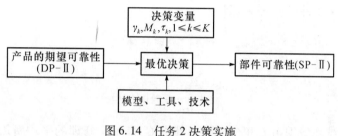

图 6.14　任务 2 决策实施

6.8　阶段 3 的输出

阶段 3 的输出有产品可靠性的质量分析(FMECA)、定义 K 个部件的可靠性要求 $R_{kA}(t)(k=1,2,\cdots,K)$,以及实现的策略(冗余、维修性预防、可靠性开发)。

6.9　案例分析:移动电话

可靠性设计包括以下两个任务:

任务 1:决定产品的可靠性(阶段 2),从而达到预期的商业目标。

任务 2:决定部件的可靠性(阶段 3),达到预期的产品可靠性。

1. 产品可靠性

为了达到商业目标(阶段 1 中的 DP – Ⅰ),阶段 1 中选择的产品特性如下:

(1) 基本保修期 $W = 1$ 年。

(2) 平均而言,每 1000 名顾客中,最多不超过 10 名顾客的产品在保修期内发生了失效。

(3) 平均而言,每 1000 名顾客中,最多不超过 100 名顾客的产品在 5 年的使用期内发生失效。

(4) 每个产品的平均维修费用不超过产品价格的 2% 。

---

① 简单的确定性模型,更加理想的模型是随机模型,其中实现可靠性分配的时间是不确定的。

产品的整体可靠性由图 6.3 所示的函数表示。产品的可靠性函数具有 θ_1、θ_2、θ_3 三个参数在设计过程中必须选择这些参数来确保实现所需的性能(DP – II)。

令 $\theta_1 = 3$ 年,为了保证在保修期内产品不失效的概率高于 0.99,选择相应的 θ_2。这就使要求(2)得到了满足,即

$$e^{-(1/\theta_2)} \geqslant 0.99$$

或

$$1/\theta_2 \leqslant -\ln 0.01 \tag{6.29}$$

为了满足条件(3),需要保证

$$e^{-\frac{5}{\theta_2} - \frac{52-32}{\theta_3}} \geqslant 0.90$$

即

$$\frac{5}{\theta_2} + \frac{9}{\theta_3} \leqslant -\ln 0.90 \tag{6.30}$$

期望的维修费用由 C_rW/θ_2 给出,其中 C_r 是每次修理的平均费用。为了满足条件(4),需要满足

$$\frac{C_rW}{P\theta_2} \leqslant 0.02 \tag{6.31}$$

式中:P 为单位售价。

满足式(6.29)~式(6.31)的最小的参数 θ_2 和 θ_3 即定义了产品的可靠性。

2. 部件级可靠性

如前所述,在部件级进行可靠性的分配属于细节设计。有相当多的文献论述了移动电话相关元素的可靠性问题,下面讨论其中的几个。

集成电路:随着时间的推移,集成电路的失效可分为两大类:①突发失效(如电迁移、与时间相关的介电击穿(TDDB)、静电放电(ESD)、电过载(EOS)和应力迁移);②由于 IC 性能逐渐降低(如热载流子注入、应激诱导泄漏电流(SLIC))导致的渐进磨损失效。在早期阶段,几乎所有的集成电路设计都不会考虑相关的可靠性问题,进而测试评估可靠性性能。

在出现"开发可靠性"的概念(Mathewson 等,1999)后,可以通过模拟不同类型的负载循环,评估可靠性性能。Minehane 等(2000)讨论了各种商业和家用的可靠性模拟器,可以模拟由于热载流子注入、电迁移、氧化等原因导致的 IC 失效问题,从而评估相关的可靠性性能。模拟输入要求包括电路的描述、降解常数和占空比。

焊点:焊点失效的原因之一是热循环导致的热疲劳。在移动电话的情况中,热循环过程取决于外部的环境条件,如热量和温度的变化。Syed 和 Doty(1999)讨论了基于三维有限元模型的寿命预测和蠕变分析。Darveaux 等(2000)探讨了设计

和材料选择对细间距 BGA 焊点疲劳寿命的影响。Hiraoka 和 Niaido(1997)针对由电迁移而失效的 LSI 接口,论述了有关电流应力的可靠性设计方法。Lau 和 Pao(1997)探讨不同类型组件的焊点可靠性。

壳体(外壳):移动电话的外壳通常由塑料制作的,需要通过相关的设计来达到特定的寿命,并且要求能够抵御因意外的摔打而造成的冲击。Spoormaker(1995)在分析塑料失效原因和机理的基础上,讨论了可靠的塑料产品设计方法。Brostow 和 Cornelissen(1985)更加详细地探讨了塑料的失效。Wang 等(2005)利用有限元模型来模拟塑料的跌落/冲击情况,从而实现了设计阶段的可靠性性能评估。

3. 中间级的可靠性

包括包装过程的可靠性设计、电路板层面的可靠性设计以及其他很多内容[①]。

4. 失效模式分析(FMA)

FMA 是一种在部件级、产品级和中间级都广泛应用的技术。Atterwalla 和 Stierman(1994)研究了球栅阵列的 FMA。Jha 和 Kaner(2003)总结了手持无线通信设备的不同失效模式。

---

① 封装可靠性的内容见 Herard(1999),讨论电路板级可靠性的文章有 Hung 等(2000、2001)、Wu 等(2002)、Tee 等(2003)、Jang 等(2002)。

第7章 开发阶段的规范与性能

7.1 引 言

本章讨论在寿命周期阶段 4(时期 II,等级 III)和阶段 5(时期 II,等级 III)期间的可靠性性能。阶段 4 开始于部件级,重点关注如何实现阶段 3 中定义的期望可靠性。一旦实现这个目标,重点就转移到产品原型的建立上,它涉及产品的一些中间子级,并最终达到产品级。其目的是在部件和产品级(可能在一个或多个中间子级)上进行有限的测试,从而获得预测性能(PP)。在阶段 5,原型将发放给少量的客户,以便于对产品的现场可靠性性能进行评估。本章首先考虑标准产品,然后简要讨论定制产品。

本章概要:7.2 节讨论阶段 4 中标准产品的开发过程,它涉及几个方面的因素,7.3 ~ 7.8 节分别进行介绍;7.3 节的重点是可靠性开发试验,特别是加速试验,7.4 节介绍试验设计方法;7.5 节讨论试验数据的分析方法,包括图形的和统计的方法;7.6 节讨论可靠性增长模型,以提供对可靠性增长空间的估计,这将对决策产生重要作用,获取到的各种数据需要进行有效的综合,从而得到预测的可靠性性能估计,贝叶斯方法正是这样一种方法,7.7 节重点介绍;开发的过程是一个不确定的过程,此需要了解风险的含义,7.8 节中将进行讨论。7.9 节重点关注标准产品的阶段 5;7.10 节简要讨论用户定制产品的阶段 4 和阶段 5;第 7.11 节以移动移动电话为例进行总结。

7.2 标准产品的阶段 4

阶段 4 的目的是确保通过开发过程实现期望的可靠性。该过程在 4.7.2 节进行了简要的讨论,包括以迭代方式的测试、分析、修复周期,如图 4.10 所示。阶段 4 有几个子阶段,子阶段 J 与部件级相对应,子阶段 1 对应于子系统级,剩下的子阶段对应于子装配、装配等。

TAAF 过程开始于部件级,涉及部件的测试和测试数据的分析,然后根据分析的结果改变设计方案或材料的选择。这个过程需要在多个中间级重复进行,最后在产品级测试产品的整体可靠性。这个过程涉及的要素如图 7.1 所示。

当部分测试完成后,得到的可靠性性能是一个或多个子阶段的预测性能。PP – III 表示在阶段 4 中不同子阶段的预测可靠性。子阶段 j 的预测性能为

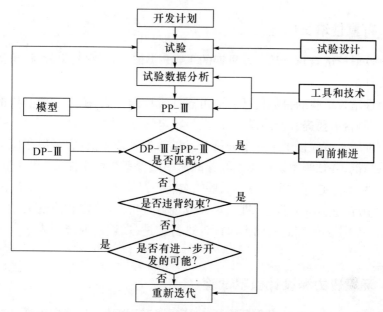

图 7.1　等级 Ⅲ 中的开发过程

$PP - Ⅲ_j (j = 2, 3, \cdots, J-1)$，将其与期望性能 $DP - Ⅲ_j (j = 1, 2, \cdots, J)$ 相比较（从阶段 3 获得），TAAF 周期一直重复直到它们相匹配。只有当它们匹配时，才进行至子阶段 $J-1$。注意，在每个子阶段需要确定是否满足约束条件，以决定是否重新迭代。如果没有进一步开发的可能，就回到阶段 3。

值得注意的是，阶段 4 的 PP - Ⅲ（是一个向量）是开发之后在试验数据的基础上得到的预测可靠性，它与阶段 3 的 PP - Ⅲ 不同，阶段 3 中的预测是基于历史数据、专家判断等进行的。

7.3　可靠性开发试验

在新产品开发中，开发试验必须确保相关的设计满足产品的性能、安全性、耐用性、可靠性、法律方面等需求。基于试验目的，可靠性开发试验可分为[①]可靠性增长试验和环境设计极限测试两类。

这些试验的性质由多个因素决定，如产品的类型和复杂性。根据 O' Connor（2003）："在工程产品和系统的开发过程中，试验往往是最昂贵、最费时以及最困难的活动。这些试验应基于这样一个观点，即要为所有与产品和系统测试相关的计划、方法和决策提供基础。"

[①]　其他两种类型的试验是：可靠性鉴定试验和操作试验。前者在第 8 章中讨论，后者在第 7.10 节介绍。

7.3.1 可靠性增长试验

可靠性增长试验与产品开发早期的 TAAF 类似,当观察到失效时,可以更加容易改进设计。

可靠性增长试验的目标包括验证可靠性设计的提高,确定一些必要的设计改进,并决定是否需要提升产品设计,以满足特定的可靠性。

可靠性增长试验提供了一个进行开发试验的系统方法,它可以跟踪可靠性提高的进展情况,并预测系统可靠性改善的速率改善系统可靠性[①]。在这里,重点是提高可靠性,而不是评估可靠性。试验需要将产品置于不同的环境应力下,模拟实际的使用情况,直到失效发生,进而对失效进行分析,并确定相应的失效机理和导致失效出现的原因。在此基础上对设计进行改进,以避免或减少未来发生相同的失效。

7.3.2 环境应力和设计极限试验

产品是设计在一定的操作环境(如温度、湿度)内的。环境应力试验包括在不同的操作环境,确定产品在操作范围内的极端条件下,是否可以令人满意地实现功能。测试条件包括温度、冲击、振动、湿度等。设计极限试验决定了产品操作环境的极限,在该极限之外产品将不能实现预期性能。

环境应力试验是对产品设计余量的一个系统评估,可以在开发早期发现一些潜在的设计方案和装配缺陷,并确定一些纠正活动和风险降低方案。该试验可以在任何水平(从部件级到系统级或者多个中间级)上完成,包括最坏情况下的操作条件,以及最大限和最小限对应的操作。对于可靠性增长试验,出现的任何失效都需要进行分析(根本原因分析),然后通过改进设计进行修正。

模型

不同的环境应力(由一个向量 S 或其转置 x 表示)对产品可靠性的影响可以用第 4.4.4 节讨论的比例风险模型进行建模。通过一个协变量函数 $\psi(x,\boldsymbol{\beta})$ 获取应力的影响,其中 $\boldsymbol{\beta}$ 也为向量,由试验数据确定。

7.3.3 加速试验

当产品可靠性比较高时,有必要使用加速寿命试验,以减少试验所需的时间。该试验将产品置于比正常情况苛刻得多的环境条件下进行试验。这些试验可以用来评估系统关键部件的使用寿命,并进行故障识别和性能改进[②]。

加速产品失效过程的应力有多种形式,如高温或低温、湿度、在过高和过低的

---

① Duane(1964)在飞机发动机的开发试验中最先提出了可靠性增长试验的概念。

② 讨论此话题的书籍有许多,如 Nelson (1990)和 Hobbs(2000)。

条件下循环、过度使用、电应力、振动等。实施和分析加速寿命试验,需要将高应力导致的失效与正常情况下的失效联系起来,这就要求人们对失效机理有充分的理解,并且应有适当的模型。现在已经有许多描述这种关系(或加速因子)的模型,下面讨论常用的模型①。

1. 阿伦尼斯(Arrhenius)模型

在该模型中,导致部件失效的应力是热应力,如导致材料脆性的增加,其应用包括电子绝缘、电子设备、电池、纤维、黏合剂、润滑剂、灯丝和塑料。该模型也适用于电子元器件由于热物理和化学过程导致的失效,如离子漂移和金属化合物的形成。阿伦尼斯反应速率模型为

$$r(\vartheta) = r_0 \exp\left(-\frac{E}{k\vartheta}\right) \tag{7.1}$$

式中:$r(\vartheta)$ 为在温度为 ϑ 时的反应速率;r_0 为常量,取决于部件的几何形状、尺寸等;E 为该反应的活化能(eV);k 为玻耳兹曼常数(8.617×10^{-5} eV/K),ϑ 为热力学温度(K),也是应力变量。

阿伦尼斯模型(7.1)在 MIL – HDBK – 217F 中作为温度 ϑ 下电子元件的失效率模型

$$\lambda = K \exp\left(-\frac{E}{k\vartheta}\right)$$

式中:K 为常数。

假设一个部件的平均寿命与该过程的逆反应速率成比例,可以得到阿伦尼斯寿命 – 应力模型为

$$\mu(\vartheta) = A \exp\left(\frac{E}{k\vartheta}\right) \tag{7.2}$$

式中:A 为常数;$\mu(\vartheta)$ 为寿命特征量,如平均寿命(MTTF)或中位寿命。

在进行数据分析时,有时使用式(7.2)的自然对数会比较方便

$$\ln(\mu(\vartheta)) = a + \frac{b}{\vartheta}$$

式中:$a = \ln A$;$b = E/k$;寿命特征 $\mu(\vartheta)$ 在温度 ϑ 下的自然对数是 $1/\vartheta$ 的线性函数,这个性质对于数据的拟合和拟合优度检验都很有用。

令 ϑ_0 为额定(正常)温度,令 ϑ_1 为一个加速(增加的)温度,相应的加速因子(AF)为正常应力下的寿命与加速应力下的寿命之比:

$$\mathrm{AF}(\vartheta_0, \vartheta_1) = \frac{\mu(\vartheta_0)}{\mu(\vartheta_1)} = \exp\left(\frac{E}{k}\left(\frac{1}{\vartheta_0} - \frac{1}{\vartheta_1}\right)\right) \tag{7.3}$$

---

① 更多细节可参考 Yang(2007)。

当产品在恒温或接近恒温下使用或测试时,阿伦尼斯加速因子是非常适用的。一些扩展信息可以参考 Kececioglu 和 Sun(1995)。

2. 逆幂律模型

逆幂律模型广泛应用于许多领域,包括电子或金属制品领域,如球轴承、金属疲劳、纤维、灯丝等。基本模型为

$$\mu(\vartheta) = \frac{A}{\vartheta^\beta} \qquad (7.4)$$

式中:μ 为寿命特征量(如 MTTF);ϑ 为施加的应力(如电压);A、β 为特定产品对应的常数。

其加速因子的表达式为

$$AF(\vartheta_0, \vartheta_1) = \frac{\mu(\vartheta_0)}{\mu(\vartheta_1)} = \left(\frac{\vartheta_1}{\vartheta_0}\right)^\beta \qquad (7.5)$$

式中:ϑ_0、ϑ_1 分别为正常和加速水平下的应力。

逆幂律模型的不同版本在 Nelson(1990)和 Condra(1993)中有所讨论,基于逆幂律模型的球轴承故障数据分析可以在 Lieblein 和 Zelen(1956)中找到。

3. 艾林(Eyring)模型

艾林模型与阿伦尼斯模型相似,但从某种意义上说更具一般性,可用来表示与温度组合的二次应力,如电应力或相对湿度。它基于量子力学导出的化学退化反应速率,其基本关系为

$$\mu(\varphi, \vartheta) = \frac{B}{\varphi}\exp\left(\frac{E}{k\vartheta}\right) \qquad (7.6)$$

式中:μ 为寿命特征量(MTTF);φ 为在温度 ϑ 下的应力;B 为常数。

其指数项与阿伦尼斯模型的指数项一致。由这种关系可以得到其加速因子为

$$AF = \frac{\mu(\varphi_0, \vartheta_0)}{\mu(\varphi_1, \vartheta_1)} = \frac{\varphi_1}{\varphi_0}\exp\left(\frac{E}{k}\left(\frac{1}{T_0} - \frac{1}{T_1}\right)\right) \qquad (7.7)$$

式中:$\mu(\varphi_0, \vartheta_0)$、$\mu(\varphi_1, \vartheta_1)$ 分别为在应力水平(φ_0, ϑ_0)、(φ_1, ϑ_1)下的平均失效前时间。

该模型具有许多与阿伦尼斯模型相同的应用,但增加了二次应力因子的特征。这种模型的一个例子是 Peck(1979)提出的微电路失效时间模型,将应力表示为 $\varphi = h^3$,其中 h 为相对湿度百分比,$E = 0.9$。更一般的形式是 $\varphi = h^\beta$,β 为从试验数据得到的估计值。

4. 其他模型

相关文献中还有许多其他的模型,如 Norris – Landzberg 加速模型(Norris 和 Landzberg,1969),适用于表面贴装焊接的逐渐退化,这种退化是由于在操作热循

环过程中的累积疲劳损伤导致的。这个经验模型是 Coffin – Manson 疲劳寿命模型①对常见焊料合金的一个特定版本。Norris – Landzberg 模型主要是针对温度漂移,极端高温以及与时间相关的热机械行为,导致焊料合金的应力松弛。该模型经过经验观察,延长在低频热循环的停留时间,加速疲劳损伤并诱导高危焊接的早期失效。MIL – HDBK – 344A 加速模型考虑的是热循环中的复合退化和失效机制。

5. 加速试验的陷阱

Meeker 和 Escobar(1998)讨论了如下 9 个潜在的加速试验陷阱:

(1) 多个(未发现的)失效模式。

(2) 无法量化不确定性(在统计估计中)。

(3) 多时间刻度和多个影响退化的因素。

(4) 伪失效模式。

(5) 错误的比较。

(6) 导致退化的加速变量。

(7) 注意未经验证的设计/生产变化。

(8) 注意在特殊的原型产品基础上得出的结论。

(9) 很难用加速寿命试验预测现场可靠性。

作者提供了有趣的案例来强调上述陷阱。

7.4　试 验 设 计

试验通常看作一个工程问题,开发中的试验是为了确保产品具有期望的可靠性。如果期望可靠性没有实现,产品就投放市场,制造商将付出很高的代价,包括撤回产品、改进设计、客户不满意、声誉损坏等。由于经济和商业方面的重要性,试验又是一个管理问题。人们经常会被迫减少试验,因为试验的成本非常高(如建立可靠性就是一个昂贵的投资),或者缺乏下游的商业升值意义。

试验设计是一个具有挑战性的问题,不同的人对新产品开发中试验的看法也不同,O' Connor(2003)对此做了最好的总结:

"设计工程师可能觉得不需要广泛的试验,但项目工程师可能不会这样认为。管理和财务人想要时间和成本最小化,所以试验的数量也要最小化。然而,如果我们所有人可以在理念上保持一致,充分考虑已知的,不确定的,以及其他要素如成本、时间、市场、规范、安全等,那么至少我们会有一个合理的规划和决策基础。这种内在的理念应该是有效试验的准则,应该被看作是一个增值的过程,而不是损失。"

---

① 更多 Coffin – Mason 模型(适用于热循环疲劳)以及其他模型,如 Gunn 定律的相关内容可以参考 Foucher 等(2002)

7.4.1 试验设计的原则

试验设计应遵循实验设计的基本原理(DOE)[1]。因子试验是非常实用的一种,其因子通常是定量的,每个应力变量视为试验设计中的一个因子。如果试验涉及两个或更多个因子,那么多种类型的组合试验往往是比较适用的,尤其当时间是一个必须考虑的因素时。

在设计这种类型的试验中另一个必须解决的问题是,过应力导致的失效不会在正常应力水平下出现的概率,如材料熔化、骨架磨损或高温导致的材料膨胀。此外,如果一个部件可以以多种方式失效,那么应力的加速可能会对不同模式的失效率产生不同的影响。基于此和一些其他的原因(如成本和试验设备的要求),加速试验通常在组件或小部件级中实施。

由于相关失效(或失效的相关特性)非常复杂,涉及不止一个应力因子,所以加速试验通常考虑一个单一的加速因子,例如,仅有温度而不是温度和湿度。双因子试验也多见,但多因子试验在这里通常是不适合的,特别是(不同因子之间)存在相互作用时。

7.4.2 相关问题

只考虑部件级,并且是单因子(或应力变量)的情况。在加速试验设计中需要考虑的问题主要有以下几点[2]:

(1)部件的寿命分布:指数分布、威布尔分布等。

(2)寿命—应力关系:建立合适的加速失效时间模型。

(3)优化准则:成本、最小估计(参数或一些可靠性特征量)方差、协方差矩阵的确定(有两个或两个以上的参数时)等。

(4)终止准则:试验进行到所有部件失效或提前终止。终止准则可以基于一个试验约束或当失效的部件达到特定的数量。它决定了试验得到的数据类型,在接下来的章节会继续讨论。

(5)估计方法:有很多种参数估计的方法,将在第7.5节讨论。

(6)应力加载的方式:在恒定应力试验中,试验期间部件的应力水平保持不变;在步进应力试验中,试验期间应力水平可以改变一次或更多次。

(7)如果有一个以上的应力水平,那么在各应力水平下都要有多个部件进行试验。

(8)约束:可以是应力水平、时间、成本等。

(9)稳健性:试验对于失效建模的误差、试验样品的损失等应具有稳健性。

---

① 更多试验设计相关的书籍有 Cox 和 Reid(2000)、Box 等 (2005)、Montgomery(2005)。

② Nelson (2005a)讨论了其中的一些问题,并给出了参考文献,感兴趣的读者可以查看更多内容。

试验因子的选择取决于具体情况(如材料、应力),需要考虑的一些事项如下:

(1) 应力水平不能过于极端,以至于导致失效机理发生变化。

(2) 应力水平应该在所选模型适用的范围内。

(3) 尽量不要做过多的外推。

在前两种情况下该模型可能无效,试验数据与正常条件也没有任何关系。过度的外推不仅有这些困难,而且会增加许多问题,如置信区间即使有效,区间也会很宽,以至于没有价值。

7.4.3　试验的优化设计

针对试验设计已经有了非常详细的研究,其中的一些可以在相关书籍中找到,如 Nelson(1990)、Condra(1993)、Hobbs(2000)、Meeker 和 Escobar(1998)。有几个这方面的综述文章,包括 Meeker 和 Escobar(1993)及 Nelson(2005a,b)。

7.5　试验数据分析

试验数据依赖于试验的终止准则。首先讨论这个问题,然后讨论定性和定量的分析方法,定量分析可以是图形或统计方法。

考虑下面情况,n 表示在一个恒定应力下试验的样品数。令 $T_1, T_2, \cdots, T_n$ 表示试验中 n 个产品的(潜在)寿命,认为 $T_1, T_2, \cdots, T_n$ 是 n 个独立随机变量。如果 T_i 的值是可观测的,那么其实际值为 $t_i (i=1,2,\cdots,n)$。

7.5.1　试验数据

1. 完全数据

用于估计的数据集是 $\{t_1, t_2, \cdots, t_n\}$,即数据集中的每一个观测量的实际值是已知的。当试验结束时,所有的 n 个部件失效,就可以获得这类数据。

2. 截尾数据

在这种情况下,部分或所有变量的实际值是不知道的,具体的数据取决于截尾的种类。

(1) 右截断Ⅰ型截尾。令 v 表示试验的终止时间,此时有些部件还没有失效。对于部件 i:当 $t_i \leqslant v$ 时,T_i 才是已知的;当 $t_i > v$ 时,唯一可用的信息是 $T_i > v$。

(2) 右截断Ⅱ型截尾。令 r 为一个预先确定的数值,且 $r < n$,当第 r 个部件发生失效时试验终止。试验给出了 r 个部件的失效时间数据 t_i(T_i 的实际值),剩下的 $(n-r)$ 个数据为 $T_i > v$,其中 v 是 r 个观察值 t_i 中的最大值。

7.5.2　定性(工程)分析

定性分析的主要内容是找到部件在试验期间失效的根本原因。这里是找到基本的或根本的失效原因,任何导致产品参数升高的因素都有可能是失效的根本原因。例如,一个芯片失效的根本原因可能是由于通风不良或材料接触导致的过热。从某种意义上说,根本原因分析,可以看作对失效的部件进行"解剖"。要得到根本原因,需要问多次"为什么?",直到得到一个满意的解释为止。一旦确定根本原因,就可以通过合理的措施解决这个问题,如改进设计和重新选择材料[①]。

7.5.3 图形分析

1. 经验分布函数曲线

经验分布函数 $F_n(t)$ 是 t 以下失效数据的累积比例。计算 $F_n(t)$ 的方法有很多种,如果数据集是完全数据(没有截尾),为 $t_1, t_2, \cdots, t_n$,那么经验分布函数可计算为

$$F_n(t) = \frac{\text{比 } t \text{ 小的寿命数据的个数}}{n} \tag{7.8}$$

如果将 $F_n(t)$ 绘制为 t 的函数,就可以得到经验分布函数曲线。注意,这是一个"阶跃函数",每个数据点 t_i 的步长为 $1/n$。

利用顺序统计量 $t_{(1)}, t_{(2)}, \cdots, t_{(n)}$(这是一组重新排序的数据,$t_{(1)} < t_{(2)} < \cdots < t_{(n)}$)可以很容易地计算 $F_n(t)$,其中 $t_{(0)} = 0, t_{(n+1)} = \infty$,因此 $F_n(t_{(i)}) = i/n$。

$F_n(t)$ 也称为样本累积分布函数。还有一些其他针对数据集的经验分布函数计算方法。在平均秩法中,$F_n^{(1)}(t_{(i)}) = i/(n+1)$。其他三种可供选择的形式如下:

(1) $F_n^{(2)}(t_{(i)}) = (i-0.5)/n$(称为平均秩估计量)

(2) $F_n^{(3)}(t_{(i)}) = (i-0.3)/(n+0.4)$

(3) $F_n^{(4)}(t_{(i)}) = (i-3/8)/(n+1/4)$

基于截尾数据的经验分布函数计算方法可查阅 Nelson(1982)和 Lawless(1982)。

2. 概率图

概率图已经发展成为绘图数据的一种常用选择。样本经验分布函数是一种非参数方法,概率图则不同,它首先需要假设一个特定的基本分布。其思想是转化数据和/或概率,使得转化后的曲线是线性的(平滑波动)。同样,可以绘制出样本分位数与特定分布的分位数的关系。所以,这种图有时也称为 P–P 图。

现有文献已经得到了针对不同分布的概率图绘制方法,包括正态分布以及大部分可靠性领域中的重要分布如指数分布、对数正态分布、威布尔分布、Gamma 分布以及极值分布)。许多统计计算工具箱(如 Minitab、SPSS、STATA、S、R)包含部

---

① 讨论失效分析的书籍有许多,如 Nishida(1992)介绍了机械部件的失效分析,Martin(1999)讨论的是电子部件,Colangelo 和 Heiser(1987)分析了金属部件的失效。

分或所有这些绘图方法。

3. 其他图形

有一类特殊的绘图方法,在变量转换之后,绘制了给定分布的经验分布函数与 t_i 的关系曲线。一种常用的分布是威布尔分布。令 t_p 表示 p 分位数,那么概率图是 $\log(\log(1/(1-p)))$ 与 $\log t_p$ 的关系曲线[①]。

注意,如果曲线表示两个转换后的变量之间的线性关系,这些数据就可以用双参数的威布尔分布进行建模。如果曲线是非线性的,在某些情况下,就可以用双参数威布尔分布衍生出来的分布进行建模。了解更多相关资料可查阅 Murthy 等 (2003)。

绘制失效率函数和累积失效率函数曲线可以用来进行可靠性评估,使得人们可以估计分布的分位数、失效率函数以及一些其他的相关量,更多信息可以参考 Nelson(1982)。

7.5.4　统计分析(单应力水平)

1. 基本概念

令 $F(t;\theta)$ 表示某恒定应力下的失效分布,要估计的参数是 θ,它是一个 k 维向量。有两种估计方式,每种方式有多个方法。这两种方式是点估计和区间(或置信区间)估计。

点估计是对 θ 的数值计算。对于区间估计,要得到的是一个 k 维的区域,通过预先给定一个概率值,计算以此概率包含参数 θ 真实值的区间。如果 $k=1$,则这个区域是一个区间。

2. 点估计

当数据集是完全数据时,点估计 $\hat{\theta} = \hat{\theta}(T_1, T_2, \cdots, T_n)$ 是 $T_1, T_2, \cdots, T_n$ 的函数,且是一个随机变量。通过实际观察到的寿命,得 $\hat{\theta} = \hat{\theta}(t_1, t_2, \cdots, t_n)$,称为 θ 的点估计,是一个数值。

在截尾或分组数据的情况下,估计值是观测数据与截尾或分组值的函数。

如果对于 θ_i 的所有可能值,有 $E(\hat{\theta}_i) = \theta_i$,则称 $\hat{\theta}_i$ 为 θ_i 的无偏估计。如果对 $i=1,2,\cdots,k,\hat{\theta}_i$ 都是无偏的,则 $\hat{\theta}$ 是 θ 的无偏估计。若 $E(\hat{\theta}_i) \neq \theta_i$,则为有偏估计。估计值 $\hat{\theta}_i$ 的偏移量 $b(\hat{\theta}_i) = E(\hat{\theta}_i) - \theta_i$。

估计的效率可通过与其他估计值(相对效率)或一个绝对标准比较评估。

对参数 θ 的无偏估计值 $\hat{\theta}$,如果任何其他的无偏估计值 $\theta *$ 和 θ 的所有可能

---

①　适用其他的分布会得到不同的曲线,更多相关内容可以参考 Lawless(1982)、Nelson(1982)以及 Escobar(1998)。

值,都有 $\mathrm{var}(\hat{\theta}) \le \mathrm{var}(\theta*)$,则该估计值为最小方差无偏估计。

3. 点估计方法

矩估计法:矩估计法是基于分布参数的 k 阶矩。利用样本矩(从可用于估计的数据得到)产生包含 k 个未知参数的 k 个等式,求解方程组即可得到估计值。注意,在大多数情况下估计需要采用数值技术,对于大多数模型参数的矩估计是渐近一致且正态分布的,一般情况下矩估计并不是很有效。

分位数估计法:分位数估计需要首先获得模型参数的分位数

$$p = F(t_p, \theta) \tag{7.9}$$

令 $0 < p_1 < p_2 < \cdots < p_k < 1$,相应的 k 个 p 分位数的估计是从经验分布函数得到的。利用式(7.9)的这些分位数产生包含 k 个未知参数的 k 个等式,求解方程组即可得到估计值。对于大多数模型,分位数估计是渐进一致和正态分布的。然而,这种方法通常也不是有效的。

极大似然法:对于完全数据,可以得到似然函数为

$$L(\theta) = \prod_{i=1}^{n} f(t_i; \theta) \tag{7.10}$$

θ 的极大似然估计(MLE)是使得似然函数(7.10)取最大值的 $\hat{\theta}$。因此,估计值是数据的一个函数($\psi(t_1, t_2, \cdots, t_n)$),相应的 $\psi(T_1, T_2, \cdots, T_n)$ 称为极大似然估计。在严格规则的条件下,极大似然估计值是一致、无偏、有效且服从正态分布的。

对于类型 I 的截尾数据,似然函数为

$$L(\theta) = \prod_{i=1}^{n} (f(t_i))^{\delta_i} (1 - F(v))^{1-\delta_i} \tag{7.11}$$

式中:如果第 i 个观测值是非截尾值($T_i = t_i < v$),则 $\delta_i = 1$;如果是截尾值($T_i > v$),则 $\delta_i = 0$。对于类型 II 的截尾数据(有 r 个失效),似然函数为

$$L(\theta) = \left(\prod_{i=1}^{r} f(t_i) \right) (1 - F(t_r))^{n-r} \tag{7.12}$$

式中:数据已经被重新排序,前 r 个对应于非截尾数据,剩下的是截尾(在时间 t_r)数据。

贝叶斯法:在贝叶斯方法中,参数 θ 被视为具有概率分布的随机变量,用以表达对 θ 的"置信度"。首先假设 θ 是一维的,后面会将结论延伸到多维的情况。

首先,在进行试验之前,关于 θ 的置信度表示为概率密度函数 $g(\theta)$,称为先验密度,假设它是连续的。置信度可通过以前相似产品、专家评定等经验设定。如果对 θ 的值只有一个模糊的置信度,那么先验密度将会很分散,方差也很大。

令 T 表示产品的失效时间,$f(t|\theta)$ 为 T 的概率密度函数。在贝叶斯体系中,该密度为在给定的 θ 下 T 的条件密度。

假设可以观测到 n 个独立寿命 $T_1, T_2, \cdots, T_n$。在给定 θ 下这 n 个寿命的概率密度函数为

$$f(t_1, t_2, \cdots, t_n \mid \theta) = \prod_{i=1}^{n} f(t_i \mid \theta) \tag{7.13}$$

与似然函数(7.10)等价。

θ 和 $\{T_1, T_2, \cdots, T_n\}$ 的联合概率密度函数为

$$f_{t,\theta}(t_1, t_2, \cdots, t_n, \theta) = \left(\prod_{i=1}^{n} f(t_i \mid \theta) \right) g(\theta) \tag{7.14}$$

注意: $f_{t,\theta}$ 为似然函数和先验密度函数的乘积。$\{T_1, T_2, \cdots, T_n\}$ 的边缘密度函数为

$$f(t_1, t_2, \cdots, t_n) = \int_{-\infty}^{\infty} f(t_1, t_2, \cdots, t_n, \theta) \, d\theta$$

$$= \int_{-\infty}^{\infty} f(t_1, t_2, \cdots, t_n \mid \theta) g(\theta) \, d\theta \tag{7.15}$$

用贝叶斯定理(Martz 和 Waller, 1982),给定 $t_1, t_2, \cdots, t_n$,可以得到 θ 的后验密度函数为

$$g(\theta \mid t_1, t_2, \cdots, t_n) = \frac{f_{t,\theta}(t_1, t_2, \cdots, t_n, \theta)}{f(t_1, t_2, \cdots, t_n)} \tag{7.16}$$

给定数据 $\{t_1, t_2, \cdots, t_n\}$,$\theta$ 的后验密度描述了在得到观测值后对 θ 值的置信度上升。

参数 θ 的贝叶斯点估计 $\hat{\theta}_b$ 通常是条件均值[①]

$$\hat{\theta}_b = E(\theta \mid t_1, t_2, \cdots, t_n) = \int_{-\infty}^{\infty} \theta \cdot g(\theta \mid t_1, t_2, \cdots, t_n) \, d\theta \tag{7.17}$$

例7.1 假设阀门的失效率 λ 为常数。经验(或信任)使人们认为失效率可表示为一个服从 Gamma 先验分布的随机变量

$$g(\lambda) = \frac{\beta_1^{\alpha_1}}{\Gamma(\alpha_1)} \lambda^{\alpha_1 - 1} e^{-\lambda \beta_1}, \lambda > 0$$

该分布的平均值为(Rausand 和 Hoyland, 2004)

$$E(\lambda) = \frac{\alpha_1}{\beta_1}$$

注意,α_1、β_1 为数字型数值,描述对 λ 的初始置信度,且必须与特定的时间单位相联系,如每小时。

假设现在我们测试 n 个独立的阀门,失效时间分别是 $T_1, T_2, \cdots, T_n$,服从失效

---

① 该估计是基于损失函数的,因为存在一个二次损失函数,所以贝叶斯点估计成了后验分布的平均值。

率为 λ 的指数分布。λ 来自式(7.14),$\{T_1, T_2, \cdots, T_n\}$ 的边缘概率密度函数为

$$f_{t,\lambda}(t_1, t_2, \cdots, t_n, \lambda) = \lambda^n \mathrm{e}^{-\lambda \sum_{i=1}^{n} t_i} \cdot \frac{\beta_1^{\alpha_1}}{\Gamma(\alpha_1)} \lambda^{\alpha_1 - 1} \mathrm{e}^{-\beta_1 \lambda}$$

根据式(7.16)可得

$$g(\lambda \mid t_1, t_2, \cdots, t_n) = \frac{\left(\beta_1 + \sum_{i=1}^{n} t_i\right)^{n+\alpha_1}}{\Gamma(n + \alpha_1)} \lambda^{\alpha_1 + n - 1} \mathrm{e}^{-\lambda \left(\beta_1 + \sum_{i=1}^{n} t_i\right)}$$

可以看成是一个参数为 $\alpha_2 = (\alpha_1 + n)$ 和 $\beta_2 = \left(\beta_1 + \sum_{i=1}^{n} t_i\right)$ 的 Gamma 密度函数,则式(7.17)的贝叶斯估计为

$$\hat{\lambda}_b = \frac{\alpha_2}{\beta_2} = \frac{\alpha_1 + n}{\beta_1 + \sum_{i=1}^{n} t_i}$$

案例:威布尔失效分布

考虑产品的失效时间为 T,并可以用双参数的威布尔分布进行建模,形状参数为 β 和尺度参数为 α。在第 4 章中介绍过,T 的概率密度函数为[①]

$$f(t) = \frac{\beta}{\alpha^\beta} t^{\beta-1} \exp\left(-\left(\frac{t}{\alpha}\right)^\beta\right)$$

矩估计法:可利用样本均值 $\bar{t}$ 和样本方差 s^2 获得估计值。在 $\{t_1, t_2, \cdots, t_n\}$ 为完全数据的情况下,可得

$$\bar{t} = \frac{1}{n} \sum_{i=1}^{n} t_i \tag{7.18}$$

$$s^2 = \frac{1}{n-1} \sum_{i=1}^{n} (t_i - \bar{t})^2 \tag{7.19}$$

在式(7.19)中,$n-1$ 的出现是为了得到样本方差的无偏估计。估计值 $\hat{\beta}$ 由下式得到

$$\frac{s^2}{\bar{t}^2} = \frac{\Gamma(1 + 2/\hat{\beta})}{\Gamma^2(1 + 1/\hat{\beta})} - 1 \tag{7.20}$$

$\hat{\alpha}$ 由下式得到

$$\hat{\alpha} = \frac{\hat{t}}{\Gamma(1 + 1/\hat{\beta})} \tag{7.21}$$

注意式(7.20)的计算是一个数值过程,涉及 Gamma 函数的计算。

---

① 该案例的一个详细导出过程可见 Murthy 等(2003)。

分位数法:对于威布尔分布函数,63.2% 的百分位数等于 α,可用作 α 的一个分位数估计

$$\hat{\alpha} = t_{(1-e^{-1})} \tag{7.22}$$

式中:分位数是从分布函数的经验曲线中计算得到的。

β 的分位数估计为

$$\hat{\beta} = \frac{\log[-\log(1-p)]}{\log[t_p/t_{0.632}]} \tag{7.23}$$

式中:$0 < t_p < t_{0.632}$,可从经验分布函数中得到。

极大似然法:对于完全数据的情况,似然函数为

$$L(\alpha,\beta) = \prod_{i=1}^{n}\left(\frac{\beta t_i^{\beta-1}}{\alpha^\beta}\right)\exp\left(-\left[\frac{t_i}{\alpha}\right]^\beta\right) \tag{7.24}$$

极大似然估计是通过使 $L(\alpha,\beta)$ 的两个偏导数为 0,然后解方程得到的。因此,$\hat{\beta}$ 可通过下式求得

$$\frac{\sum_{i=1}^{n} t_i^{\hat{\beta}}\log t_i}{\sum_{i=1}^{n} t_i^{\hat{\beta}}} - \frac{1}{\hat{\beta}} - \frac{1}{n}\sum_{i=1}^{n}\log t_i = 0 \tag{7.25}$$

尽管不能得到解析解,但可利用数值的方法比较容易地得到 $\hat{\beta}$。一旦估计出形状参数,尺度参数就可通过下式估计

$$\hat{\alpha} = \left(\frac{1}{n}\sum_{i=1}^{n} t_i^{\hat{\beta}}\right)^{1/\hat{\beta}} \tag{7.26}$$

在类型 I 的截尾情况下,似然函数为

$$L(\alpha,\beta) = \frac{\beta^k}{\alpha^{\beta k}}\left[\prod_{i=1}^{k} t_i^{\beta-1}\right]\exp\left(-\frac{1}{\alpha^\beta}\left[\sum_{i=1}^{k} t_i^\beta + (n-k)v^\beta\right]\right) \tag{7.27}$$

式中:数据已经重新排序,前 k 个数据为非截尾数据,剩余的为截尾数据。

极大似然估计值 $\hat{\beta}$ 可以通过下式求得

$$\frac{\sum_{i=1}^{n} t_i^{\hat{\beta}}\log t_i}{\sum_{i=1}^{n} t_i^{\hat{\beta}}} - \frac{1}{\hat{\beta}} - \frac{1}{k}\sum_{i=1}^{k}\log t_i = 0 \tag{7.28}$$

估计值 $\hat{\alpha}$ 由下式求得

$$\hat{\alpha} = \left(\frac{1}{n}\left[\sum_{i=1}^{k} t_i^\beta + (n-k)v^{\hat{\beta}}\right]\right)^{1/\hat{\beta}} \tag{7.29}$$

对于类型 II 的截尾情况,似然函数为

$$L(\alpha,\beta) = \frac{\beta^r}{\alpha^{\beta r}}\left[\prod_{i=1}^{r} t_i^{\beta-1} \right]\exp\left(-\frac{1}{\alpha^\beta}\left[\sum_{i=1}^{r} t_i^\beta + (n-r)t_r^\beta \right]\right) \tag{7.30}$$

式中:数据也重新排序,前 r 个数据为非截尾数据。

极大似然估计值 $\hat{\beta}$ 通过下式求得

$$\frac{\sum_{i=1}^{r} t_i^{\hat{\beta}}\log t_i + (n-r)t_r^{\hat{\beta}}\log t_r}{\sum_{i=1}^{r} t_i^{\hat{\beta}} + (n-r)t_r^{\hat{\beta}}} - \frac{1}{\hat{\beta}} - \frac{1}{r}\sum_{i=1}^{r}\log t_i = 0 \tag{7.31}$$

估计值 $\hat{\alpha}$ 由下式求得

$$\hat{\alpha}^{\hat{\beta}} = \frac{1}{r}\left(\sum_{i=1}^{r} t_i^{\hat{\beta}} + (n-r)t_r^{\hat{\beta}} \right) \tag{7.32}$$

估计值的获取需要用到数值方法。

4. 区间估计

当 θ 是一个标量时,基于样本 $T_1,T_2,\cdots,T_n$ 的置信区间,是由上、下限定义的区间,下限为 $L_1(T_1,T_2,\cdots,T_n)$,上限为 $L_2(T_1,T_2,\cdots,T_n)$,并具有如下性质

$$P_r(L_1(T_1,T_2,\cdots,T_n) < \theta < L_2(T_1,T_2,\cdots,T_n)) = \varepsilon \tag{7.33}$$

式中:$\varepsilon(0 \leqslant \varepsilon \leqslant 1)$ 为置信度。

置信度通常表示为百分数,例如,若 $\varepsilon = 0.95$,则指 θ 的 95% 置信区间。注意式(7.30)中的随机变量是 L_1 和 L_2 而不是 θ。也就是说,它不是关于 θ 的概率描述,而是关于 L_1 和 L_2 的。因此,当讨论 θ 时,用术语"置信度"而不是"概率"。合适的表述是该过程给出正确结果的贝数所占的比例为 $100\varepsilon\%$。

7.5.5 统计分析(多应力水平)

针对单个加速因子的多应力水平情况,已经有了许多方法。Nelson(1990)、Condra(1993)与 Meeker 和 Escobar(1998)使用了图形化的方法,内容涵盖了指数分布、威布尔分布和对数正态分布等。该方法是在一个适当的图纸上绘出不同应力水平下的失效数据,并假设斜率是相同的,然后对所得曲线之间的差异进行分析。

最后,许多统计程序包和可靠性软件包都包含有加速试验中的数据分析程序,这些分析都是基于比例风险模型和其他一些模型的。

7.6 可靠性增长模型

可靠性增长模型的目的是监控开发过程和可靠性改进的进程。该模型应在现

有的数据和信息基础上对现阶段的可靠性进行很好的估计。如果开发过程可以继续,则还应具备预测未来改进空间的能力。这些模型对于决定是否继续或终止开发过程起着至关重要的作用。

在开发早期先验信息很少,随着开发的进行可用信息越来越多。因此,可靠性增长的建模是一个艺术与科学的结合,需要良好的数学分析以及合理的判断。

现有研究已经建立了一些可靠性增长模型,可以监控开发过程和可靠性改进的进程,它们大致分为连续的与离散的两类,可进一步细分如图 7.2 所示。通常,连续模型应用于连续变量(如指数分布下的失效率或平均失效前时间)的情况,试图用总测试时间的函数来描述可靠性的改进。离散模型则涉及到离散(属性)数据,关注的是改变设计得到的可靠性改进增量,改进增务表示为的次试验中成功概率的函数。一次试验是指试验持续进行的一段时间,当试验成功完成或发生失效时试验结束。

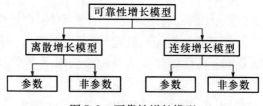

图 7.2　可靠性增长模型

参数模型是指基于特定失效时间分布的模型,如指数分布或威布尔分布。非参数模型涉及可靠性改进关系的函数形式。参数模型的数据分析包括对假定分布的参数估计,在非参数中常用曲线拟合技术,如回归分析。

7.6.1　离散可靠性增长模型

现有文献已经提出许多不同的离散可靠性增长模型,现讨论其中的部分模型[①]。这些模型关注各个阶段上的可靠性增长,令 R_j 为产品在阶段 j 的可靠度。这些模型对可靠度函数的通用表达形式为

$$R_j = R_\infty - \phi g(j) \tag{7.34}$$

式中:R_∞ 为当 $j \to \infty$ 时靠度可达到的最大值;ϕ 为表示增长速率的参数;$g(\cdot)$ 为为增长函数,是非负递减的。

下面给出两个简单模型:

1. Weiss 可靠性增长模型(Weiss,1956)

该模型假设在第 $j-1 \sim$ 次 j 次纠正活动之间的失效率 λ_j 为常数(指数失效分布),且

---

① 　离散可靠性增长模型的综述可以参考 Fries 和 Sun(1996)。

$$\lambda_j = \lambda + \frac{\phi}{j} \tag{7.35}$$

式中:λ 为最终的最低失效率;ϕ/j 为在第 j 次纠正最大的剩余改进量(就减少的失效率而言);ϕ 为根据数据得到的估计值。

2. Lloyd - Lipow 可靠性增长模型(Lloyd 和 Lipow,1962)

该模型中可靠度的增长呈指数形式,模型为

$$R_j = 1 - \phi e^{-\gamma(j-1)} \tag{7.36}$$

式中:ϕ、γ 为增长函数的参数,需要用数据进行估计。

该模型的推导需要假设至少存在一种失效模式,并且出现任何失效之后修理好产品的概率是固定的。

7.6.2 连续可靠性增长模型

Duane 可靠性增长模型(Duane,1964)是一个经典的、广泛应用的模型,也称为"Duane 学习曲线"。该模型首先由经验确定,在对数坐标上,累积失效率是累积试验时间的线性函数。Duane 在设备开发试验阶段获取了多个数据集,以此来支持这一观点。

令 T 表示试验总时间,μ_c 表示积累 MTBF,则 Duane 模型的关系式为

$$\mu_c = \phi T^\beta \tag{7.37}$$

式中:ϕ 为试验开始时初始 MTBF 的函数;β 为增长速率。

Crow(1974)提出用非齐次泊松过程对可靠性增长进行建模。自此以后,Lloyd(1986)、Robinson 和 Dietrich(1987,1989)等相继提出了其他可靠性增长模型。[①]

7.7 贝叶斯方法

贝叶斯方法利用在某个给定中间级得到的信息,来确定下一个级别的可靠性(或一个相关的特性)的先验分布。它要求对体系结构有一定的理解,并可以提供一种逻辑的方法,这种方法不仅包含前一级的信息,同时包含当前级的先验和试验信息。

贝叶斯方法示意图如图 7.3 所示。整个过程首先给出每个部件的可靠性先验分布。此外,这一级可以获取其他的一些信息,如相关的历史数据、主观评价、仿真结果等。这些信息可以用来构造一个独立评估的先验分布("天生的"先验)。对这两个先验分布进行权重分配,这样它们就可以结合形成部件可靠性的一个复合先验分布。利用贝叶斯定理和试验数据就可以得到部件可靠性的后验分布。

---

① 连续可靠性增长模型更详细的讨论可以参考 Sen(1998)。

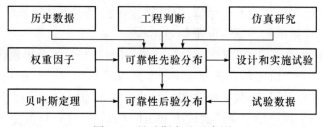

图 7.3　贝叶斯方法示意图

　　整个过程在系统的各个级别进行,利用系统的逻辑模型最终得到系统可靠性的后验分布形式。该方法利用在某个给定中间级得到的信息,来确定下一个级别的可靠性(或一个相关的特性)的先验分布。

　　该方法在逻辑推理上具有一定的优势,不仅包含了前一级的信息,也包含了当前级的先验和试验信息。这种方法面临的困难也是与贝叶斯方法相伴的,是先验信息的量化可能会非常主观,因此受到了一定程度的批评,并且数学计算非常难处理。

7.8　可靠性开发过程的风险

　　建立可靠性是昂贵的,但是不可靠的后果会更加昂贵。在前端阶段产品可靠性的目标值是通过成本和风险之间的权衡决定的。

　　与任何一个开发过程一样,可靠性开发过程的结果是不确定的。可靠性评估只是基于部件、产品和某些中间级的有限测试进行的,因此,可靠性的评估值与实际的可靠性显然是不同的,相差一个未知量。图 7.4 给出了四种情况(A ~ D)。

		评估可靠性	
		小于目标值	等于或大于目标值
真实可靠性	小于目标值	A	B(第一类错误)
	等于或大于目标值	C(第二类错误)	D

图 7.4　可靠性开发计划的风险

　　情况 A:实际的和估计的可靠性低于目标值,因此,需要进一步开发。注意,如果违反了任何约束(如开发成本和/或开发时间),则可能要终止开发过程。

　　情况 B:可靠性评估表明目标值得到了实现,但实际上并没有实现。如果实际的可靠性远低于目标值,就将产品投放到市场,会导致高保修成本、客户不满,或者最坏的情况,产品召回。[①]

---

　　① 针对汽车工业的产品召回,可以参考 Bates 等(2007)、Hartman(1987)、Rupp 和 Taylor(2002)。

133

情况 C:实际可靠性大于目标值,但可靠性评估表明不是这样的。结果,开发计划还要继续,导致增加了原本可避免的成本。

情况 D:评估和实际的可靠性超过目标值,开发终止时不会出现任何风险。

在可靠性的开发阶段需要充分认识和考虑情况 B 和情况 C 的风险。此外,有一些其他类型的项目风险,包括成本和时间的超支、关键人员的流失等。

大多数的可靠性模型没有考虑成本和风险之间的权衡,只关注产品可靠性的评估和预测。Quigley(2003)提出了贝叶斯可靠性增长模型的一个扩展,将财务成本和产品的不可靠性结合在一起,该模型可用于产品开发过程中的成本收益分析,并给出了一个简单的案例说明。

7.9　标准产品的阶段 5

阶段 4 中的测试对产品性能进行的评估通常是在受控的条件和环境下进行的,以一种有限的方式模拟真实情况。产品的现场性能取决于多种因素,如工作环境、使用强度、载荷(或应力)等,它们会随着顾客的不同而变化。

对于大量生产产品,制造商可以通过投放产品给少数客户以得到现场性能有限评价。开发过程中的阶段 5 处理的就是这个问题。通过客户来测试产品也称为操作测试。它需要记录客户使用的方式、强度、操作环境等,并报告产品工作过程中发生的任何失效信息。这些信息可以用来评估产品的现场可靠性,并指导改进设计以克服产品在阶段 4 中未检测到的失效模式。

失效数据的分析需要根据使用强度、操作环境等来合理地完成,这个问题在第 9 章将会进一步讨论。决定是否继续制造产品取决于产品性能的现场数据。

如果阶段 4 和阶段 5 的输出是成功的,则原型的最终设计将进入制造阶段。

7.10　客户定制产品的阶段 4 和阶段 5

客户定制产品是一类产品中的一个(只生产一个)或只生产了有限一个。在前一种情况下,阶段 4 的输出就是发放给客户的最终产品;对于后者,在阶段 4 之后立刻开始生产,即直接进入阶段 6。一般情况下,每一个产品在它们一被生产出来就会交付给客服,所有产品都交付完成可能需要几个月或几年。

客户定制产品阶段 4 的执行与标准产品非常相似,但是其中的测试更为重要,必须与合同文件保持一致。在这种情况下,操作测试的概念是很重要的,操作测试有如下三个目的:

(1) 在整个项目过程中进行可靠性验证。

(2) 提供验证产品操作步骤的适当数据,以及关于可靠性和维修性的调整策略。

（3）为后续阶段提供适当的可利用数据。

例 7.2（安全仪表系统）　阶段 4 和阶段 5 的开发活动因安全仪表系统的类型不同而不异。部件和组件更便宜的系统可以用本章前面描述的方法进行测试；但是有一些安全仪表系统很复杂或昂贵，以至于不可能对其进行任何退化试验（除一些小部件外）。例如，在海底油气管道中的高完整性压力保护系统（HIPPS），系统的阀门太大、太贵，不可能在配件级（阀门）上做任何可靠性试验。因此，不得不进行小部件，如密封、材料样品等的试验。DNV RP A203 是为验证海底装备的可靠性专门开发的一个特殊指南。

通常在实验室建立该系统的一个实物大模型，来测试输入元素和逻辑解算器的可靠性。逻辑控制器包含一些软件，因此有必要检查该软件在输入元素所有可能的输入信号以及所有可预见的干扰下能否做出正确响应。同时，检查逻辑解算器的诊断部分与输入元素是否可以正确交互也十分重要。

7.11　案例分析：移动电话

细间距球栅阵列封装的焊点疲劳寿命，取决于材料的选择与设计。Darveaux 等（2000）关注该焊点在受到热循环时，封装变量（芯片尺寸、封装尺寸、球数、螺距、模具化合物和衬底材料）以及试验板变量（厚度、焊盘配置和焊盘尺寸）对疲劳寿命的影响，给出了在失效分析的基础上得到的试验结果。Geng（2005）报告了用来评估焊点在动态载荷和冲击条件下的可靠性试验。Hung 等（2001）报告了模具尺寸、电路板表面粗糙度、基板镀金厚度、聚酰亚胺厚度和底部填充材料对焊点在弯曲循环测试时的疲劳寿命影响。

针对芯片尺寸封装（CSP），Larsen 等（2004）通过对电路板失效和焊点失效的研究，介绍了克服装配缺陷的机械弯曲技术。Wu 等（2002）给出了在循环弯曲下堆叠 CS 的电路板级可靠性试验方法。Keser 等（2004）介绍了晶级芯片尺寸封装（WL – CSP）的可靠性评估试验，这种封装包含有各种类型的焊点和不同厚度的电路板。

Jang 等（2004）与 Sillanpä 和 Okura（2004）报告了板上倒装芯片（FCOB）的可靠性评估试验，前者比较了三种类型的直接接触芯片，后者关注热循环和跌落机械冲击试验。

Lee 和 Lo（2004）测试了重复按键冲击对手持设备（如移动电话）可靠性的影响，在这里，失效的原因是重复按键造成印制电路板（PCB）相当大的弯曲。这些机械应力可能会导致电路板破裂、焊点的疲劳以及焊盘的裂开，最终导致部件失效。

Cavasin 等（2003）介绍了提高射频（RF）放大器可靠性的试验。

第8章　生产阶段的规范与性能

8.1　引　言

本章论述产品在寿命周期阶段6(时期Ⅲ,等级Ⅲ)的可靠性性能。阶段6涉及的生产－可靠性性能是指生产产品的可靠性。因此,这一阶段主要是和标准产品(如移动电话、家用电器、汽车等大批量生产的物品)相关,在某些情况下,与可定制的产品(如船舶、飞机小批量生产的物品)相关。

生产是将投入(原料、部件)转化为成品的过程。这个过程比较复杂,包含一些子阶段,每个子阶段需要进行一个或者多个操作。工厂生产产品的可靠性(AP－Ⅲ)一般不同于设计(阶段3的PP－Ⅲ)或者在严格实验室条件下生产的样品(阶段3的PP－Ⅲ)的可靠性,实际上,通常会相对较低。造成差异的原因是操作和投入的变化。通过合适的质量控制,试图确保AP－Ⅲ接近于DP－Ⅲ。本章讨论可以导致AP－Ⅲ偏离DP－Ⅲ的多种问题,以及防止这种情况发生的质量控制技术。

本章概要:第8.2节论述标准产品的阶段6;第8.3节讨论在生产过程中发生的不符合规定的项目;第8.4节讨论质量的变化对产品可靠性的影响;第8.5节讨论生产过程中的测试;第8.6节着眼质量控制可供选择的方法;第8.7节讨论最优质量控制;等8.8节以移动电话案例进行研究作为结尾。

8.2　阶段6产品标准

图8.1显示了对产品可靠性产生影响的关键要素。在生产开始之前,制造商需要设计生产过程。这包括提供几个子阶段操作(如铸造、焊接、加热)所需要的设备和资源。子阶段的个数取决于产品的复杂性。生产开始于子阶段 J(水平方向),通过几个子阶段的工序,由最终阶段(包括分系统)组装得到最终产品。每个过程需要特定的设备(如切削工具)和/或设置(如焊接元件的温度)作为条件。在设计过程中需要定义不同设备的状态,设置可接受的区间。当进程的状态在这些限制条件内,则认为它是受控制的。随着时间的增长,状态将退化(如切削工具变钝和偏离温度设置),并且会超出规定的区间。当这种情况发生时,称为失控。

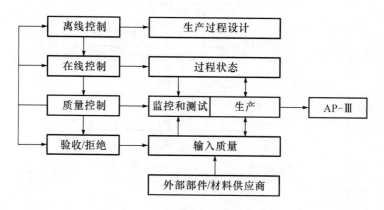

图 8.1　阶段 6 的关键要素

符合设计可靠性性能(或其他)指标的产品称为合格品,不符合的称为不合格品。理想的情况下,在生产过程受控时不应该产生不合格品。然而,这只是理想的情况,实际上很少出现。一般情况下,生产产品会有非常少的一部分是不合格的。当过程失控时,不合格产品会明显增加,给制造商带来不良影响。不合格品比合格品更加不可靠,导致客户严重不满和保修成本提高。同样,当输入(部件或材料,从外部供应商获得)不符合规范,即便过程受控,仍然会产生不合格产品。

产出变化(合格与不合格)的原因分为如下两类:

(1) 不可控制的原因导致的变化。总的来说,对这样的变异来源没有可以消除的措施,除了修改生产过程。

(2) 已知原因导致的变化。这是由于过程失控,或者输入不符合规定,或者操作者的失误。可以通过有效的质量控制计划和过程修改来进行改善(如机器调整、更换磨损部件和操作人员的附加培训)。

质量控制主要用于控制已知原因所引起的质量变化。质量控制中的方法大致可以分为在线的和离线的两类。在输入品质量控制方面,已经提出各种接受/拒绝的方法,目的是排除不良批次(含有较高比例的不合格零件或者材料性能不符合要求)和接受优良批次(含不合格零件比例低或材料性能满足要求)。

为确保实际性能 AP－Ⅲ符合期望性能 DP－Ⅲ,需要合适的质量控制计划。图 8.2 展示了计划的关键要素,涉及产品生产周期中(在组件、最终产品,并在一个或多个分阶段)的采样和测试,对生产过程和人工操作的监控(检测设备),由此推断出输入品的质量、过程状态和实际性能 AP－Ⅲ,并根据推断出的结论确定 AP－Ⅲ是否与 DP－Ⅲ相符。如果一致,过程维持原状不变;如果不一致,分析其根本原因,明确来源和采取必要的纠正措施。这些不同的措施包括在线或离线的质量控制、与供应商谈判,甚至改换别的供应商,如图 8.2 所示。

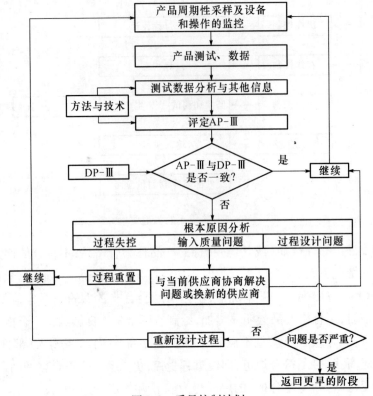

图 8.2　质量控制计划

8.3　生产过程与不合格品的产生

制造过程中使用的类型取决于对产品的需求,并由经济因素决定。如果需求高,则使用连续生产工艺是经济的;如果需求适中,则使用间歇生产过程更经济,按批次进行生产;如果需求低,则采用柔性制造。

在所有情况下,制造过程中的状态对不合格品的产生起着重大的影响。如前面所讨论的,过程的状态建模为受控,失控两种可能的状态。当过程在受控状态下,那么所有可预知的起因都在控制下,一个产品不合格的概率是非常小的。通常,如果生产过程设计合理,这个概率可以小到 $10^{-6} \sim 10^{-3}$。过程状态由受控向失控转变,是由于一个或多个进程参数不再在要求的区间内。这增加了不合格品产生的概率。

对不合格品的产生进行建模取决于生产过程的类型。下面探讨连续和批量生产。用 ϕ_0、ϕ_1 分别表示产品在受控与失控情况下的合格率。在一般情况下,$\phi_0 > \phi_1$。[①]

---

① Porteus(1986)认为,极端情况下 $\phi_0 = 1$,这意味着受控状态下所有的产品都是合格的,而 $\phi_1 = 1$,这意味着失控状态下所有的产品都不合格。Djamaludin 等(1994)认为,一般情况下,$0 < \phi_0 \leq 1, 0 \leq \phi_1 < 1$,并且 $\phi_1 > \phi_0$。

1. 连续生产

生产过程最初是可控的,经过一段时间后开始失去控制。一旦过程状态从受控变为失控,它会保持失控状态直到通过一些纠正措施使之恢复到可控状态。合格产品的比例取决于生产过程中受控时间与失控时间的对比,这取决于人们对状态的变化进行检测控制的计划。从受控到失控的转变可以是渐变或者突变的,如图 8.3 所示。

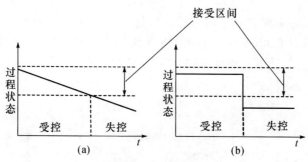

图 8.3　过程状态变化
（a）逐渐变化；（b）突然变化。

2. 批量生产

用 Q 表示批次的大小。在每一批生产的开始,检查进程的状态以确保其在受控中。如果一个产品在开始生产时进程的状态是可控的,它有 $1 - v$ 的概率转变为失控,或有 v 的概率保持受控。一旦状态变化,失去控制将保持直到这个批次结束。

8.4　质量变化对可靠性性能的影响

通过 ROCOF 函数建模考虑产品的可靠性性能。期望 ROCOF(从阶段 3 获得)如图 8.4 所示。这种可靠性是通过指定产品各种部件的期望可靠性来实现的。用 $R_c(t)$ 表示一些合格组件的期望可靠性函数(DP-Ⅲ 的元素)。相关的失效分布函数由 $F_c(t) = 1 - R_c(t)$ 给出。

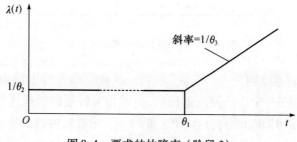

图 8.4　要求的故障率（阶段 3）

8.4.1 部件质量中的变动

用 $F_n(t)$ 表示不合格部件失效分布,p 表示部件不合格的概率。注意,$F_n(t) > F_c(t)$,这意味着一个不合格产品的可靠性性能比一个合格产品的可靠性性能差。于是,部件的实际失效分布函数(生产或从外部购买)可以建模为

$$F_a(t) = (1 - p)F_c(t) + pF_n(t) \tag{8.1}$$

组件的实际可靠性 $R_a(t) = 1 - F_a(t)$,是 AP – Ⅲ 的一个元素。

不合格部件对 ROCOF 的影响如图 8.5 所示。当 $p = 0$ 时,由于 ROCOF 不受影响,凸起随之消失。随着 p 增加,凸起变得更明显。

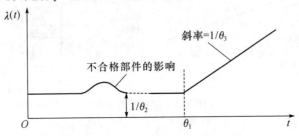

图 8.5　不合格部件对故障率的影响

8.4.2 装配操作中的变动

即使所有的部件符合设计规范,一个产品可能由于在装配操作的偶然错误而导致失效(如错位、虚焊)。这种失效可以看作一种故障率逐渐减小的失效模式。该故障模式对 ROCOF 的影响如图 8.6 所示。可以看出,实际的 ROCOF 在产品寿命的早期具有较高值,表明由于装配误差,产品在早期具有更高的可能性产生失效,而装配误差会随着时间减少。

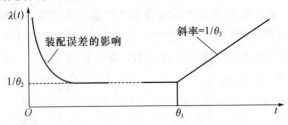

图 8.6　装配误差对失效率的影响

因此,ROCOF 类似于一个"浴盆"形状。这些早期失效也称为"早期问题"或"婴儿死亡率"。在一个产品投入运行后,会以相对较短的周期进行检测。在这种情况下,实际的 ROCOF,即 $\lambda_a(t)$(AP – Ⅲ 的一个元素),可以表达为

$$\lambda_a(t) = \lambda_d(t) + \lambda_e(t) \tag{8.2}$$

式中:$\lambda_d(t)$为期望 ROCOF(DP - Ⅲ 的要素);$\lambda_e(t)$为与新失效模式的失效分布相关的故障率,并且 $\lambda_e(0) = q$。一个较高的 q 值表明装配误差引起失效的更高可能性。

8.4.3　不合格部件与装配误差的联合影响

由于大多数产品是复杂的,包括多个部件和许多不同的装配操作,质量变化对实际 ROCOF 的最终影响如图 8.7 所示。ROCOF 的形状通常称为"过山车"形状(Wang,1989)。注意,曲线可以有多个凸起。

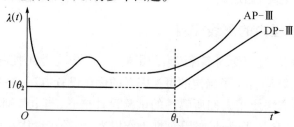

图 8.7　质量变量对故障率的总影响

8.5　生产中的测试

在制造过程中的测试的目的是消除装配错误、缺陷和早期故障。测试的类型取决于产品(电气、机械或电子的)。昂贵的产品(如商业卫星)要求高水平可靠性,对产品进行 100% 的测试。对于其他绝大多数产品(尤其是耐用消费品),只需要测试一小部分。

测试水平和类型会在生产期间发生变化。一种新产品,在生产的早期阶段,需要大量的测试以确定过程特性和过程参数对产品可靠性的影响。随着产品的成形,测试的要求也会降低。测试会在各种环境条件下进行,通常常做加速试验以减少测试所需的时间,主要使用环境应力筛选和老化测试两种类型的测试。

环境应力筛选包括让产品(部件或组合件)通过各种极端环境的检验,从而在给客户使用之前明确并消除制造缺陷。典型的方法是温度循环、随机振动、电应力、热应力等。

老化测试是用来提高产品出厂质量的过程,在以后的章节中会进行讨论。

注意:在某些情况下,测试需要很短的时间(测量的一些物理特性,如偏差或焊点)。在其他情况下,如寿命测试,测试持续时间需要进行定义。在这种情况下,测试数据是失效和截尾数据的组合。对于可靠性非常高的产品,人们倾向于使用加速退化试验。在这种情况下,测试数据是产品在测试中的使用状况(如磨损),由此可推断出该产品的使用寿命。[①]

8.6　质　量　控　制

质量控制的主要目的是确保质量变化的影响尽量小,使得实际性能 AP – Ⅲ 接近所期望 DP – Ⅲ。这意味着保证 p(式(8.1))和 q($=\lambda_e(0)$)(式(8.2))低于一些规定的上限。对于加工过程的差异,可以通过离线控制和/或在线控制实现。对于输入品质量的变化,通过适当的接受或拒绝规则来实现控制。

8.6.1　生产过程中的离线控制

如前所述,生产过程受到多种因素的影响——一部分是可控制的,其他的则不可控。Taguchi(1986)提出了确定的可控因素的优化设置方法,并且考虑了不可控因素的影响。该方法使用人们所熟悉的试验设计概念,与电气通信工程的"信噪比"概念相结合。自从 Taguchi 的开创性工作以来,已经在最优和稳健的制造过程的设计上取得相当大的发展。[②]

8.6.2　生产过程中的在线控制

在线控制的目的是防止产生不合格品,确保生产过程受到控制。使用的方法取决于生产过程的类型。

1. 连续生产

在连续生产过程中,初始状态是受控的,但随着时间的推移可能变为失控。目标是尽可能快速地检测出变化,并将过程恢复到受控状态。控制图用于实现这一目的。

控制图的基本原理很简单。定期采集产品样本,绘制样本统计量的图示(如样本均值、样本标准差、不合格数或不合格率)。当这个过程是受控时,样本统计量以较高的概率在特定的区间内取值;当这个过程失控时,则可在特定的区间外取值。样本统计量的图示利用一些规则,本身就提供了一种用于检测过程状态变化的方法。针对不同的图表,已经提出了许多不同的规则。

控制图可分为两大类:变量图,基于连续值的测量(如物理尺寸、硬度)。属性图,基于整数值的测量(如缺陷数量、虚焊点数量)。

有许多不同的变量和属性的图表。比较常用的变量图是 $\overline{X}$ 图、R 图和 CUSUM

---

①　更多细节参见 Rausand 和 Hoyland(2004)以及 Nelson(1990)。
②　细节可参阅的书籍有 dehnad(1989)、Moen 等(1991)和 Peace(1993)。

图。对于属性图,最常用的是 P 图、和 NP 图。简要讨论 $\overline{X}$ 图[①]。控制图并没有表明过程状态的变化原因,需要使用一定的方法,如根本原因分析,以确定原因。

$\overline{X}$ 图的基本原理是,当过程受控制时,假设观察变量服从正态分布,均值为 μ、方差为 σ^2。当过程失控时,要么均值变化,要么方差增大,或者两者都发生。在一个正则区间取大小为 n 的样本,用 X_{ij} 表示第 j 个样本中第 i 个产品的观测值。其中,$j = 1, 2, \cdots$,对每个 j,$i = 1, 2, \cdots, n$。样本 j 的均值为

$$\bar{x}_j = \frac{1}{n} \sum_{i=1}^{n} x_{ji} \tag{8.3}$$

将这一统计结果绘制在控制图中。图中有一条中心线和两条控制线。中心线是一条水平线,对应于标称均值或总体样本均值($\overline{X}_j$ 的均值)。两条控制线(或控制范围)平行于中心线,分布在距离中心线距离为 $3\sigma/\sqrt{n}$ 的两侧。同样绘出两条警戒线(或警戒范围),但在距离中心线 $2\sigma/\sqrt{n}$ 的两侧,如图 8.8 所示。

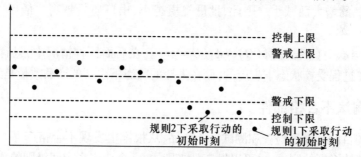

图 8.8　典型的控制图

如前所述,如果样本在控制范围内,则可以得出结论:生产过程有较高的概率是受控制的,无须采取措施。当一个或多个样本落在范围之外,这是一个进程从受控状态转变为失控状态的一个标志。

事实上,为了确定一个过程已经失控并需要采取措施,已经制定出许多规则。有两个这样的规则:

规则 1:一个样本点落在控制范围之外。

规则 2:一行数据点中连续三个点中有两个点落于警戒线的上方或下方。

采取行动的准确时间取决于如图 8.8 所示的规则。

当过程被推断为失控时,将被停止,检查是否确实发生变化。如果是,采取纠正措施,使其恢复到控制状态。如果不是,则不必采取纠正措施并恢复生产。对于任何给定的停止规则,有两种类型的错误(或错误的决定):

第一类错误:错误的警报,导致受控的生产过程被停止。

---

① 大多数质量控制的书籍探讨了不同的图表,如 Grant 和 Leavensworth(1988)、Montgomery(1985)、Sinha 和 Willborn(1985)、Ryan(1989)以及 Evans 和 Lindsay(1996)。

第二类错误:过程由受控状态转变为失控状态后一定时间内未采取纠正措施。

人们期望这两种错误决定发生的概率是0。不幸的是,这是不可能的,这个概率取决于启动纠正措施所使用的规则。[①]

2. 批量生产

如前面所论述,在批量生产中,一个过程在启动时受控而在生产中失去控制的概率为 $1-v$。这会影响到批次内不合格产品的数量。用 N_c 表示批次内合格产品的数量。这是一个随机变量,可以在区间 $[0,Q]$ 内取整数值。在一个大小批次为 Q 的批次中合格产品所占比例的期望为[②]

$$\phi(Q) = \frac{v(\phi_0 - \phi_1)(1 - v^Q)}{(1-v)Q} + \phi_1 \tag{8.4}$$

式中: ϕ_0, ϕ_1 分别为生产过程受控和失控时产品合格的概率。

很容易看出, $\phi(Q)$ 是递减序列。这意味着,批次中产品合格率的期望值随着批次大小 Q 的增大而减小。因此,批量规模越小,出厂质量越高。最后,有两个特殊的情况:

$\phi(Q) = \phi_0$ （$Q=1$）; $\phi(Q) = \phi_1$（$Q=\infty$）。在后面一种情况中,只有有限数量的产品是在过程受控状态下生产的,而在失控的状态下生产的产品数量是无限的。

8.6.3 淘汰不合格部件

淘汰的目的是通过检查和测试每个产品,从根本上发现不合格产品。生产过程中可以做部件级别的测试,也可以做产品级别的,一个或多个中间级别的测试。尽可能早地做不合格检测是比较理想的,可以立即采取纠正措施。有些时候,不合格产品可以通过再加工转化成合格产品,而在其他时候,则需要淘汰掉不合格产品。

另一个需要考虑的问题是检验和测试的质量。如果检验和测试是完善的,那么每一个不合格产品都会被检测出来。不完善的测试和检验,不仅可能检测不出部分不符合要求的产品,而且有可能将一个符合标准的产品归类为不合格。因此,出厂质量(不合格品的比例)依赖于测试的水平和检测的质量。

部件级别的淘汰

在部件级存在质量变化时,部件的实际寿命分布如式(8.1)所示。淘汰时需要把每个部件放在试验台上进行,方便操作。测试的持续时间为 τ。测试中失效的产品将会被剔除。这样做的理由是不合格品比合格品更容易失效,因此被淘汰。

一个合格的(不合格的)部件在测试时间 τ 内失效的概率为 $F_c(\tau)$（$F_n(\tau)$）。

---

① 有大量文献研究了在考虑经济后果的情况下判别这两种类型的错误的最优化规则。这些都可以在大多数统计质量控制书籍上找到。

② 推导的详细信息可参阅 Blischke 和 Murthy(2000)。

因此,一个不合格部件通过测试的概率为

$$p_1 = \frac{pR_n(\tau)}{(1-p)R_c(\tau) + pR_n(\tau)} \tag{8.5}$$

式中:$R_c(\tau) = 1 - F_c(\tau)$ 和 $R_n(\tau) = 1 - F_n(\tau)$ 分别为合格和不合格部件的生存函数。由 $R_c(\tau) > R_n(\tau)$,可以知道 $p_1 < p$。通过测试的产品的失效分布为

$$\widehat{F}_c(t) = (1-p_1)\widetilde{F}_c(t) + p_1\widetilde{F}_n(t) \tag{8.6}$$

$\widetilde{F}_c(t)$ 与 $\widetilde{F}_n(t)$ 分别为

$$\widetilde{F}_c(t) = \frac{F_c(t+\tau) - F_c(\tau)}{1 - F_c(\tau)} \quad t \geqslant 0 \tag{8.7}$$

$$\widetilde{F}_n(t) = \frac{F_n(t+\tau) - F_n(\tau)}{1 - F_n(\tau)} \quad t \geqslant 0 \tag{8.8}$$

注意:随着 τ 的增大,p_1(一个不合格产品通过测试的概率)减小,因此出厂质量提高。然而,这个结果的代价是合格产品的使用寿命减少了 τ。

8.6.4　验收抽样

输入品(原材料和零部件)是从外部供应商获得的。对原材料质量的定义是通过一些特性(如强度、化学成分),对部件质量的定义则是通过可靠性。输入品的质量在不同批次之间有所差异。如果一批产品质量不符合规定的值(如平均故障时间、合格品的比例或数量低于某些特定的值),则被定义为不可接收的。这批产品将会被拒绝。批次的质量达到或超过规定值(如平均故障时间,或合格品的比例或数量超过一定值)是可以接收的。

决定接收或拒绝一个批次依赖于对批次中抽取的小样本所进行的测试称为验收抽样。各种有关属性(整数值测量)和变量(连续值测量)的抽样验收方案可以在文献中找到。它们可以分为单次抽样、多次抽样和序贯抽样三类。[①]

对属性的单次抽样计划包含从一个大小为 N 的批次中抽取 n 个产品作为随机样本。设 d(称为样本数)表示不合格品数(如在测试期间有缺陷或失效)。将 d 与预先设定的数量 c(称为接收数)进行比较,来决定是否接收或拒绝一批产品。如果 $d \leqslant c$,则接收这一批次;如果 $d > c$,则整批拒绝。

在一个双采样方案中,从批量中抽出大小 n_1 的第一批样品进行测试。用 d_1 表示不合格产品数。结果:如果 $d_1 \leqslant a_1$,接收该批次;如果 $d_1 > r_1$,则拒绝该批次;如果 $a_1 < d_1 \leqslant r_1$,则抽取第二个样本

第二次抽样需要从批次中随机抽取 n_2 个产品。用 d_2 表示样品中不符合要求

---

① 大多数关于质量控制的书籍讨论了一些采样计划。不同计划的详细讨论可以在 Schilling(1982)的书中找到。

的产品数量。结果:如果 $d_1 + d_2 \leqslant a_2$,则接收该批次;如果 $d_1 + d_2 > a_2$,则拒绝该批次。

多次采样是双抽样的一种自然延伸,涉及两个以上的样本。

序贯抽样中,样本大小为 1,结果(接收、拒绝或继续采样)取决于每个样品的测试结果。

在控制图的情况中,可能会犯两种类型的错误:一种是拒绝一个应该被接收的批次。另一种是接收一个应该被拒绝的批次。

理想情况下,希望这些错误的概率为 0。然而,这是不可能的。在单样本方案中,概率依赖于参数 d 和 c(寿命测试的持续时间)。

8.6.5 元器件选择

通常,制造商可以从几个部件制造商中选择供应商。不同的部件制造商的部件可靠性不同,而制造商所面临的问题就是要选择最好的供应商。这个问题可以视为从群的集合中选择最好的群,称为子集选择问题。为了做到这一点,需要更精确地定义"最好"这个概念,现在已经提出和研究过一些不同的定义。[①]

8.6.6 老化测试

当组装操作的变化显著时,产品的 ROCOF 函数为"浴盆"形状(图 8.6)。用 $\lambda(t)$ 表示这个浴盆函数,$\lambda(t)$ 在 $0 \leqslant t \leqslant t_1$ 递减。因此,如果生产的产品没有采取任何措施发售,在使用的初期失效比例会很高,导致过高的保修成本和企业信誉的损失。在这种情况下,老化测试会消耗产品寿命的一部分,用于提高产品的可靠性。该方法是在销售前一段 τ 时间内对产品进行测试。在此期间内会对每个失效的产品进行最低限度的修复。如果修复时间很短(相比 τ),则可以忽略,ROCOF 函数不受故障和修理行为影响。

经过老化测试后的 ROCOF 函数为 $\tilde{\lambda}(t)$,则 $\tilde{\lambda}(t) = \lambda(t+\tau)(t>0)$。通过选择 $\tau = t_1$,$\tilde{\lambda}(t)$ 不再是浴盆形状的,具有类似于图 8.4 的形状。更多关于老化测试的内容可参考 Jensen 和 Peterson(1982)。

老化测试导致的额外费用:①老化测试设备的固定成本;②测试每个产品的变动成本(随着 τ 增大而增大);③老化测试中的失效修复成本。因此,只有当收益(在提高可靠性方面)超过测试成本,老化测试才是值得的。

---

① 有大量关于这一主题的文献。较早的文献有 Rademaker 与 Antle(1975),它着眼于选取最佳样本大小来判别两个群体中哪个有较大的可靠性。Kingston 和 Patel(1980a,b)重点选择最大的可靠性的群,基于对类型 II 的研究。形状参数可以是相同的或不同的,并需要进行估算。后来的论文包括 Hsu(1982)、Sirvanci(1986)、Gupta 和 Miescke(1987)、Gill 和 Mehta(1994)。

8.7　最优的质量控制工作

产品的质量(从是否合格方面来定义)取决于质量控制工作。工作力度的加大有助于提高产品质量,同时也会增加质量控制的成本费用。

在批量生产中,质量 $\Phi(Q)$ 随着批量规模的增大而提高。这意味着批量越小,出厂质量越高。另外,批量的大小也影响单位制造成本,因为每一批生产的都需要一个固定的设备成本。这意味着,需要通过权衡较好出厂质量产生的利益和造成的成本,以确定最佳批量大小。

淘汰次品的时候,如果一个不合格品没有在最早的时刻检测出来,那么在检测出来之前所做的工作都是白费的(如果这个不合格产品必须被剔除),或者修复使之合格所需要做的工作会增加(如果这个不合格品可以修复),都会造成额外的成本。另外,测试和检验也需要成本,有必要在这两种成本之间做出适当的平衡,意味着在生产中需要选择最优的检查位置和测试站。

老化测试中,有必要确定最优的 t,从而能够在提高产品出厂质量所带来的效益与测试的成本之间做出合理的平衡。

确定质量控制工作的最优水平,必须考虑质量控制的成本和效益之间的平衡。在可靠性方面,高质量带来的好处(合格)是更高的客户满意度和更低的保修成本。图 8.9 显示了保修成本和质量控制成本之间的权衡,需要建立模型来确定最佳的质量工作。有大量的文献讨论这个问题。[①]

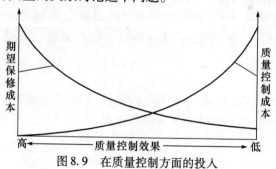

图 8.9　在质量控制方面的投入

8.8　案例分析:移动电话

本节将通过研究移动电话芯片和外壳的制造,讨论制造过程对产品可靠性的

---

① 最佳批量大小:Djamaludin 等(1994,1995,1997),Chen 等(1998);Yeh 和 Lo(1998);Yeh 等(2000)。
接受抽样:Schneider(1989);Kwon(1996),Hisada 和 Arizino(2002);Huei(1999)。
老化:Murthy 等(1993);Blischke 和 Murthy(1994);Murthy(1996);Mi(1997);Kar 和 Nachlas(1997)。

影响。

1. 芯片

芯片的制造包括生产晶片、将晶片切割后生产膜片、包装生产芯片,生产的过程严重影响芯片的可靠性。Kuo 和 Kim(1999)将芯片的失效分为以下三类:

(1) 电应力故障:如电压过大、静放电,是由芯片的设计和(或)误用造成的。

(2) 内在故障:如晶体缺陷、位错和加工缺陷、栅氧化层击穿、离子污染、表面电荷扩散,往往是晶片生产的结果。

(3) 外部故障:如膜片固定故障、微粒污染,往往是器件封装操作导致的结果。

早期的失效是由于糟糕的设计,不良的制造和/或错误地使用。这表现故障率在开始具有较高的值,在产品初期(称为早期失效期)会逐渐减少。这段时间通常为 1 年左右,之后故障率在一个相当长的时间内为常数,保持 40 ~ 50 年。

2. 老化测试

在制造过程中,早期故障是通过加速老化的过程去除的。由于芯片故障多数是由温度造成的,所以老化测试包括施加高和电压来剔除早期容易失效的产品。老化(BI)可以在晶片级别(WLBI)、模具级别(DLBI)或包装级别(PLBI)进行。

老化测试的策略决定了一些问题需要在产品使用初期解决,这些问题包括:

(1) 老化测试的持续时间应该是多少。

(2) 老化测试用多高的温度和电压。

(3) 老化测试应该在晶片级别、模具级别和(或)包装级别进行。

这是一个成本效益分析问题,需要通过使用模型找到这些问题的答案。Kuo 和 Kim(1999)探讨了半导体产品的老化测试条件和类型,并比较了三种类型的老化测试。

3. 成品率

成品率定义为可以使用(或合格)的产品占产品总量的比例。Kuo 和 Kim (1999)描述了含以下子过程的半导体制作过程:

(1) 晶体生长过程。

(2) 前端架构过程。

(3) 晶片检测器。

(4) 装配和包装。

4. 最终测试

晶片制造成品率是前两个子过程的成品率,晶片探测器成品率,装配成品率和最终测试合格率是指剩余三个子过程的成品率。总成品率是这四个成品率联合决定的。[①] 下面是一组典型的成品率平均数据(Kuo 和 Kim,1999):

---

① Cunningham 等(1995)建议通过线上成品率、次品率和最终测试成品率来获得整体的成品率。

晶片成品率	94%
晶片探测器成品率	50%
装配成品率	96%
最终测试合格率	90%

　　成品率与可靠性是密切相关的,因为总的晶片成品率是每个晶片上合格芯片的估量,由每个晶片上的芯片位置数量来规范化。成品率通过质量控制方案进行评估的(包括 100% 检验和测试),成品率 – 可靠性模型有助于对最终产品进行可靠性评估。[①]

[①]　更详细的半导体器件的产量和产量参见看 Ferris – Prabhu(1992)、Hnatek(1995)。

第9章 售后阶段的规范与性能

9.1 引　言

本章介绍在产品寿命周期中阶段7(时期Ⅲ,等级Ⅱ)和阶段8(时期Ⅲ阶段,等级Ⅰ)的可靠性性能。阶段7关注产品出售后在使用现场(AP－Ⅱ)的可靠性性能。这种性能受多种因素的影响,大部分是不受制造商控制的。阶段8关注现场可靠性对总体商业性能AP－Ⅰ的影响。为了做出适当的决定,需要将实际性能与阶段2中的期望性能DP－Ⅱ和阶段1中的DP－Ⅰ进行比较。本章介绍阶段7和阶段8的这些问题。

本章概要点:9.2节讨论标准产品在第阶段7的可靠性性能,将讨论在评估实际性能AP－Ⅱ时用到的相关现场数据问题,以及如果AP－Ⅱ偏离期望性能DP－Ⅱ时所需要采取的行动;9.3节主要介绍基于现场数据来评估设计可靠性和内在可靠性;9.4节介绍标准产品在阶段8的可靠性性能,关注用来评估实际性能AP－Ⅰ的现场数据,以及如果AP－Ⅰ偏离期望性能DP－Ⅰ所要采取行动的过程;9.5节介绍客户定制产品在阶段7和阶段8的性能;9.6节将展示移动电话研究案例。

9.2　标准产品的阶段7

阶段7的可靠性性能取决于生产出来的产品的可靠性和其他因素。首先讨论这些因素及其对现场可靠性的影响;然后讨论阶段7过程中的各种要素。对现场可靠性进行评估存在一些有趣的问题,在本节会随后讨论。

9.2.1　现场性能

设计可靠性取决于在第6章中讨论过的可靠性具体要求,而具体要求又取决于第5章讨论的企业目标。产品可靠性可能与设计可靠性不同,主要是由装配误差和元件不达标问题所造成的(参见第8章)。这是产品的固有可靠性。

在产品投入市场之前,通常会存放一段时间。产品在销售时的可靠性取决于机械载荷(如振动)、冲击载荷(如错误操作)、存储时间和存储环境(如温度、湿度)。[①] 这将导致产品销售时的可靠性可能会与固有可靠性不同,可靠性的退化会

---

① Ramakrishnan 和 Pecht(2004)讨论了运输过程中的负载特性。

受到前面提到的多种因素的影响。

一件产品售出后,可能会再存放一段时间(如产品作为备用),或者会立即投入使用。因此,产品的可靠性性能取决于存储时间、存储环境以及一些操作因素,如使用强度(如产品的电气、机械、热、化学载荷)、模式(如持续使用或间断使用)、运行环境(如温度、湿度、振动、污染),有时还受操作人员影响。运行中的可靠性性能通常称为"现场可靠性"。图 9.1 示出了影响现场可靠性的因素。

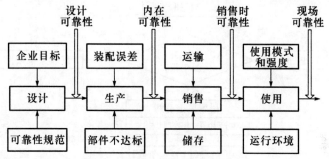

图 9.1　影响现场可靠性的因素

第 8 章讨论了生产因素对 ROCOF 的影响。如果生产阶段的质量控制不是很有效,生产项目的 ROCOF,即 $\lambda_p(t)$ 将会出现如图 9.2 所示的"过山车"形状,与期望的 ROCOF 即 $\lambda_d(t)$ 不同。影响现场可靠性的因素会使(现场)ROCOF 递增,如图 9.2 中 $\lambda_f(t)$ 所示。良好的可靠性设计必须在整体设计中考虑到这些因素,当它们在规定范围内时,内在和现场可靠性与期望可靠性一致,这些因素偏离规定范围造成的偏差需要采取修正措施。

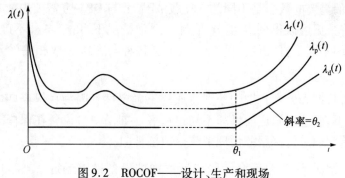

图 9.2　ROCOF——设计、生产和现场

9.2.2　阶段 7 中的决策过程

图 9.3 展示了阶段 7 的过程,包括连续采集数据。对采集到的数据进行分析可以评估现场可靠性 AP – Ⅱ,并与期望可靠性 DP – Ⅱ(阶段 2 中定义)进行比较。如果两者在一定程度上相符,则不需要采取修正措施,继续数据采集和分析的循环。但是如果两者间有较大差别,那么问题可能与生产和/或设计有关。对问题的

检测涉及基于结果的根本原因分析,可以回到阶段 6(如果是生产问题)或到阶段3(如果是设计问题)以进一步采取措施。

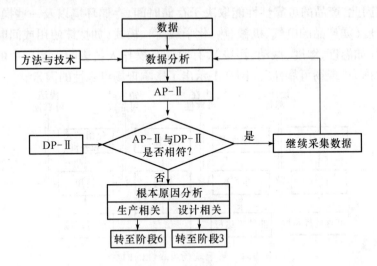

图 9.3　阶段 7 的性能评估与决策

9.2.3　数据采集

阶段 7 中采集的数据用于以下两个目的:

(1) 检查实际性能 AP – Ⅱ 是否达到期望性能 DP – Ⅱ 的要求。

(2) 如果不符合,则要查明原因,以便采取适当措施来纠正。

两个目的需要的数据是不同的。比较 AP – Ⅱ 与 DP – Ⅱ 需要失效时的寿命数据,利用这些数据可以得到 ROCOF 估计。通常情况下,由于各种不确定性,观察到的失效时间不同于真实值。图 9.4 显示了各种与首次失效相关的不确定性因素,如下:

$\hat{Z}_1$:销售日期和生产日期的差别造成的不确定性。因为在保修期内没有出现失效的情况下,制造商知道前者却不知道后者。如果一台设备在保修期内发生失效,那么制造商通过保修服务代理来获得销售日期。

$\hat{Z}_2$:通常情况下,客户不会在购买后立即把设备投入运行。当客户购买一台设备作为备用就会出现这种情况。在这种情况下,销售日期和投产日期之间的差距是不确定的,制造商很少能获得此类信息。

$\hat{Z}_3$:在某些情况下,由于各种原因,报告失效的日期与实际发生失效日期不同。如移动电话,当用户主要把移动电话用来打电话和发短信时,可能不会把图像传输丢失问题当成重点对待。

因此,所观察到的首次失效时间 T_1 不同于实际失效时间 $\tilde{T}_1$,且 $T_1 - \tilde{T}_1 = \hat{Z}_2 +$

$\tilde{Z}_3$。如果这些不确定性与平均失效间隔相比较小,则可以忽略不计,认为 $T_1 \approx \tilde{T}_1$。

如果 AP – Ⅱ 和 DP – Ⅱ 不相符,判别其原因所需要的数据更为详细。除失效时间,还需要知道失效的部件、部件的寿命、造成失效的原因以及其他信息,如运行环境和条件。对于不可修复的部件,这些数据是用于估计部件的失效分布。

这里有许多类似于前面讨论过的不确定性。

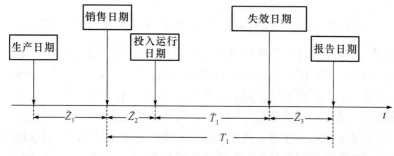

图 9.4　数据采集中延迟导致的不确定性

产品在市场上推出后不久,可获得的数据是保修要求数据。[①] 这提供了设备在保修期内失效的信息。为了获得 ROCOF 的估计,还需要在运行中的设备信息,即数目和每一个的寿命。许多情况下,制造商只有累积销售量(如每周、每月销售量),而没有单个产品的销售日期。在这种情况下,一些相关信息(如个体的寿命)因为对总量的统计而丢失,对估计的精确性产生了影响。当产品不再在保修期内,制造商可获得的失效数据就会大量减少。其中一个主要原因是,产品通常会由独立的维修商进行维修。这些维修商不会采集对产品可靠性有用的信息。有时候,制造商可以通过支付维修企业报酬,委托其采集数据,从而获取信息。但是,这样采集的数据存在不可信问题;因为采集数据需要维修商额外的时间和精力,而维修商与制造商的利益是不同的。然而,通过追踪对零售商备用部件的销售可以获得一些间接数据。这些数据往往是不同部件在不同时期的累积销售量。用到的零部件的数量也是不确定的,因为零售商会有一定的库存量来满足客户的需求。

由此可知,数据的采集会面临多个问题。通常不能够采集到所有相关数据,成为最主要的问题。即使采集到数据,它们可能被存储在互不相通的不同数据库中。此外,进入数据库时发生的错误可能会导致不正确的数据。这些问题将在第 11 章中进一步讨论。

9.2.4　数据分析与 AP – Ⅱ 估计

用于实现 AP – Ⅱ 估计的数据分析需要在产品级进行,可以使用参数方法和非参数方法进行数据分析。前一种情况,假设一个函数(如 ROCOF 或失效分布),并

---

① Jauw 和 Vassilou(2000)讨论了为现场可靠性采集数据的数据采集系统。

用数据估计该函数的参数;后一种情况,用数据计算经验 ROCOF 或经验分布。

这些数据包括失效数据和截尾数据。正如前面提到的,保修数据是主要的数据来源,提供了产品在寿命的早期阶段的可靠性信息。[①] 大多数产品在出售时只有一维保修期(包含产品出售之日起的一段时间 W),很少一部分(如汽车、影印机)在出售时有二维保修期(寿命超过 W 时保修期满,或者使用率超过 U,无论哪个首先发生)。

在产品出售时只有一维保修期的情况中,图 9.5 展示出了失效数据 T_1、T_2 和截尾数据 $\tilde{Z}$。可见,当给出失效数据和保修期时可以得到截尾数据。如果失效接近保修期结束时,用户可能不选择保修服务,这样会造成不确定性。此时,相关失效信息将丢失,也不存在截尾数据。在产品出售时只有一维保修期的情况中有一个复杂的因素,图 9.6 说明了这一点。这里,首次失效时间和使用率由 T_1、U_1 给出,没有其他保修要求。在寿命限制而保修到期(情况一)下的使用量具有不确定性,或者使用率限制而保修到期(情况 2)下的时间具有不确定性。因此,截尾是随机的。

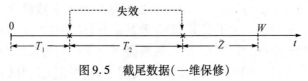

图 9.5　截尾数据(一维保修)

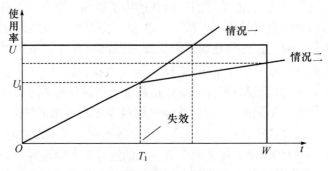

图 9.6　截尾数据(二维保修)

在非参数方法中,ROCOF 的估计 $\hat{\lambda}(t;\tau)(0 \leqslant t < \tau)$,是从时间间隔 $[0,\tau)$ 的数据中获得的,其原点是指把产品推出到市场上的时间。可获得的数据随着 τ 变化的原因在前面已经讨论过。这需要适当考虑,以获得可信的估计。

当产品销往不同的市场,特别是运行环境或客户使用情况有显著差别,就应该分别对每个市场的现场可靠性进行估计。通过汇集不同市场的数据可知,使用强度和/或操作环境的差别造成的影响是显著的,还影响估计的可信度。

---

① 　参考 Spiegler 和 Herniter(1993)将保修作为信息来源的讨论。

　　在估计现场可靠性(在产品或部件级别)中考虑前面讨论的不确定性已经备受关注。论述此类问题的书籍包括 Lawless(1982)、Meeker 和 Escobar(1998)以及 Nelson(2003);还有些文章论述这个问题。[①]

　　例 9.1　现代复印机[②]是由多部件组成的复杂系统。对一台使用四年半的复印机的使用记录数据在表 9.1 中给出,包括失效的时间、失效时复印的数量以及失效时更换的部件。

表 9.1　复印件失效数据

失效时复印的数量	失效的时间/天	部件	失效时复印的数量	失效的时间/天	部件
60152	29	清洁网	769384	1165	卷纸机
60152	29	碳粉槽	769384	1165	上部定影辊
60152	29	卷纸器	769384	1165	光线 PS 毡
132079	128	清洁网	787106	1217	清洁刮刀
132079	128	硒鼓清洁刮刀	787106	1217	硒鼓爪
132079	128	碳粉槽	787106	1217	碳粉槽
220832	227	碳粉槽	840494	1266	卷纸机
220832	227	清洁刮刀	840494	1266	臭氧过滤器
220832	227	灰尘过滤器	851657	1281	清洁刮刀
220832	227	硒鼓爪	851657	1281	碳粉槽
252491	276	硒鼓清洁刮刀	872523	1312	硒鼓爪
252491	276	清洁刮刀	872523	1312	硒鼓

---

　　①　对于一般的讨论,参考 Suzuki(1985a,b)、Walls 和 Bendell(1986)、Ansell 和 Phillips(1989)、Kalbfleisch(1992)、Suzuki(1995)、Lawless(1998)、Suzuki 等(2001)、Karim 和 Suzuki(2005)及 Fredette 和 Lawless(2007)。还有一些进行专题研究的论文主要包括:

　　汽车失效数据:Majeske 和 Herrin(1995),Lawless 等,(1995),Lu(1998),Hipp 和 Lindner(1999),Guida 和 Pulcini(2002),Majeske(2003),以及 Rai 和 Singh(2003)。

　　案例研究:Lyons 和 Murthy(1996),Lskander 和 Blischke(2003),以及 Sander 等,(2003)。

　　截尾数据:Nachlas 和 Kumar(1993),Hu,等(1998),以及 Escobar 和 Meeker(1999)。

　　计数数据:Karim,等(2001c)。

　　离散时间数据:Stevens 和 Gowder(2004)。

　　分组数据:Coit 和 Dey(1999),以及 Coolen 和 Yan(2003)。

　　过保修期数据:Oh 和 Boi(2001)。

　　销售数据信息:Wang 和 Suzuki(2001 a,b),以及 Wang,等(2002)。

　　基于协变量和截尾时间的供应量信息:

　　截断数据:Kalbfleisch 和 Lawless(1992)以及 Hu 和 Lawless(1996)。

　　污染数据:Kai 和 Singh(2003)。

　　其他:Landers 和 Kolarik(1987)以及 Suzuki(1987)。

　　②　例子来自于 Bulmer 和 Eccleston(2003)。

（续）

失效时复印的数量	失效的时间/天	部件	失效时复印的数量	失效的时间/天	部件
252491	276	硒鼓	900362	1356	清洁网
252491	276	碳粉槽	900362	1356	上部卷纸器
365075	397	清洁网	900362	1356	上部卷纸爪
365075	397	碳粉槽	933637	1410	卷纸机
365075	397	硒鼓爪	933637	1410	灰尘过滤器
365075	397	臭氧过滤器	933637	1410	臭氧过滤器
370070	468	卷纸器	933785	1412	清洁网
378223	492	硒鼓	936597	1436	驱动齿轮 D
390459	516	上部定影辊	938100	1448	清洁网
427056	563	清洁网	944235	1460	灰尘过滤器
427056	563	下部定影辊	944235	1460	臭氧过滤器
449928	609	碳粉槽	984244	1493	卷纸器
449928	609	卷纸器	984244	1493	充电电线
449928	609	上部卷纸爪	994597	1514	清洁网
472320	677	卷纸机	994597	1514	臭氧过滤器
472320	677	清洁刮板	994597	1514	光线 PS 毡
501550	722	上部卷纸爪	1005842	1551	上部定影辊
501550	722	清洁网	1005842	1551	上部卷纸爪
501550	722	灰尘过滤器	1005842	1551	下部卷纸器
501550	722	硒鼓	1014550	1560	卷纸器
501550	722	碳粉槽	1014550	1560	驱动齿轮 D
533634	810	TS 块前面	1045893	1583	清洁网
533634	810	充电电线	1045893	1583	碳粉槽
583981	853	清洁刮刀	1057844	1597	清洁刮板
597739	916	清洁网	1057844	1597	硒鼓
597739	916	硒鼓爪	1057844	1597	充电电线
597739	916	硒鼓	1068124	1609	清洁网
597739	916	碳粉槽	1068124	1609	碳粉槽
624578	956	充电电线	1068124	1609	臭氧过滤器
660958	996	下部卷纸器	1072760	1625	卷纸器
675841	1016	清洁网	1072760	1625	灰尘过滤器
675841	1016	卷纸机	1072760	1625	臭氧过滤器
684186	1074	碳粉槽	1077537	1640	清洁网

（续）

失效时复印的数量	失效的时间/天	部件	失效时复印的数量	失效的时间/天	部件
684186	1074	臭氧过滤器	1077537	1640	光学 PS 毡
716636	1111	清洁网	1077537	1640	充电电线
716636	1111	灰尘过滤器	1099369	1650	TS 块前面
716636	1111	上部卷纸爪	1099369	1650	充电电线

注：摘自 Bulmer 和 Eccleston,2003

1. 产品级分析法

从这些数据中可以计算出故障间隔时间及其复印数量。故障间隔天数与复印份数具有很强的相关性（$r=0.916$）。

图 9.7 给出了故障间隔时间和故障次数的关系。这表明,复印机的可靠性随着使用时间的增长而下降,随时间变化的失效模型可以用下面的 ROCOF 函数表示：

$$\lambda(t) = \left(\frac{t}{\beta}\right)^{\alpha} \tag{9.1}$$

式中：尺度参数 $\beta=157.5$ 天,形状参数 $\alpha=1.55$。

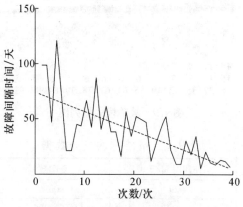

图 9.7 平均故障间隔时间

图 9.8 中示出累积 ROCOF(给出期望失效次数)和故障次数随使用时间的变化规律。由图可知,这种拟合是合理的,说明威布尔失效率模型适合于在产品级拟合故障和可靠性模型。

2. 部件级分析

图 9.9 给出失效模式排列图。从图中可以看出,部件中失效次数最多的是清洁网。表 9.2 中列出了在清洁网不同的失效中复印机使用时间和复印数量。无论清洁网什么时候失效,它都需要被新的替换。清洁网每次失效对应的寿命和失效前复印张数可由复印机的使用时间和复印张数推出。

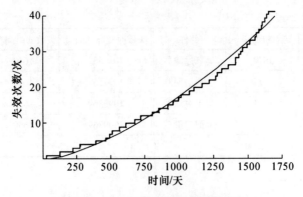

图9.8   威布尔累积失效率模型拟合

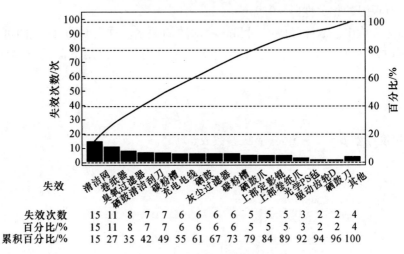

图9.9   故障模式排列图

表9.2   清洁网的失效数据

复印数量	使用时间/天	复印数量	使用时间/天
60152	29	900362	1356
132079	128	933785	1412
365075	397	948100	1448
427056	563	994597	1514
501550	722	1045893	1583
597739	916	1068124	1609
675841	1016	1077537	1640
716636	1111		
注:摘自 Bulmer 和 Eccleston,2003			

    失效分布可以建模成失效时的使用时间 t 或使用率 u 的函数。令 $F(t)$ 和

$G(u)$ 表示这两个分布。Murthy 等(2004)讨论了不同的基于威布尔分布的模型来对这个数据集进行建模。[①] 最优的模型如下：

基于失效时使用时间：

$$F(t) = \left[1 - e^{-(\iota/\beta_1)^{\alpha_1}}\right]\left[1 - e^{-(\iota/\beta_2)^{\alpha_2}}\right] \tag{9.2}$$

这是威布尔乘法模型,参数值(通过最小二乘法获得)为：$\hat{\alpha}_1 = 6.62, \hat{\alpha}_2 = 1.29, \hat{\beta}_1 = 28.8, \hat{\beta}_2 = 128$。图 9.10 为其在威布尔概率坐标纸(WPP)上绘制的数据以及模型。

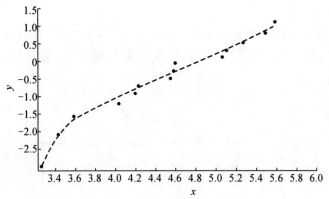

图 9.10　WPP 上的威布尔乘法模型(基于失效间隔天数)

基于失效时使用率：

$$G(u) = p\left[1 - e^{-(u/\beta_1)^{\alpha_1}}\right] + (1 - p)\left[1 - e^{-(u/\beta_2)^{\alpha_2}}\right] \tag{9.3}$$

这是威布尔混合型,参数值(通过最小二乘法获得)为：$\hat{\alpha}_1 = 0.851, \hat{\alpha}_2 = 5.53, \hat{\beta}_1 = 74900, \hat{\beta}_2 = 67900, \hat{p} = 0.674$。图 9.11 为 WPP 上威布尔混合模型。

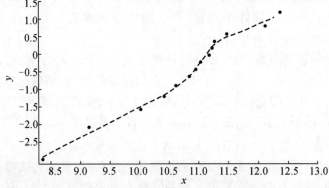

图 9.11　WPP 上威布尔混合模型(基于失效间隔中的复印数)

[①] 对不同的威布尔模型的讨论参考 Murthy 等(2003)。

9.2.5　根本原因分析

由于一个或多个原因,实际性能 AP－Ⅱ可能与期望性能 DP－Ⅱ不同。定义 $\psi(t) = \lambda_a(t) - \lambda_d(t)$,是实际与期望 ROCOF 之间的差别。

装配误差问题:在这种情况下,$\psi(t)$ 是一个在区间 $[0,\tau]$ 关于 t 的递减函数。

部件不达标问题:在这种情况下,$\psi(t)$ 是时间轴上一个或多个区间内的凸函数(先递增后递减)。

设计问题:在这种情况下,$\psi(t)$ 是一个常量(大于零),或者是在产品设计寿命末期关于 t 的增函数。

图 9.12 展示出以上所有问题。在区域 A 中,差异是由装配误差引起;在区域 B 中,差异由部件不达标问题引起;在区域 C 和区域 D 中,差异是由于设计问题引起。

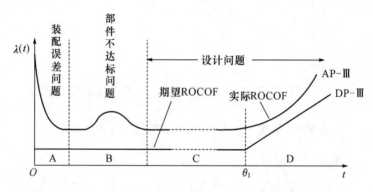

图 9.12　阶段 7 的根本原因分析

注意:如果只有装配误差,那么 $\psi(t)$ 在区域 B、区域 C 和区域 D 接近 0。同样,如果只存在部件不达标问题,那么 $\psi(t)$ 在区域 A、区域 C 和区域 D 接近 0。最后,如果有一个或两个部件不达标,那么图中可能存在不止一个顶点,实际的 ROCOF 也可能存在多个峰值。

一旦明确问题的原因,下一步将进行更详细的分析。在发生装配误差问题的情况下,需要回到阶段 6,对生产过程进行更加详细的检查,明确问题的原因,采取适当措施来解决这个问题。在部件不达标的情况下,同样需要回到阶段 6,严格进料抽样程序和/或制定更好的激励计划来激励供应商提供高质量的部件。最后,在设计问题的情况下,需要回到阶段 3,根据失效数据重新评价设计,提出修正方案。如果变化比较小,继续阶段 4,对生产做出改变。然而,如果变化比较大(如发展需要重大投资和/或新技术需求),那么回到阶段 1,使高层管理人员可以决定未来的行动方针。

用来进行根本原因分析的工具和技术大多是定性的——排列图分析、鱼骨图等。[①] 各类统计方法(如假设检验)在判断(在某些点或者区间内)$\psi(t)$ 是否等于 0 中发挥了重要作用。有一些文章讨论使用保修单和现场数据来检测可靠性。[②]

因为不同批次之间有差别,对装配误差和部件不达标问题的分析要按每批次分别进行。一旦某批次被检验出存在显著问题,这批次的数据可以采集起来,以得到更好的 $\psi(t)$ 估计,分析根本原因。设计问题会影响所有批次,所以所有批次的数据都可以采集来进行适当的分析。

9.3　评估内在可靠性和设计可靠性

在第 9.2.4 节中的分析是基于保修数据和其他现场产品失效数据来进行可靠性评估的。如图 9.1 所示,现场可靠性可能与内在可靠性和设计可靠性不同。通常感兴趣的是用现场获得的产品数据来得到这些可靠性的估计。这些都需要对设计过程和/或生产过程进行评估。此外,它为今后开发新产品提供了有用的信息。这需要考虑把内在可靠性和现场可靠性联系起来的因素,以及把设计可靠性和内在可靠性联系起来的因素。图 9.13 展示了这个过程。

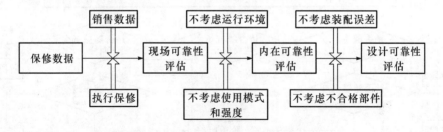

图 9.13　评估内在可靠性和设计可靠性

分析包括与许多其他影响因素相关的额外信息以及描述这些因素影响的模型。第 8 章讨论了内在可靠性和设计可靠性的联系,以及相关因素的影响。[③]

9.4　标准产品的阶段 8

在阶段 8 的可靠性性能是从商业的角度来看的实际性能 AP – Ⅰ,换言之,是

[①]　跟质量改进相关的书籍(如 Wadsworth 等(2002))讨论了这些技术以及其他的技术。

[②]　包括:可靠性问题的检测(Wu 和 Meeker,2002);识别变化点(Karim 等,2001b,a);改变设计,(Majeske 等,1997;Majeske 和 Herrin,1995;Ward 和 Christer,2005))。

[③]　将销售中的可靠性和内在可靠性联系起来的因素的影响已经得到少量的关注,在将来是一个需要关注的话题。

产品可靠性对全局商业目标的实际影响,正如阶段1中定义的DP-Ⅰ。

9.4.1　阶段8的决策过程

　　阶段8的过程如图9.14所示。从持续地采集和分析数据以评估实际性能AP-Ⅰ来说,阶段8和阶段7的过程有些类似,然后需要将AP-Ⅰ和期望可靠性DP-Ⅰ相比。如果两者一致,则无须采取纠正措施,继续数据采集和分析循环。但是,如果两者不一致,则问题可能与产品、用户或者市场有关。也可以回复到阶段1、阶段6或阶段7采取进一步行动。

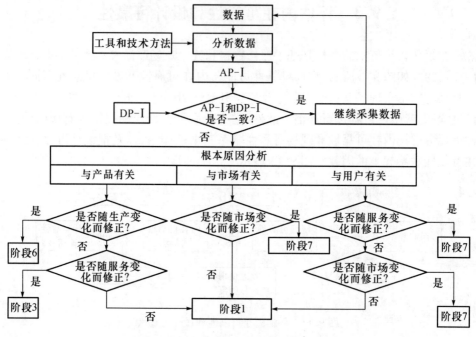

图9.14　阶段8的性能评估和决策过程

9.4.2　数据采集

　　正如阶段7、阶段8采集数据主要用于以下两个目的:一是检查实际性能AP-Ⅰ和期望性能DP-Ⅰ是否相符;二是如果不相符则要查明原因,以便采取适当的行动来纠正问题。

　　与产品相关的数据来自阶段7,这一点在上节已经讨论过。与用户相关的数据(如满意或不满意)一部分来源于阶段7(如保修服务数据的一部分),但通常还需从其他途径获取,如客户调查、消费者杂志、消费群体以及其他来源。客户调查可能成本较高,而且反馈结果取决于问卷调查表。① 市场文献资料中对此类问题

----

　　①　许多关于销售的书籍讨论了客户调查问题,如 Churchill(1991)、Spunt(2003)。

已经给予足够的关注。市场相关的数据可以分为内部数据和外部数据两大类。内部数据包括销售量、收入、各项成本（生产、市场营销和保修等）、定期（每周、每月或每季度）报告。外部数据包括有关竞争对手的相关数据和其他经济数据（如在产品销售的不同区域中的经济及变化趋势等）。此类信息可通过多种途径获得，如公司年度报告、统计局报告、企业特刊等。这类数据的一个问题是时间差和数据采集过程存在的未知错误。

9.4.3　数据分析和 AP - Ⅰ 估计

估计实际性能 AP - Ⅰ 的分析通常以一定周期来进行，用到一切可以获取的数据。分析的主要工具是绘制数据图表。例如，生成销售额（收益）的时间序列图，然后与阶段 1 定义的期望销售额（收益）进行对比。

另一种分析则是测试阶段 1 中所使用模型的有效性。可能的结果是：如果阶段 1 所使用的模型认为是合适的，则更新模型中的参数；如果阶段 1 的模型认为是不合适的，则根据获取的数据建立新模型。在这两种情况下，分析的主要目的是预测产品剩余寿命中 DP - Ⅰ 的不同因素。这种分析比较困难，需要将采集的数据和主观评估进行有效结合。[①]

9.4.4　根本原因分析

当实际性能 AP - Ⅰ 与期望性能 DP - Ⅰ 不相符时，存在一个需要制造商修复的问题。如图 9.14 所示，问题的根本原因可能与产品（技术）、客户或市场等因素中一个或多个相关，如产品（技术）相关、客户相关和市场相关。

1. 产品相关问题

当对阶段 7 进行分析，设计和/或生产需要重大改变时会出现这个问题。制造商必须在阶段 1 从商业角度重视这个问题。考虑到技术和商业问题，还有修改过的产品生命周期，站在企业整体的角度上重新评估产品，结果可能是下列之一：

（1）如果设计没有问题，并且改变生产的成本是可以接受的（从商业角度来重新评估），则转至阶段 6。

（2）如果设计存在问题，但改变生产的费用是可以接受的（从商业角度来重新评估），则转至阶段 2。

（3）如果变化的成本是不能接受的，则转至阶段 1。

2. 产品召回

在某些情况下，制造商可能会认为有必要召回部分或全部已出售的产品，来采取一些补救措施。这可能是制造商主动的（因为受法律约束或考虑到问题产品日后的保修成本）行为，或者是因为监管机构的规定对制造商施加的压力（认为产品

---

① 数据融合是将多种数据和数据源联合的技术，采集信息以得到结论，更多的细节参考 Torra(2003)。

是不安全的)。当某些批次的产品包含关键缺陷,但是没有检测到质量控制问题,采取部分召回。由于失效模式未知(或认为出现在设计阶段),故障会在一定条件下发生,而且只是在产品生产和售出后才发现,则采取全部召回。这种情况下,制造商根据保修条款对造成的损害负责,召回产品并换掉有缺陷的零部件或设计新的以克服故障问题。[①]

3. 与用户相关的问题

用户可能会因为购买的产品性能不佳和/或生产商提供的售后服务质量不高而产生不满。任何一种情况都对企业绩效产生负面影响:不满的客户可能会转向一个竞争者;负面的口头宣传影响一个潜在的新客户。

4. 服务补救

服务补救定义为制造商尝试改正与服务或产品相关的失效的过程。补救是很关键的,原因前面已提到。根据 Maxham 和 Netemeyer(2002)的理论,很重要的一点是认为企业的补救是公平的,因为这对产品的满意度服务和公司本身都有显著影响。他们定义了三种公平,在考虑可靠性性能背景下重要的是分配公平。[②]

分配公平侧重于"公平",用户用投入和收益比较来判断交易是否公平。它定义为用户觉得最后结果体现他们受到公平待遇与尊重的程度。分配公平的对策可以是退款,打折等,以补偿产品或服务的故障。分配公平已经用于汽车产业,来解决产品不能符合其宣传的性能的问题。[③]

如果问题可以通过服务补救,那么进行到阶段7,并执行预期的操作。

在某些情况下,问题由于提供服务的物流不畅造成。例如,已采取行动但由于维修时间过长的失败项目。此时,制造商会决定使用替代品来解决问题。[④] 另一

---

① Hartman(1987)在产品回收对企业影响的背景下讨论了产品的质量。在汽车工业,有许多论文讨论产品回收的问题,如 Rupp 和 Taylor(2002)以及 Bates 等(2007)。Healey(2002)报告了一个关于福特公司召回 8100 辆福特野马的案例,因为用户发现发动机不能够达到所宣传的 320 马力。福特公司认为问题发生在排气管消声器的变化,针对此问题福特公司增加了发动机的排气集管,并几乎免费地为这款型号的所有汽车安装新的发动机。

② 另外两种类型的公平是:

· 程序上的公平:指包括补救工作在内的政策和程序的公平。例如,制造商(或服务代理)提供退款,但是用户需要经过艰难的过程才能得到退款。

· 相互作用的公平:指客户在补救过程中与服务代理交流时感觉到被公平对待的程度。包括诚实、礼貌和客户感觉到的公平利益。

③ Healey(2003)报道了一个案例,马自达 Rx-8 转缸式跑车不能达到宣称的发动机功率(155hp),引起了客户的不满意。马自达认为功率的降低(达 142hp),是为满足排放规定而对发动机做了最小的改变,但是为了不影响公司信誉,必须尽快采取行动。公司收回(按照标价,加上税收和各种费用)这个型号的车,无论汽车已经行驶了多少里程,或者提供第四年免费维修,50000 英里(1 英里 = 1.609km)的保修期和 500 美元。

④ Murthy 等(2004b)讨论了与保修中服务失败的后勤工作相关的各种问题,并提供了一些参考资料,读者可以了解更多细节。另外的相关参考资料可以在 Murthy 和 Blischke(2006)中找到,他们讨论了在产品保修服务中的客户问题。

个重要的因素是该产品不能满足需求的变化以及用户的需求。最后,如果不存在上述问题,进入阶段 1。

5. 市场相关问题

与市场相关的因素是销售量、市场份额和收益。有多种原因会造成实际性能与期望性能不同:①竞争对手的行动(推出更好的产品,降低销售价格);②新的安全和环境法规;③常规经济状况(如货币波动、失业)。

制造商对此可采取的方法之一是改变市场营销变量(如降低价格,或加大宣传和广告投入)。如果这是不可行的,那么唯一的选择是回到阶段 1 重新开始这个过程。

9.5 用户定制产品的阶段 7 和阶段 8

在阶段 7 有几个问题对于用户定制产品和标准产品是一样的,在阶段 8 却很少存在,本节将进行简要讨论。

9.5.1 阶段 7

数据采集对于两种情况是类似的。对于定制产品,合同通常会指定在保修期内用户和制造商需要采集的数据的种类。通常,制造商还会提供售后维修服务,合同包括有关需要采集和交换的数据声明。

如果实际 AP – Ⅱ和 DP – Ⅱ接近一致,则不需要采取进一步的行动;如果不接近一致,并且合同内包括可靠性改进条款(也称为可靠性改进保证),则需要对设计做出变化,来提高可靠性。Murthy 和 Blischke(2006)讨论了这个过程,如图 9.15 所示。

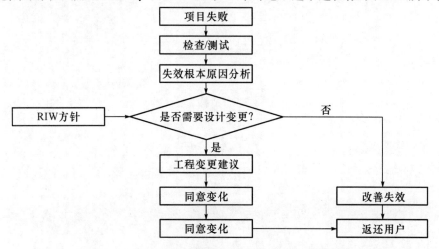

图 9.15 RIW 工程变更过程(Murthy 和 Blischke,2006)

9.5.2　阶段 8

在这个阶段,制造商需要对阶段 1 ~ 7 进行审查以评估整个过程,从而保证将来采取新方案使自身得到提升。

9.6　案例分析:移动电话

Luiro(2003)讨论了关于移动电话性能数据采集和分析的各种问题。

移动电话制造商通常从一个或多个供应商购买芯片。此时,用户是移动电话制造商。芯片安装到移动电话上,在制造和测试过程中检测到的任何有缺陷的芯片对于供应商和客户都是非常重要的。当放射物水平(定义为不符合预期)低于某些特定限制(0.01%)时,用户很少返还问题芯片,各个用户的选择也不一样。Roesch 和 Brockett(2007)讨论了问题产品回收的问题。回收可以让供应商把通过加速试验获得的内部可靠性与返还问题产品进行比较,从而能让供应商评估他们的测试程序(模拟现场性能)并持续改进。

第10章 产品安全性要求

10.1 引　言

安全性是许多产品的一个重要属性。为了保护人和环境,一系列的法律、法规和标准对产品安全性提出了要求。这些要求中一部分与前几章讨论过的可靠性要求有重复部分。安全要求与目前本书讨论过的各类要求的主要区别在于,安全性要求往往是强制性的,而且不可基于投入 – 收益准则换取。

产品的危险有许多不同的来源。许多产品的危险与零部件的失效有关。另一些危险来自于产品的设计,即使产品没有出现任何故障,也可能会造成人身伤害和健康问题。例如:尖锐的边缘导致划伤,儿童玩具上小部件的松动带来窒息危险,玩具上有毒的油漆会危害健康。产品带来的危险可能并不严重,也可能导致巨大损失。

一些产品安装的目的是预防重大事故的发生。在第1.7.2节案例2中介绍的安全仪表系统(SIS)就是一个这样的产品。SIS 的失效通常不会对其自身造成重大影响,但是可能对 SIS 保护的系统带来致命危害,如高速火车、炼制厂以及核电厂。

产品的安全性要求不仅是为最终产品规定的,而且要贯穿于从概念到废物处理的整个生命周期。安全要求往往不足以证明产品的整个生命周期是安全的,制造商还必须证明为确保安全所采取的措施是足够的。各种生命周期的产品有时需要详细的风险分析,风险分析报告可能需要成为产品文件的一部分。

产品的安全性要求很大程度上依赖于产品类型和应用。为了阐明安全性要求的实质和应用,本章将以欧盟机械指令(EU Machinery Directive)为基础进行演示和讨论。

本章结构与本书其他章节不同,因为安全性要求在本质上是不同的。产品安全性要求主要由法律、法规和标准中给出,也可能是一些特定产品的客户来指定的。有时安全要求也可能来自消费者组织或顾客利益集团。

本章概要:10.2 节中给出一些安全性要求应用的例子来说明安全要求规定与其他规定的不同;10.3 节以欧盟机械指令为中心对欧洲产品安全性法规做了概述,并介绍安全性要求是怎样构成的;10.4 节讨论产品的风险评估;10.5 节介绍技术结构文件的要求。10.6 节介绍一个移动电话的实例。

10.2　安全性要求

安全性要求可以用许多不同的方式规定,可能定性的或定量的。

10.2.1　安全性要求的实例

为了说明不同类型的安全性要求,下面给出三个例子:

例10.1介绍了一个比较简单的机械产品——自行车轮毂的安全要求。这些安全性要求来自于联邦法规以及美国消费者产品安全法,非常具体,与产品的物理性能和其强度有关。通常简单的测量和分析可以验证产品是否满足安全性要求。

例10.2给出了两个航天产品安全性要求的例子:第一个要求来自于欧洲空间局(ESA)的安全手册中 ECSS - Q - 40B 条款,并与即时失效和人为失误有关;第二个要求与飞行安全系统有关,来自 ISO 标准中的 14620 - 3。为了验证是否满足要求,必须对产品生命周期中的不同阶段进行详细分析。

例10.3讨论了在加工工业中使用的安全仪表系统的安全性要求。这类要求在 IEC 61511 标准中做了规定,需要通过基于风险的方法来定义。为定义和验证产品是否满足安全性要求,需要通过详细的定性和定量的风险及可靠性分析。

例10.1(自行车轮毂的安全性要求)　以下要求来自美国消费者联盟颁布的产品安全法中"自行车轮毂安全要求":①

自行车(人行道自行车除外)应当符合下列要求:

(1)锁定装置。轮子应由可靠的锁紧装置固定在自行车车架上。螺纹轴上的锁定装置应按照制造商的要求拧紧。

① 后轮。当1780N 的力均匀地沿着轮子运动的方向作用在车轴上,并持续30s 的情况下,车轴和车架应无相对运动。

② 前轮。锁定装置,除快速释放装置,其余都需能承受沿运动方向施加的扭转力矩17N·m。

(2)快速释放装置。杠杆操作的快速释放装置应该能根据杠杆位置的变换来调节其松紧程度。快速释放装置的杠杆需要对骑车者清晰可见,而且能够指示杠杆是否在锁定位置。当快速释放夹具锁定时,它的状态应该在车架上显示。

(3)前轴。没有配备快速释放装置的前轴应具有确定的保留功能,并能通过前轴滞留力测试,以保证当锁定装置被释放时,车轮不会与车架分开。

例10.1 中的安全性要求能通过比较简单的测量和分析得到验证。安全性要求,作为法律的一部分是"静态"的,不会随着技术的发展而轻易改变。这种类型的要求也通常认为是技术发展的障碍。

---

① 更多的信息和要求,参考:http://www.cpsc.gov/businfo/cpsa.html。

例 10.2 是从更复杂的航天系统中摘取出的安全要求。

例 10.2（航天设备的安全要求）　（1）这个实例摘自 ECSS – Q –40B 标准。容错是一种用于控制危险的基本安全性要求。系统的设计应符合以下容错要求：

① 不存在会造成重大的（或灾难性的）后果的单点故障或操作错误。

② 不存在两次故障、两次操作错误以及一次故障和一次操作错误的组合带来的灾难性后果。

（2）航天飞行安全系统（FTS）的安全性要求摘自 ISO14620 – 3 标准。FTS 飞行设备的可靠度在 95% 的置信水平下应不小于 0.999，或者当要求更为严格时，应符合 ISO14620 –2 标准中定量的飞行安全要求。可靠性应建立在对所有零部件和支撑测试数据分析的基础上。FTS 的地面设备的可靠性（包括无线电频率传播器以及运载火箭）应与飞行硬件的可靠性要求一致。

例 10.2 中的要求与例 10.1 中的要求有一些不同。为了满足第一个要求，需要对产品的所有生命周期阶段进行详细的故障分析（如通过 FMECA、人为错误分析以及常见故障原因分析）。第二个要求需要进行详细的定量可靠性分析。

例 10.3 列出了加工工业中安全仪表系统的安全性要求。这个例子没有列出具体的安全要求，但必须建立这类要求。

例 10.3（案例 2——安全仪表系统）　用于加工工业的 SIS 通常根据 IEC 61511 标准制定和设计，该标准规定在 SIS 的整个生命周期中建立安全性要求规范（SRS）。

SRS 是总结了 SIS 安全性要求的文件，而且形成了 SIS 的设计、建设、实施和使用的基础。谨慎地发展和使用 SRS 会减少后续详细设计的改动，这些改动会影响成本和/或进度。

SRS 包括安全功能性要求和安全完整性要求。软件安全性要求规范应该源于安全性要求规范和所选择的 SIS 的体系结构。

IEC 61511 要求利用以风险为基础的方法。具体的安全性要求需从系统生命周期的各个阶段的风险和可靠性分析中推断。

SRS 包括以下的要求（转载自经过 IEC 许可的 IEC 61511 标准）：

（1）描述的所有安全仪表功能（SIFS）必须满足功能安全性要求。

（2）识别和考虑共因失效。

（3）对每一个确定的 SIF 过程定义安全状态。

（4）定义独立的安全过程状态，当这些安全过程状态同时发生时，能够造成各自互不影响的危害（如紧急存储超负荷、火炬系统的多样化救援）。

（5）各类需求的假定来源和在 SIF 中的需求率。

（6）验证试验的时间间隔要求。

（7）使 SIS 进入安全状态的响应时间。

（8）每个 SIL 的目标和运作模式（需求/连续性）。

（9）SIS 过程测量的说明和触发点。

（10）SIS 过程输出操作的说明，以及判断成功操作的标准，如要求阀关闭紧密。

（11）过程的输入和输出功能性联系，包括逻辑、数学功能和任何需要被允许的关系。

（12）手动关机的相关要求。

（13）通电或断电跳闸的相关要求。

（14）SIS 在关机后复位的相关要求。

（15）允许的最大错误触发率。

（16）故障模式和期望的 SIS 响应。

（17）具体的启动和重新启动 SIS 的程序要求。

（18）SIS 和其他系统之间的所有接口。

（19）说明工厂的各类操作模式，确定每个模式中所要运用的安全仪表功能。

（20）应用软件安全性要求。

（21）对覆盖、禁止或绕开的要求，包括如何将其消除。

（22）在检测到 SIS 中的错误事件时，达到或维持一个安全状态所需要的任何活动需要具体化。

（23）SIS 可行的平均修复时间。

（24）确定 SIS 中危险的输出状态组合，这种危险情况需要避免。

（25）确定 SIS 可能会遇到的所有极端环境条件。

（26）识别计划作为整体（如计划开始）和单个计划的运行过程（如设备维护、传感器的校准和/或修复）中正常和不正常的模式。还需要额外的安全仪表功能支持这些操作模式。

（27）定义所有在重大事故中需要维持的安全仪表功能，例如，在火灾发生时需要保持运行的时间阈值。

这些要求在 IEC 61511 标准中称为安全性要求，但它们中的一些也可以称为可靠性要求。

需要进行详细的风险和可靠性分析，来达到 SIS 的安全要求，并验证所设定的要求是否实现。此类过程一般从制定工厂级别的安全验收标准开始。这些标准接下来会分配到称为受控设备（EUC）的系统和子系统。危险源辨识（如 HAZOP 方法①）将在每个 EUC 上进行用以识别可能会导致重大事故的过程偏差。为防止、显示和减轻识别的过程偏差，可以安装机械和仪器的安全系统，并以安全完整性等级（SIL）的形式定义安全性要求。

为了证实指定的整体安全性水平 SIL 满足规定，此外必须证实系统要求的故

---

① HAZOP 法在 IEC 61882 中进行了描述。

障概率(PFD)是否在指定的 SIL 的范围内。例如,对于 SIL 3 的要求,必须证实 $PFD \leqslant 10^{-3}$。PFD 是关于系统结构、零件故障率、诊断系统的覆盖范围、常见失效的可能性、检测间隔等因素的函数。为实现安全性要求,需要进行详细的定性和定量的可靠性和风险分析。

10.2.2　主要的健康和安全性要求

本节介绍一些欧盟机械指南中主要的健康和安全要求(EHSR)。"机械指南"中所采用的方法既代表了其他欧盟的产品指南,也代表了世界其他地区的最新法规。因此将使用"机械指南"作为本章剩余部分的例子。机械指南将在第 10.3.2 节中简要介绍。

大量的 EHSR 在机械指南附件 1 中列出。附件 1 中的 EHSR 规定了要实现的结果以及要解决的风险,但未指定解决问题的技术方案。供应商可自由选择方法来完成目标。由此可见,EHSR 与例 10.1 中的要求有很大的区别。

EHSR 是一种随着时间推移仍保持有效,不会因为技术进步而过时的要求。评估要求是否满足目标,应根据特定时间内的技术状况。

这并不意味着主要的要求是模糊的。要求以这种方式起草而成,是为了在评估产品是否满足要求时能够有足够的信息。

一些要求是具体并容易实现的,而另一些要求更为复杂。这将由下面示例中的要求来阐述:

(1)控制系统的安全性和可靠性:控制系统必须设计与构造得足够安全和可靠,一定程度上能够防止危险情况的产生。必须以下列方式设计和构建:

① 能承受严酷的使用环境和外部因素的影响。

② 逻辑错误不会导致危险状况发生。

(2)启动:只有为特定目的而进行的有意操作才能启动机器。相同的要求适用于:

① 不管是什么原因造成的机器停工后的重新启动。

② 当在工作条件(如速度、压力等)下产生一个显著的变化。

除非重新启动或工作条件的改变对无任何防护人员不造成风险。

(3)掉落或喷出物体的风险:必须对操作时掉落或弹出的物体(如工件、刀具、钻屑、碎片和废物等)采取预防措施。

这些要求强制性的,具有法律约束力,要求强制执行。但满足所有要求是不可能的。在这种情况下,机械产品必须尽可能地接近要求进行设计和构造。

10.3　欧盟指南

欧盟指南是对欧盟成员国具有约束力的"法律"。一个指南发布后必须在规定的时间内写入国家的法律中。

10.3.1　新方法指南

1985 年引进一种开发欧盟指南的方法。根据这一新方法所发展的指南称为"新方法指南"。它们提出了对产品和系统的主要要求，要求的细节由标准化组织（如 CEN）发布的所谓"统一标准"来描述。有大量的指南和标准对产品的安全性做出了要求。这些指南的主要目的是消除国家法律之间的差异，从而消除欧盟成员国之间的贸易壁垒。"新方法指南"为技术协调统一提供了基础。新方案在 CE 认证标志（见第 10.3.4 节）上得以体现，使一致性评定程序直接成为指南的一部分。

10.3.2　机械指南

机械指南于 1989 年批准，是第一批"新方法指南"之一[①]。这套指南已经进行过多次修改。当前指南的版本于 1998 年批准通过。一个新版机械指南于 2006 年通过，于 2009 年 12 月 29 日生效。

机械指南有两个主要目标：

（1）促进机械产品在欧盟的"单一市场"中的自由流动。

（2）对欧盟的工作人员和公民提供高水平的保护。

机械指南通过强制性的 EHSR 标准和统一标准的结合促进了指南的一致性。这套指南适用于第一次放置（或投入）在欧盟市场上的新机械产品。

在指南中机械产品的定义："相关部件或零件的组装品，部件或零件中至少有一个能够运动，并带有启动、控制和电源电路等，部件或零件组合连接后可用于特殊用途，特别是用于材料的加工、处理、移动或者包装。"

"机械产品"与"机器"，还包括一些机器的组合，这些机器被组织和控制起来作为一个整体以实现相同的功能。这意味着，无论是单一的机械设备（如泵、起重机），还是包括几台机器的复杂机械系统，都必须得到与 EHSR 一致的证明。

机械指南只关心对人员的伤害和健康的影响，而不关心对环境和资产带来的后果。

统一的 EN 指导人们如何履行 EHSR 标准和技术方案。约 750 个 EN 用来支持机械指南。如果产品符合统一的标准，则认为该产品满足 EHSR。当然，原则上标准是自愿使用，至少在遵守 EHRS 时不需要按照标准实施，但是这需要得到更加全面的记录。

---

① 更多的信息参考：http://ec. europa. eu/enterprise/mechan_equipment/machinery.

10.3.3　一般产品安全性指南

一般欧盟产品安全性指南用于设计顾客能够直接使用的产品(如顾客购买的电子产品、家用电器、割草机)。尽管这些产品的安全使用包含多个具体的技术指南(如机械指南),产品安全性指南还是对制造商的售后义务做了附加规定。这个指南还建立了统一的快速警报系统,称为 RAPEX,有助于监管市场上的不安全产品。

10.3.4　CE 标志

在欧洲经济区(EEA)市场上,许多销售的产品上印有如图 10.1 所示的强制性安全 CE 标记。

CE 标志是符合欧盟指南中 EHSR 标准的标记。只有证明产品符合相关要求,才能允许其使用 CE 标志。

机械指南将机械分为极度危险机器和一般机器两大类。危险机器列于指南的附件 IV 中。这些产品都受到"公告机构"的特殊要求。公告机构是由一个成员国政府提名以及欧洲委员会公告的组织。公告机构的主要作用是为与机器指南中支

图 10.1　CE 标志

持该指南的 CE 标志有关的合格评定提供服务,通常这表示制造商是否符合 EHSR 标准。合格评定可以基于调查、质量担保、类型检查、设计审查或者这些的组合。

对于一般机器,合格评定可通过公司内部自我认证过程进行。

负责的组织(制造商、代表、进口商)需要发布"合格声明"来表明自己的身份(如名称、位置),还需列出其宣布符合的欧盟指南、产品符合的标准以及代表组织的具有法律约束力的签名。合格声明强调制造商的单独责任。

CE 标志被形象地称为欧洲产品的护照。所有制造商,欧洲的、美洲的、中国的或其地区的,都需对其产品印上由新方法指南认证的 CE 标志。大约有 25 条指南需要 CE 标志。

10.3.5　统一标准

标准的统一极大地简化了欧洲的技术规范。在此之前,各个国家都通过自己的标准组织制定了本国标准,这往往造成欧洲国家间的技术性贸易壁垒。

在新的系统中,欧洲标准化委员会(CEN)、欧洲电工标准化委员会(CEN-ELEC)和欧洲电信标准协会(ETSI)三个标准组织创建了欧洲范围内的标准。这三个机构是唯一被认可的可以提出 EN 的组织。当这些组织中任何一个推出一套标准,任何与之重叠的国家标准必须停止。欧洲标准就像欧洲法律、欧洲合格评定程序,优于国家标准,并取代它们。

统一化的标准可用于支持欧洲立法,它们:已经由欧盟委员会批准;已由上面

列出的欧洲标准机构推行;达到了新方法指南的基本要求;在欧洲共同体官方公报上公告发表。

一些统一化的 EN 后来被国际标准化组织(ISO)和国际电工委员会(IEC)推出的标准替代。这些 ISO/IEC 标准与统一标准具有相同的作用。

支持"机械指南"的标准分为如下四类:

A 标准:包括所有类型的机器可应用的领域(如 ISO 14121 – 1 机器的安全性—风险评估原则 ISO12100 – 1 机器的安全性 – 基本概念、一般设计原则)。

B1 标准:包含特殊的安全性和机器的人体工程学领域(如 ISO 13854 机器的安全性——避免人身危害的最小安全距离)。

B2 标准:包含安全性部件和设备(如 ISO 13849 – 1 机器的安全性—相关控制系统的一般设计原则、ISO 13850 机器的安全性—机器紧急停止的设计原则)。

C 标准:包含特别类别的机器,如起重机、输送带。这些标准包容广泛,也就是说,根据 C 标准制造的机器,也能满足相关的 EHSR 标准。

10.4 风 险 评 估

为了验证新产品满足基本的健康和安全性要求,必须对其进行风险评估。对于达到 C 标准的某些特定类型产品,可以不用风险评估。如果需要,风险评估必须根据 ISO 14121 – 1.4 标准进行。[①]

风险评估的主要有如下步骤。

1. 定义机器

这一步包括描述机器,以及它的预期用途、空间和时间限制与所有生命周期阶段的范围和接口。

根据 ISO 12100 – 1,规定一台机器的生命周期阶段如下:

(1) 建造。

(2) 运输、装配和安装。

(3) 试用。

(4) 使用:

① 安装、编程或者工序调整。

② 操作。

③ 清洁。

④ 故障检测。

⑤ 维护。

---

① 这个标准开始是统一的 EN,称为 EN 1050,是专门为机械指南而制定的。相似的标准对于其他类型的产品也是适用的,如医疗设备的 ISO 14971。

（5）退役、报废、处理。

2. 确定危害

涉及人-机关系的危害和危险情况、机器可能的状态、可预见的错误应用的危害和危险情况,都需要进行标识。考虑到操作者和系统联系的各个方面、机器可能的状态和可合理预见的不当使用,所有的危害和危险情况都必须明确。危害可分为:持续危害,这是机器、材料或物质内部固有的;危险事件,可能由机器故障和人为失误引起。可合理预见的不当使用是很重要的概念。产品和机器不能只能在其预定的条件下使用是安全的,它必须保证在可预见的不当使用时保证安全。这些情况包括操作者为方便简化操作程序,以及其他人将机器用于别的目的,如孩子们把机器当成娱乐设备。

对危害识别可能只作为初步的危害分析,如 FMECA 或 HAZOP。对于更为复杂的系统,可能需要使用如故障树分析、事件树分析等方法。这些分析法适用于 ISO 14121 - 1 附件 A 中列出的一般危害。

3. 分析结果

这一步需要确定和分析潜在事件危害的后果,主要涉及置身在危险中的伤害和健康危害。它也可以说是由于生产中断和设备损坏产生的经济损失,或者环境造成的危害。后果的严重性必须基于预定义的范围进行评估。

4. 估计风险

风险通常定义为危害发生概率和这种危害带来的后果的函数。

在 ISO 14121 - 1 中,风险是以下因素的函数:

（1）受到伤害的严重程度。

（2）这种危害发生的概率,包括:

① 人身受到伤害。

② 发生的危险事件。

③ 运用技术和人力避免或限制伤害的概率。

风险因素如图 10.2 所示。

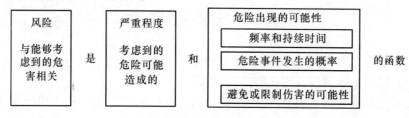

图 10.2　风险要素

5. 评价风险

风险评价是基于一些预先定义的标准。这一步的目的是评价风险能否接受并采取一些纠正或预防的措施。

6. 风险控制策略

如果认为风险是可接受的,"机械指南"中设置了减少风险的层次化控制方法。在选择最合适方法的时候,制造商必须遵循下面按顺序给定的原则:

(1)尽可能消除或减少风险(固有安全设计和构建),参见 Kivistö – Rahnasto (2000)。

(2)对不能消除的风险采取必要的保护措施,参见 Kjellén(2000)。

(3)告知用户保护措施的缺陷所导致的后效风险,指出是否需要进行特殊的培训,详细说明所需提供的个人保护装备。

7. 检验

有必要对改进后的系统进行检验,保证所采取的措施将风险降低到可接受的水平,而且设计的改变没有导致新的危害。

图 10.3 展示了 ISO 14121 – 1 中列出的实现安全性的迭代过程。

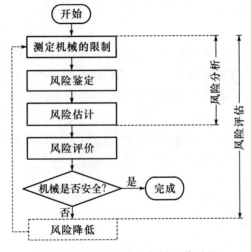

图 10.3　实现安全目标的迭代过程

10.5　技术结构文件

技术结构文件是证明产品符合 EHSR 标准的记录,包括:

(1)机器总体图以及同机器控制电路图。

(2)全部细节图,包括伴随的计算说明、测试结果等,需要检查机器是否符合基本的安全要求。

(3)在设计机器时所用到的内容,如 EHSR、统一标准、其他标准和其他技术说明。

(4)消除机器使用危害的方法说明。

(5)主管机构或实验室的技术报告或证书(可选)。

（6）机器说明书副本。说明书必须易懂,无论是用机器生产地的语言或者使用地的语言。

（7）对于成批生产,要执行内部标准,以确保机器符合指南的规定。

如果不能为权力机构及时提供有效证明资料,则有足够理由怀疑该机器不符合 EHSR 标准。资料不需要永久保存,但是根据其重要性必须在相应的时间内能够提供。从最后一台机器生产完成起这些资料至少保存十年。

10.6　案例分析:移动电话

移动电话及移动电话的使用暴露出几种类型的危害,下面简要提出其中一些危害:

（1）环境危害:移动电话中的化合物(如含铅焊料、塑料中的溴化阻燃剂、电池中的镍和镉)。如果处理不当,它们就会成为污染源并造成严重后果。在美国,目前有 5 亿部移动电话可回收,并将以每年约 150 万部的速度增长。2005 年,只有不到 5% 的被回收。有必要用法律规定移动电话零售商必须制订回收计划。

（2）爆炸和火灾:美国消费品安全委员会已获得大量关于移动电话爆炸或起火的报告。在一些事件中,用户被严重烧伤[①]。Karabagli 等(2006)的研究表明,用户在移动电话充电时通话,面临着 Ⅱ 度脸部和手部烧伤的危险。一般认为这个问题是由于使用了山寨移动电话,而不是使用由原制造商(OEM)认证的移动电话品牌。日本一个主要的移动电话电池供应商,最近召回 1.3 万块电池,它们会过热引发火灾。

（3）增加交通危险:Brulia(2007)研究发现驾驶中使用移动电话造成的交通事故风险是醉酒驾驶的 400～500 倍。不同国家也有类似的研究,如 Beck 等(2007)。

（4）干扰敏感设备:来自移动电话及其基站的辐射信号经常干扰敏感设备。Hietanen 和 Sibakov(2007)报告中指出了移动电话干扰医院设备的问题,这种干扰可能会造成严重后果。

（5）对健康的影响:最近媒体激烈地争论使用移动电话是否与脑癌之间存在联系。研究人员已经进行了一些研究,但这些研究大多都没能得出任何明确的结论。Otto 和 Von Mühlendahl(2007)研究了来自移动电话本身和基站信号辐射导致脑癌的风险。

---

① 　一些事故的报道见:http://www. consumeraffairs. com。

第11章 可靠性管理系统

11.1 引 言

在新产品开发中,产品可靠性非常重要。高可靠性意味成本高、耗时久,但是不可靠造成的后果代价更高。这意味着,制造商需要权衡两者之间的利弊,以决定最佳的可靠性性能,然后得出可靠性规范,以确保期望性能。可靠性质量管理系统是一个工具,厂商可以用它来管理这个过程以达到预期的结果。本章讨论可靠性管理系统的结构以及各种相关的问题。

本章概要:第11.2节考察数据、信息和知识,这些概念的正确理解对设计一种有效的可靠性管理系统非常重要;第11.3节将重点介绍在通常的决策模型构建过程中数据、信息和知识的作用;第11.4~11.7节讨论新产品研制周期的不同阶段中三者的作用;第11.8节着眼于可靠性管理系统与大多数制造企业使用的其他管理系统的关系,讨论可靠性管理系统的三个关键模块及相关问题;第11.9节讨论企业如何使用可靠性管理系统来实现本书提出的思想。

11.2 数据、信息、知识(DIK)

11.2.1 数据和信息

信息和数据是可以交换使用的名词,能作为同义词或者认为两者只存在微小差异。数据代表一种可测量的量,如年度销量、材料强度等。信息是经过分析后从数据中提取的,可以看作由多个数据以及对它们的描述组成。[①]

在一个多阶段决策过程中,从某一阶段得到的信息可以作为下一阶段的数据。例如,采集的市场数据(月度销量)可以经过分析,提取出关于销售趋势的信息。然后,此信息可以用于有关生产改进、设备升级、产品开发等决策。

---

① "数据代表一个事实或与其他事物无关的事件陈述。信息体现了对某种关系的理解,可能的原因和影响。"(Bellinger 等,1997)"数据是原始的未经组织的事实或者不能被解释的可能。信息是被理解了的数据。信息来源于数据块之间的关系(Benyon,1990)。"……它们并不意味着同样的事情。信息是更广泛的概念,不仅包括陈述事实也解释话语或讨论,而数据是资料的复数,定义是一个已知的或假定的事物。"(Holström,1971)

11.2.2　知识

知识是个人理解信息的能力和在特定上下文背景中信息的使用方式。① 数据、信息和知识之间的联系可以通过(数据、信息、知识和学识 DIKW)来层次化地描述，DIKW 是由 Ackhoff(1989)提出的术语，在文献中得到了一定的重视。②

知识包括理论、模型、方法和技术、标准等。下面对这些进行简要的讨论。

1. 理论

大英百科全书(1996)对理论的定义："理论可以描述为由经验法则推演成的一个公理体系。"

科学理论的定义：科学理论是一个包含广泛领域的系统概念结构，由人的想象形成，它是关于事物和事件规律性的经验(试验)法则，并用这些法则解释规律性设想。

2. 模型

任何字典对于"模型"一词的用法注释都是庞大的而且各不相同，它既可以作为一个名词也可以作为一个动词。即使在技术方面的使用，也没有可以接受的单一定义。③ 适用于我们的定义："模型是对一个实际或抽象系统的描述。"(Murthy 等，1990)④

描述可以是物理的(如实体模型)或抽象的(如语言、示意图或符号)。

数学模型是以抽象的数学公式为形式的象征性描述。这些符号有一个精确的数学意义，对符号的操作由逻辑和数学规则决定。公式不是模型本身。只有当符号用来表征系统的相关变量时，才成为一个数学模型。

根据模型建立者的目的或目标，一个给定的系统可以有几种不同的数学模型。一个适当的模型必须足以回答建模者的问题。

(1)模型的建立。建立数学模型的两种方法如下：⑤

---

① "知识是一个连接的模式，通常提供高度的可预测性的描述，包括是什么和接下来会发生什么。"(Bellinger 等,1997)"数据通过关系的理解转化为信息，而信息通过一定模式的理解转化为知识。"(Bellinger 等,1997)。

② 根据 Ackhoff(1989)人脑中的内容可以分为五类：

· 数据：符号。

· 信息：经过加工后的有用的数据，回答"谁""什么""哪里""如何"的问题。

· 知识：数据和信息的应用，回答"如何"的问题。

· 理解：对"为什么"的解读。

· 智慧：评估理解。

③ 参见 Murthy 等(1990)。

④ 系统是彼此相关的对象的集合。该系统可以是真实的(物理实体，如一个产品)或抽象的(如一种新产品的设计)。

⑤ 有很多关于数学建模的书籍。Murthy 等(1990)回顾了该书出版之前的其他著作。自那时以来，又有许多关于数学建模的书出版。

① 理论建模:建模是基于与问题有关的已有理论(物理的、生物的、社会科学的)。这种模型也称为基于物理的模型或白箱模型,并作为建模起点的底层机制。

② 经验模型:数据在此可成为建模的基础,不需要了解底层机制。因此,这些模型可在对早期所使用的方法理解不充分的情况下使用。这种模型也称为数据依赖模型或黑箱模型。

在经验模型中,建模需要的数学公式类型由最初对可用数据的分析来决定。如果分析表明数据有高度的变异性,就需要使用可以捕捉到这些变化的模型。这要求用概率和随机模型模拟一个给定的数据集。数据源通常为选择一个合适的模型提供了线索。例如,在失效数据的情形中,对数正态分布或威布尔分布用于由疲劳引起失效的建模,指数分布用于电子元器件失效的建模。为了使用这方面的知识,建模者必须熟悉不同产品失效的理论模型。

(2)方法与技术。监测、采集数据和信息需要各种各样的方法,例如:进行消费者购买意向或需求的调查;通过加速失效试验确定失效模式。同样,建模也需要各种技术,包括:

(3)参数估计。一旦选定模型,就需要估计模型参数。估计可以利用已知的数据获得。目前已经发展出多种技术,这些技术大致可以分为图形估计和分析估计两类。估计的准确性取决于数据的大小和使用的方法。图形估计法得出的估计较为粗略,而分析估计法可以得出更好的估计值和置信区间。

(4)模型验证。人们总是可以对给定的数据集拟合出模型,但该模型可能是不合适的或存在缺陷。一般情况下不恰当的模型不会产生期望的解决问题方案,因此有必要检查所选模型的有效性。执行此操作有几种方法,这些方法可以在许多书中找到(Blischke 和 Murthy,2000;Meeker 和 Escobar,1998)。

(5)模型分析。有定性分析与定量分析两种类型的分析。前者解决模型功能性质方面的问题,源于模型中使用到的基础数学公式。例如,在哪种条件下失效分布的故障率是递增函数。在后者,可以得到模型基本公式的可行解,反过来可以产生问题本身的解决方案。该解决方案可能是解析的(解决方案是模型参数的函数),也可能是计算的结果(解决方案是一个特定参数集的值)。

(6)标准。在技术意义上,"标准"这个词的通常用法表明它是一个普遍认同的准则。标准是由许多组织产生——一些仅供内部使用,另一些供一定的人群、公司、团体或整个行业使用。世界上有许多标准由一些组织发展和维护,如国际标准化组织与国际电子技术委员会。①

标准可以是:事实的(法律未规定),在这种情况下遵守标准是为了方便;事理的(法律规定),在这种情况下遵守标准(或多或少)是由于具有法律约束力的合同和文件,遵守特定的标准是在某些市场(如 EU)经商或者与其他公司间合作的前提。

---

① ISO 标准是技术兼容标准,为世界各地提供了框架协议。

11.2.3 工程学知识

工程师需要的知识来自于不同的途径。Vincenti(1990)将这些途径可以分为从科学研究得来、发明、理论性工程研究、试验性工程研究、设计实践、生产以及直接试验和测试 7 类。

例 11.1 数据是从产品样本的测试中采集到的不同应力水平下的失效时间。数据的相关性分析表明,随着应力水平的增加,平均故障时间减少,这是从数据中提取信息的过程。利用这些信息可以建立模型描述这种关系(并通过失效数据验证),由此会产生知识。这些知识用来预测未知应力水平下的平均故障时间。

11.2.4 DIK 的作用和重要性

在各种各样的决策问题中,模型对寻找解决方案具有非常重要的作用。在这个过程中的知识和数据的作用如图 11.1 所示。所需的 DIK 取决于问题本身,在接下来四个部分针对产品生命周期的不同阶段讨论这个话题。不可能给出所有的DIK 并对其进行详细讨论。相反,只要求列出每个阶段的一个小样本。

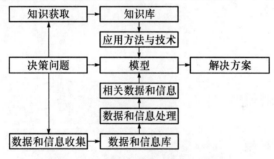

图 11.1 决策问题处理中的 DIK

11.3 阶段 1 中的 DIK

正如在 5 章中所讨论的,在阶段 1 中首先定义 DP – Ⅰ然后得出 SP – Ⅰ。图 11.2显示阶段 1 所需要的 DIK。

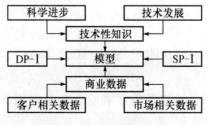

图 11.2 阶段 1 中的 DIK

11.3.1　数据与信息

技术知识包括：

（1）科学进展 – 新材料、新理论等。

（2）技术发展 – 改进（主要/次要）。

商业数据包括：

（1）与客户有关的数据。

（2）客户需求报告。

（3）购买意向调查。

（4）市场相关数据。

（5）销售历史——对目前的产品，对竞争对手的产品等。

11.3.2　知识

理论包括

（1）消费者行为。

（2）销售。

（3）技术预测。

模型包括：

（1）消费者选择模型。

（2）销售模型。

（3）市场份额模型。

（4）技术预测模型。

（5）成本模型（寿命周期成本、开发、营销等）。

（6）风险模型。

工具与技术包括：

（1）消费者调查问卷的设计。

（2）数据库的数据挖掘 。

（3）模型仿真。

11.4　阶段 2 与阶段 3 中的 DIK

正如第 6 章所讨论过的，在阶段 2 和阶段 3 利用从阶段 1 的 SP－Ⅰ获得的 DP－Ⅱ，分别得出 SP－Ⅱ和 SP－Ⅲ。图 11.3 显示了阶段 2 和阶段 3 所需要的 DIK。

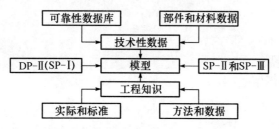

图 11.3　阶段 2 和阶段 3 中的 DIK

11.4.1　数据和信息

技术数据包括：

（1）工程规范和图表。

（2）详细的工程分析报告。

（3）设计验证和产品可靠性报告。

（4）失效模式和影响分析报告。

（5）合格证。

（6）供应商提供的原始图纸。

（7）计算机辅助设计（CAD）文件。

（8）物料清单（用于购买组件）。

11.4.2　工程知识

根据 Ullman（2003）的论述，设计工程师在设计过程中获取并使用以下三种类型的知识：

（1）一般知识：通过日常经验和一般教育获得。

（2）特定领域知识：通过学习和接触特定领域设计师的作品。

（3）程序性知识：有关企业内部如何进行任务而获得的经验。

Vincenti（1990）提出了设计工程师必须具备或至少能够获得的 6 个知识的类别，如下：

（1）基本的设计理念。

（2）标准和规范。

（3）理论工具。

（4）定量数据。

（5）实际的考虑。

（6）设计工具。

理论包括：

（1）失效科学：不同类型材料的失效机理。

（2）可靠性理论。

模型包括:

(1)失效模型:

① 部件级模型。

② 应力强度模型。

③ 系统级模型。

(2)可靠性改进模型:

① 增长模型预测。

② 开发时间模型。

③ 成本模型。

(3)保修成本模型。

(4)生产成本模型。

工具和技术:

(1)故障树分析。

(2)故障模式影响分析。

(3)设计过程(符合相关标准)。

(4)设计验证。

11.5　阶段 4 和阶段 5 中的 DIK

正如在第 7 章所讨论的,在阶段 4 和阶段 5 分别使用阶段 3 的 SP – Ⅲ 得到 PP – Ⅲ 和 PP – Ⅱ。图 11.4 显示了阶段 4 和阶段 5 需要的 DIK。

图 11.4　阶段 4 和阶段 5 的 DIK

11.5.1　数据和信息

- 测试报告。
- 检查日志——监管的和非监管的。

11.5.2　知识

- 试验设计。
- 加速试验。

模型包括:加速寿命模型;比例风险模型。

工具和技术包括:环境试验;设计极限测试;可靠性估计;假设检验。

184

11.6　阶段 6～阶段 8 的 DIK

正如在第 8、9 章所讨论的,阶段 6～阶段 8 使用阶段 3 的 SP－Ⅲ,基于产品结构得出 AP－Ⅰ～AP－Ⅲ。图 11.5 显示了在这两个阶段需要的 DIK。

图 11.5　阶段 6～阶段 8 的 DIK

11.6.1　数据和信息

阶段 6:数值控制文件;测试报告;过程控制报告;供应商的质量保证。

阶段 7:保修索赔数据;保修服务报告;维修服务手册;客户的顾虑。

阶段 8:销售数据;收入数据;与竞争对手的产品有关的数据。

11.6.2　知识

阶段 6:质量控制模型;验收抽样模型;过程控制模型。

阶段 7:保修成本模型;产品的使用模型;保修储备模型;保修服务模型。

工具和技术:统计估计;数据挖掘;根本原因分析。

11.7　可靠性管理系统

制造商使用各种功能的管理系统来管理他们的操作,并做出决定,主要有以下四种:

(1) 设计和开发管理系统:同时管理内部和外包的活动。

(2) 生产管理系统:管理内部生产和外部供应商购买活动。

(3) 营销管理系统:管理零售商和间接客户。

(4) 售后服务管理系统:管理内部活动以及外部服务代理。

有许多管理系统(集成这些功能的系统)已在文献中提出和/或在实践中使用。[1]

---

　① 其中两个模型如下:

　・产品数据主模型(PDMM):"PDMM 的目的是捕获所有必要和相关的信息以及产品性能,包括设计数据,材料性能,几何和拓扑模型,三维信息,有限元分析和优化设计,工艺规划,调度,生产,采购和供应管理。"Zhang 等,2004)PDMM 的子模型包括:供应商模型,功能、概念、设计模型,制造模型,装配模型,质量,主要维护模型,成本模型,评估,销售模式,优化模型,市场模型,用户模型,等等。

　・承诺:"承诺将制定相应的技术,包括产品寿命周期模型,产品的嵌入式信息设备与相关的硬件和软件,基于产品寿命周期的数据采集的决策组件和工具。"(Kiritsis 等,2003)

　　虽然可靠性在新产品的开发中起着重要的作用,在设计开发和生产阶段产生决定的影响,并对营销和售后服务阶段的成果有显著的影响,但是在文献中仍然很少讨论可靠性管理系统。在大多数企业中,它是由上面列出的功能管理系统中的一个或多个来解决,但不存在单独的可靠性管理系统。

　　可靠性管理系统是一个工具,制造商可以用其做出决策,并通过新产品开发过程中的不同阶段管理产品的可靠性。它需要与其他功能管理系统紧密相连,如图 11.6 所示。本节对其进行讨论,并着眼于可靠性管理系统有关的各种问题。

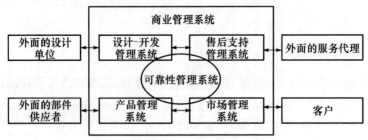

图 11.6　可靠性管理系统

　　可靠性管理系统由数据和信息模块、知识模块、接口模块三个相互关联的模块组成,如图 11.7 所示。

图 11.7　管理系统的模块

11.7.1　数据和信息模块

数据是出于许多不同目的的需要:
(1) 评价:产品的可靠性,生产效率,设计期间的性能。
(2) 预测:未来的成本,所需备件。
(3) 改进:在设计、生产、服务等方面。

1. 数据源

决策过程中的不同阶段,需要采集来自许多不同来源的数据和信息(并存储在数据库中),它们可以大致分为内部的和外部的。其中一些来源如图 11.8 所示。

186

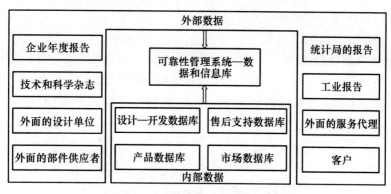

图 11.8　可靠性管理系统数据模块

可靠性管理系统必须能够从这些来源吸收数据和信息。在产品开发的早期阶段,很多的数据和信息都是主观的(如基于专家的判断),或者来自类似系统或组件的历史记录。随着开发的进展,由于设计定义、原型测试、试生产运行,可以获得更好的数据。一旦产品进入市场,有关的产品性能、销售等的新数据也变得可用。

对于每一代产品,在产品寿命周期中会产生多种类型的数据。这些数据需要与来自外部数据源的数据相结合,做出正确的决定。因此,可靠性管理系统的数据库需要保存所有与不同代产品相关的内部数据。

2. 数据采集

数据可以是实验室数据或现场数据。实验室数据往往是根据正确的计划,在受到控制的环境下进行试验而得到的。与此相反,现场数据受到操作环境和其他不可控因素的影响。

数据的形式可以有所不同。对于可靠性数据,可以是连续值(如一个单独产品的寿命)或离散值(如在指定的时间区间内失效的产品数)。在前者情况下,它可以表示为产品的失效时间或截尾时间(非失效产品在数据采集停止时的时间)

当建模所需的数据不可用时,需要在适当的试验或专家判断的基础上采集数据。这种试验一般来说是特定的学科。

3. 数据保留

数据保留的原因如下:

(1)产品设计的再利用。

(2)服务部门。

(3)法律。

(4)历史。

Bsharah 和 Lees(2000)提出,作为数据保留的一部分,以下几个问题需要解决:

(1)应保留什么样的数据。

(2)预期的保留期限是多长。

（3）保留数据的目的和原因是什么。

（4）保留数据的用户是谁。

4. 数据和信息的流动

有效的可靠性管理要求产品寿命周期不同阶段之间信息应有流动。图 11.9 显示了从阶段 1 到其他阶段的信息流。然而，数据和信息的流动既有正向的，也有反向的。

图 11.9　不同阶段之间的数据和信息流动

5. 数据库管理

数据库必须进行维护和管理才能对用户有价值。数据库管理系统（DBMS）提供维护与管理数据库的程序和机制。数据库管理系统的主要功能是文件维护、数据库管理和信息检索。

文件维护包括给数据表添加记录、更新表中的数据、从表中删除记录。用户负责维护数据库中数据的质量。在可靠性管理系统中，文件维护由执行操作的用户在产品寿命周期的每个阶段进行。工程师将原型测试结果输入可靠性管理系统，财务人员将每周或每月的成本数据输入系统，服务人员输入与失效模式、修理活动等相关的数据。

数据库管理包括创建、删除和限制表的使用。在数据库开发过程中，创建表用于存储数据。随着数据库的发展，一些表会变得过时而需要删除，同时需要额外的表以支持额外的功能。重要的是，必须是特定的人员才有权限来做这样的变化，从而对后阶段影响进行管理。数据库管理员可能是一个专门的位置，或者由一个可执行操作的"主管"兼任，这取决于该组织的规模。

6. 数据仓库

数据仓库是一个有用数据的集中存储仓库，专为支持战略决策而设计，它有助于研究过去,辨别相关趋势。数据仓库的建立主要是从可操作的数据库中提取数据。它的结构是时间依赖性、非易失性、面向主题和集成。

数据库中的每个记录都有一个与它相关联的日期,从而可以确定历史趋势。

数据库必须是可操作数据的静态的、历史的"快照"。数据从可操作数据库进入数据仓库之前,数据需要被"清理",以便随时查询。

在数据仓库的使用中,只从可操作的数据库中提取出与决策支持目的有关的数据。根据定义,数据仓库是巨大的,所以应该避免无关数据。日常使用的数据应通过可操作的数据库进行访问。

从组织中所有适当的部分进入数据仓库的数据必须是一致的和完整的。一个单一的实体在多个操作数据库中可能有不同的名称,但由于数据仓库的目的是为了方便分析,每个实体只能有一个名字。

7. 失效数据采集的问题

与失效数据的采集有关的问题如下:

(1) 数据和信息没有记录。

(2) 数据丢失。

(3) 报告延迟。

(4) 合并或汇总数据(例如,在不同的时间段的销售总额,而不是个体销售日期)。

(5) 分组数据(不同时间间隔内的故障)。

(6) 截尾数据(不同的截尾类型)。

(7) 错误报告(故障原因,时间)。

8. 可靠性数据库

可靠性数据库[①]有两种不同的含义:一个是实际的计算机数据库,为设备或工厂存储部件的数据(事件、工程和操作数据)而设立;另一个是通用数据库或数据手册,通常包含对计算机数据库中找到的事件数据进行分析的结果,或在某些情况下简单的专家意见。手册报告的结果通常是特定部件级别(如泵)的故障率。注意,这里说的一个部件可以是任何东西,从小型电子元件到大型压缩机。

有三种类型的可靠性计算机数据库,每个不同的类型包含的数据差异很大,为部件的事件数据库、异常或事故报告数据库和通用部件的可靠性数据库。

部件事件数据库是利用事件的汇集(如故障、保修),确定可靠性、可用性和可维修性参数。事件报告数据库中存储了事故或意外,以及它们的概率、原因和影响的信息。一个通用部件的可靠性数据库本质上是各种部件故障率的汇集。

---

① 数据库方面的知识见 Blischke 和 Murthy(2000)。可靠性数据库的更多信息参见 Amendola 和 Keller(1987)、Cannon 和 Bendell(1991)、Akhmedjanov(2001)。

11.7.2　知识模块

知识模块由许多处理不同主题的子模块组成,如理论、程序(一般的和具体的)、方法和技术、工程标准(企业、工业、国家/区域/国际)、模型等。知识既可以是"公共知识"也可以是"专有(私人)知识"。

1. 数据库的知识发现

数据库中包含的数据可以转化成信息并最终转化为知识。根据 Adriaans 和 Zantinge(1997):"数据库的知识发现是指从数据中提取隐含的,先前未知的,潜在有用的知识。"它包括:数据的选择、清理、浓缩、编码、数据挖掘和报告。

2. 数据挖掘

数据挖掘是数据库的知识发现中一个关键因素。它解决从大型数据库中发现隐性知识,意外模式和新规则。[①]

3. 数据挖掘模型

复杂的数据挖掘项目需要各方面的专家、利益相关者或整个组织部门的协调努力。有关数据挖掘方面的文献中已经提出各种框架(通常称为模型),服务于如何组织采集数据、分析数据、传播结果、执行结果和监测改进的程序。[②]

4. 知识整合

知识整合对新产品开发的成功和确保产品所需的可靠性性能是至关重要的。Court(1998)研究了新产品开发中的知识整合问题,确定了展示的媒介、展示的方式、位置、管理、准时、精度和可信度、不确定性及保护等重要因素。

5. 模型

在产品生命周期的不同阶段需要许多不同种类的模型协助决策。[③] 可靠性管理系统的主要部分是一个包含不同模型的库,这个库是从内部或者外部发展而来。操作型用户既可以在每个类别中选择模型,也可以根据系统中存储的数据集得到参数估计值。如果数据集是不可用的(或请求判断值),应提供合理的默认值(和概率分布图)。

通常,解决一个特定的决策问题需要链接到几个模型。同时,可靠性管理系统必须具有更新已有模型和添加新模型的灵活性。

大量的统计软件包用于建模的各项任务(如模型选择、参数估计、模型验证)。同样,有大量软件包可用于模型分析和优化。

---

① 数据挖掘方面的理论总结和实践的书籍有许多,如 Edelstein(1999)、Fayyad 等(1996)、Han 和 Kamber(2000)、Hastie 等(2001)、Westphal 和 Blaxton(1998)。

② 有一个这样的框架(或模型)称为数据挖掘方法,是 SAS 研究所提出的。建议的顺序是采样—探讨—修改—建模—评估。

③ 可以在可靠性的书籍中发现许多模型,如 Blischke 和 Murthy(2000)、Murthy 等(2008)。

6. 工程标准

有许多不同的与可靠性相关的标准[1]，广泛使用的标准为 IEC 标准。

7. 方法和技术

（1）数据压缩：在数据挖掘中，数据压缩通常应用于目标是将大型数据集包含的信息聚集或合并到较小的信息块的项目。数据压缩方法包括简单的制表、汇总（描述性统计）或更复杂的技术，如聚类分析、主成分分析等。

（2）数据挖掘：数据挖掘使用了多种技术，包括查询工具、统计技术、可视化、联机分析处理、案例学习（k 邻近用户）、决策树、关联规则、神经网络和遗传算法。

（3）算法：算法是一种由明确的指南完成任务的方法，从一个给定的初始状态开始，通过一系列连续的状态序列，终止于一个最终状态。从一个状态过渡到下一个状态，可以是确定性的或概率性的（包含随机性）。处理信息算法包括从一个输入源或设备读取数据，写入到输出设备，和/或存储起来做进一步处理。存储数据可看作实体执行算法时内部状态的一部分。在实际中，这种状态存储在一个数据结构中，而一个算法只需要内部数据执行特定的操作。[2]

8. 可靠性分析软件

可靠性分析软件分为包含可靠性分析包的一般统计软件、一般的可靠性分析软件和具体的可靠性分析软件三类大多数统计软件包包括的程序有描述性统计、表格、探索性数据分析、广泛范围分布的概率计算、各种绘图程序、回归分析、方差分析、协方差分析及变异数分析。

11.7.3　接口模块

可靠性管理系统必须允许用户输入命令要求（如对象、目标、模式），并查看输出结果。操作型用户必须能够基于其输入访问相关信息。战略用户（管理决策者）将需要连接多个模块来检索信息，以便做出平衡决策。这意味着需要一个合适的接口模块。

两个接口要求是，可靠性管理系统应具有一个用户接口和应用程序接口。用户接口方便建立从用户到可靠性管理系统的信息流动以及信息反馈，而应用程序接口方便外部程序和数据库的联系，要求能够分析或上传数据，或从可靠性管理系统下载数据。

1. 用户接口

首先确定问题或目标；然后根据可靠性管理系统中的数据和模型，为解决问题或实现目标提供所需的信息和帮助。

可靠性管理系统应提供多种模型的选择（并规定每个模型的基本假设）。如

---

① Blischke 和 Murthy（2000）讨论了几种不同的标准。

② 研究此算法的书有很多，如 Knuth（1997）、Stone（1972）。

果一个合适的模型不可用,可靠性管理系统应该能够通过一个建模过程来引导用户,从而使数据来源合适(如数据库或专家意见),能够分析数据和估计参数。输入值(决策变量或其他数据)应清楚地显示出来,输出值和置信区间同样如此。

一旦选定部件模型,需要将其连接起来以便有助于解决问题。用图形表示会使这种连接方便(如流程图),从而可以拖放不同模型的图标。一个模型的输出将成为下一个的输入。选择的流程图中的元素,打开可得到更详细的配置,以查看相关数据或模型假设的选项。

用户应确定数据输入的形式。针对每个部件模型(以确保它们按预期执行,或专注于特定的问题领域)或在目标函数的(宏观)水平都应该考虑这个问题。变量分布的图形说明和参数的界限必须可用。

接口需要方便学习和使用是非常重要的,允许操作人员定义问题。换言之,时间应该用在解决问题上,而不用在找寻方法上。两个常用的选择是菜单系统和图形用户界面。两者的结合可以解决大部分的问题。

2. 应用程序接口

外部应用程序和可靠性管理系统之间的接口能够从可靠性管理系统中提取数据,以便进行更复杂的分析。它也能够以同样的方式从外部软件返回数据,并且如果使用基于该数据的模型,就可以方便地引用接口。

11.8 实 施

本节通过一个多步骤的过程回答企业如何实施本书中提到的产品可靠性过程。步骤如下:

(1) 创建一个可靠性管理部门,由一个资深的高级经理来管理,称为"可靠性管理者"。

(2) 指定可靠性管理部门的核心成员。他们必须对可靠性的不同方面具有比较深刻的理解,并且具备特定方面的专业知识。这意味着这些成员要有不同的背景(工程师、科学家、统计员、信息技术专家等)。

(3) 建立一个可靠性管理系统,能够与不同的管理系统进行有效的连接。

11.8.1 可靠性管理者

可靠性管理者负责:

(1) 建立可靠性管理系统,并确保其不断更新。

(2) 在产品生命周期的阶段 1 的决策中,与其他职能的经理和总经理进行联络沟通。

(3) 在以后的阶段,协调包括可靠性管理部门成员的各个职能小组的工作,使可靠性的问题在这些阶段得到适当的重视,确保能够遵循论证、设计、开发、生产、售后等各阶段的规范。

11.8.2　可靠性管理部门

可靠性管理部门的成员负责:在阶段 2~阶段 8 与不同职能部门的成员配合来处理产品可靠性问题。采集相关的可靠性数据,进行适当的分析,并反馈给各部门以进行持续的改进工作。

附录 A 符 号

A	可用度
$A(t)$	t 时刻的可用度
$A(0,t)$	$(0,t)$ 时间间隔内的平均可用度
$B(t)$	t 时刻的实际年龄
C_D	开发成本
C_j	约束
C_k	部件 k 的单位购买费用
C_p	生产成本
C_r	修复的平均费用(在保修期内)
C_W	产品在寿命周期内的全部保修费用
c_W	每销售单元的保修费用
DP_j	第 j 层的期望性能
$E(X)$	随机变量 X 的期望值(均值)
ϵ	随机误差
$F(t)$	概率分布函数,$F(t) = Pr(T \leq t)$,或称为故障分布函数
$F(t \mid x)$	产品使用到 t 时刻的条件故障分布函数,$F(t \mid x) = \Pr(T \leq t + x \mid T > x)$
F_j	第 j 层的功能
$F_n(t)$	经验(故障)分布函数
$f(t)$	概率密度函数 $f(t) = F'(t)$
$g(u)$	使用率的概率密度 $(u_1 \leq u \leq u_2)$
$J(x,y)$	阶段 2 的目标函数
$J(\gamma_k, M_k, T_k, \tau_k)$	阶段 3 的目标函数
J	层次数
$J(x,y)$	目标函数
$J(x_1, y_1, x_2, y_2)$	目标函数

L	产品寿命周期
$L(\theta)$	似然函数
$\lambda(t)$	失效发生率(ROCOF)
$\Lambda(t)$	累积 FOCOF, $\Lambda(t) = \int_0^t \lambda(u)\mathrm{d}u$
$\lambda_0(t;x,y)$	ROCOF(在额定设计使用率 x 下使用)
$\lambda(t;x,y,u)$	ROCOF(产品使用率为 u)
M	冗余结构中的备份部件的数目
M_k	备份(冗余)的数目
$N(t)$	$(0,t]$ 时间间隔内故障发生的数目(4.6 节)
$N(t)$	到 t 时刻销售的数目
$n(t)$	销售率,$n(t) = N'(t)$
P	单位产品的销售价格
P_d	顾客不满意产品的概率
$\pi_D(\tau)$	开发时间为 t 时的开发费用
$\mathrm{Pr}(A)$	事件 A 发生的概率
$\phi(X(t))$	t 时刻的结构函数(系统状态)
$\psi(s)$	应力 s 的函数
$\psi(T)$	在保修期内的剩余时间(时刻 T)
Q	产品寿命周期内的全部销售额
$\overline{Q}$	全部潜在的消费人群
$R(t)$	可靠度函数,$R(t) = \mathrm{Pr}(T>t) = 1-F(t)$
$R(t;s)$	应力 s 下的可靠度函数
$\widetilde{R}$	产品寿命周期内的收益
S	应力等级
SP_j	第 j 层的规范
$S(t)$	到 t 时刻损失的消费者数目
$s(t)$	到 t 时刻消费者的损失率,$s(t) = S'(t)$
T	故障时间,也称寿命或故障工龄
T	预防性维修的间隔时间(第6章)
τ	连续试验之间的间隔
τ	开发时间

τ_k	开发时间
T_k	更换间隔(预防维修)
u	使用率
u_1	使用率下限
u_2	使用率上限
x	可靠性设计的决策变量(标准使用率)
$X_i(t)$	单元 i 在 t 时刻的状态变量
y	可靠性设计的决策变量(尺度参数)
W	保修期
$z(t)$	故障率函数,$z(t) = f(t)/R(t)$
$z(t;s)$	应力 s 下的故障率函数
$Z(t)$	累积故障率函数,$Z(t) = \int_0^t z(u)\,\mathrm{d}u$

注意:在有些情况下,相同的符号表示不同的变量,应结合上下文进行理解,避免引起混淆。

附录 B 缩 略 词

ADSL   不对称数字用户线

AF   加速因子

AHP   层次分析法

ANOVA   方差分析

AP   实际经济指标

BGA   球栅阵列

BI   老练

BIR   固有可靠性

BIT   机内测试

CAD   计算机辅助设计

CDF   累积分布函数

CE   欧洲经济共同体

CEN   欧洲标准化委员会

CENELEC   欧洲电工标准化委员会

CEO   首席执行官

CM   修复性维修

CMS   互补金属氧化物半导体

CPU   中央处理器

CSP   芯片尺寸封装

CUSUM   累积金额

DBMS   数据库管理系统

DIK   数据、信息、知识

DIKW   数据、信息、知识、学识

DLBI   芯片级老练

DNV   挪威船级社

DOE	实验设计
DP	性能规范
DS	设计选项（解决方案）
EEA	欧洲经济区
EHSR	基本健康与安全要求
EN	欧洲标准
EOS	电过应力
ESA	欧洲太空总署
ESD	防静电产品
ESS	环境应力筛选
ETSI	欧洲电信标准协会
EU	欧盟
EUC	受控设备
FA	故障分析
FCOB	板上倒装芯片
FMA	故障模式分析
FMEA	故障模式和影响分析
FMECA	故障模式、影响和危害分析
FRACAS	故障报告分析和纠正措施系统
FRW	免费更换保修
FTA	故障树分析
FTF	故障函数
FTS	飞行安全系统
HAZOP	危害与可操作性分析
HSE	健康、安全和环境
IC	集成电路
IEC	国际电工委员会
ISDN	综合业务数字网
ISO	国际标准化组织
LCD	液晶显示器
LCC	寿命周期成本

LED	发光二极管
LSI	大规模集成
MCDM	多准则决策
MLE	极大似然估计
MOS	金属氧化物半导体
MRL	平均剩余寿命
MSI	中规模集成电路
MTBF	平均故障间隔时间
MTTF	平均无故障时间
MTTR	平均故障修复时间
NPD	新产品开发
NTNU	挪威科技大学
OED	有机发光显示器
OEM	原始设备制造商
OLED	有机发光二极管
PDMM	产品数据主模型
PDS	产品设计规范
PFD	要求故障概率
PLBI	封装级老练
PP	预计性能
PM	预防性维修
PRW	按比例返还保修
QFD	质量功能展开
RAM	随机存取存储器
RAPEX	欧盟非食品类商品快速报警系统
RBD	可靠性框图
RIW	可靠性增长保证
ROCOF	失效率
ROI	投资回报率
RP	操作规程建议
SEMMA	取样—分析—调整—建模—评价

SIF	安全仪表功能
SIL	安全完整性水平整体安全性水平
SIS	安全仪表系统
SLIC	应力感应漏电流
SLSI	超大规模集成电路
SMT	表面安装技术
SP	规格
SRS	安全要求规范
SSI	小规模集成
TAAF	测试、分析和改进
TAFT	测试、分析、改进和测试
TDDB	与时间相关的介电击穿
TOP	顶事件(故障树)
TOPSIS	运用逼近理想解排序法
TTT	总试验时间
ULSI	极大规模集成电路
U.S.	美国
WAF	晶圆验收测试
WLBI	晶圆级老练
WL – CSP	晶圆级芯片尺寸封装
WP	晶圆探测

附录 C 术 语

本书中的很多定义参照了国际准则,尤其是 IEC 和 ISO 准则,这些定义在 IEC 和 ISO 中已经得到了认证。

验收测试:在特定条件下进行的测试,或者代表客户使用待交付或可交付产品,从而确定产品是否满足规定要求,包括第一个产品的验收。(MIL – HDBK – 338B)。

主动冗余:指执行某个功能时,所有的方式同时进行。(IEC 60050 – 191)

可靠性分配:指将产品(系统级)的可靠性要求分配给子系统和部件,如果每一性能要求都能满足,就能实现整个系统的可靠性要求。

黑箱:指在理解一个产品时,其内部结构是不必要的只考虑接口特征。(ECSS – Q – 30 – 02A)

机内测试:指通过自身测试硬件和软件来完成部分组件或系统的测试。BIT 表示任何自测功能在设计时都是为了检测、诊断和隔离故障。(NASA – STD – 8729.1)

冷冗余:指这种备份并没有被激活,因此会造成故障率的不同。(ECSS – Q – 30 – 02A)

修复性维修:指发生故障后,采取行动修复该单元到指定状态。修复性维修包含定位、隔离、拆卸、互换、重新装配、校准和检验。(MIL – HDBK – 338B)

可信性:用来描述可用度性能及其影响的因素,如可靠性指标、维修性性能和维修保障性。(IEC 60050 – 191)

可信性管理:指指导和控制一个组织可信性相关的协调行为。(IEC 60300 – 1)

设计大纲:指计划、记录现有或者提出的设计大纲。(IEC 61160)

诊断:为了识别和排除系统故障或验证系统的完整性用工具、程序或软件编码。

故障安全:为了防止导致失败的关键结点而设计的一个项目。(ECSS – Q – 40B)

失效:指一个项目执行所要求的功能能力的终止。(IEC 60050 – 191)

失效机理:指可能导致失效的物理、化学或其他方式。(IEC 60050 – 191)

失效模式:指失效单元表现出来的失效影响。

故障:指单元没有某种能力完成所要求的功能。(IEC 61511)

这种状态表现的是无法执行所需的函数,也包括没有能力进行预防性维护或

者其他计划中的任务,或者缺乏外部资源。(IEC 60050 - 191)

容错性:功能单元存在缺陷和错误时继续执行所需功能的能力。(IEC 61511)

故障树分析:指利用故障树分析系统发生故障的过程中设备、部件和材料的失效模式。故障树是用图形和逻辑门表示可能的事件、故障和常态,最终导致顶事件发生的过程分析的模型。这种过程和系统元素可能包括硬件、软件、人类和环境因素。

损害:物理伤害或者对健康造成的损害。(ISO 12100 - 1)

危险:可能导致出现事故的现有或者潜在的状态。(ECSS - Q - 40B)

危险事件:指导致不好的结果以及由一个(或多个)事件触发一个(或更多)危险的事件。

热冗余:指在冗余结构中有已激活的备用冗余。(ECSS - Q - 40B)

寿命周期成本:指采购、操作、维修和支持整个使用寿命所需的全部费用,包括清理的费用。(NASASTD - 8729.1)

机械装配:指装配零件和组件的过程,具体是通过至少一种操作,用适当的机械执行机构和控制电源电路,将各组件连接在一起的特定程序,特指材料的处理、修复或者封装过程。(ISO 12100 - 1)

可维护性:指产品在使用条件下,保持或修复到可以执行所需功能的能力,也包括在规定条件下维护与使用规定的步骤和资源。

维护:指为了能够保持或者恢复产品到它可以执行所需功能的状态,进行的所有相应活动。(IEC 60050 - 191)

新产品开发:指厂家通过完成一些规则和任务,包括一些管理行为,将一些新的想法转化为可供出售的产品或者服务。(Belliveau 等,2002)

性能:在规定的操作和环境条件下执行特定任务的能力(IEC 62347)。

预防性维护:通过提供系统的检查、检测,预防早期故障,保持产品在指定的条件下执行任务的所有活动。(MIL - HDBK - 338B)

质量鉴定试验:在特定条件下,通过客户或代替客户对生产配置的典型产品进行测试,以确定产品符合设计的要求,从而进行生产批准(也称为验证试验)。(MIL - HDBK - 338B)

合理的可预见性误用:指产品在不是设计师期望的方式下使用,但人们的可预见行为随时都可能导致这种情况发生。(ISO 12100 - 1)

冗余:指有多种方式完成指定的功能,完成功能的每一种方式不一定相同。(MIL - HDBK - 338B)

可靠性:在规定的时间、规定的环境和操作条件下,产品执行规定功能的能力。

机器的可靠性:指机械或者其组件设备在特定条件下,完成规定功能的能力。(ISO 12100 - 1)

可靠性增长:指可靠性的改善,是通过测试发现设计、材料和部分组件的缺陷,

然后通过纠正措施进行消除和减轻这种不足。(MIL – HDBK – 338B)

需求:指系统与系统组件必须达到的状态和能力,从而满足合同、标准、规范和其他正式文档。(IEEE Std. 1413.1)

风险:指不良事件发生的可能性和其产生后果的严重性的结合(NASA – STD – 8729.1);发生危害的可能性和危害的严重程度的结合。

单点失效:指对于没有冗余和替代操作过程步骤存在的系统,一个单元的失效导致系统的失效。(MIL – HDBK – 338B)

规范:在前期开发阶段为实现所需性能,指定的一系列描述的集合。

备用冗余:指冗余结构中的一部分执行所需功能,而备用部分直到需要时才工作。(IEC 60050 – 191)

系统性失效:失效是由于一个确定的因素导致的,只有通过修改设计、制造过程、操作步骤、文档或其他相关因素,才能移除将其移除。(IEC 60050 – 191)

有形的产品:指有形状的产品(如组装件或生产材料),或指无形的(如知识、概念),或是两者的结合。一个产品既可以是有意的(如提供给客户),也可以无意的(如污染物、副作用)。

测试、分析与改进(TAAF):可靠性增长的同义词,其中确定了实现可靠性增长的三个元素(测试、分析缺陷和采取纠正措施)。(MIL – HDBK – 338B)

验证:通过提供客观证据对特定的预期用途或应用要求已得到满足的认定。(ISO 9000)

确认:通过提供客观证据对规定要求已得到满足的认定。(ISO 9000)

参 考 文 献

Ackhoff, R. L. (1989). From data to wisdom. *Journal of Applied Systems Analysis*, 16:3–9.

Adriaans, R. L. and Zantinge, D. (1997). *Data Mining*. Addison Wesley Longman, Harlow, England.

Akao, Y. (1997). QFD; past, present, and future. In *Proceedings of the International Symposium on QFD'97*, Linköping, Sweden.

Akhmedjanov, F. M. (2001). Reliability databases: State-of-the-art and perspectives. Report R-1235, Risö National Laboratory, Roskilde, Denmark.

Amendola, A. and Keller, A. Z. (1987). *Reliability Data Bases*. Kluwer Academic Publishers, Amsterdam.

Amerasekera, A. and Campbell, D. S. (1987). *Failure Mechanisms in Semiconductor Devices*. Wiley, New York.

Amstadter, B. L. (1971). *Reliability Mathematics*. McGraw-Hill, New York.

Andreasen, M. and Hein, L. (1987). *Integrated Product Development*. Springer, London.

Ansell, J. I. and Phillips, M. J. (1989). Practical problems in the statistical analysis of reliability data. *Applied Statistics*, 38:205–247.

Ansell, J. I. and Phillips, M. J. (1994). *Practical Methods for Reliability Data Analysis*. Oxford University Press, Oxford.

Aoussat, A., Christofol, H., and Le Coq, M. (2000). New product design - a transverse approach. *Journal of Engineering Design*, 11(4):399–417.

Appel, F. C. (1970). The 747 ushers in a new era. *The American Way*, pages 25–29.

Archer, N. P. and Wesolowsky, G. O. (1996). Consumer response to service and product quality: A study of motor vehicle owners. *Journal of Operations Management*, 14:103–118.

Asiedu, Y. and Gu, P. (1998). Product life cycle cost analysis: state of the art review. *International Journal of Production Research*, 36:883–908.

Atkinson, P. and Hammersley, M. (1994). Ethnography and participant observation. In Denzin, N. K. and Lincoln, Y. S., editors, *The Handbook of Qualitative Research*. Sage Publications.

Atkinson, S. (2005). Fuel cells for mobile devices. *Membrane Technology*, December:6–8.

Atterwalla, A. I. and Stierman, R. (1994). Failure mode analysis of a 540 pin plasic ball grid array. In *Proceedings SMI*, pages 252–257.

Balachandra, R. (1984). Critical signals for making go/no go decisions in new product development. *Journal of Product Innovation Management*, 2:92–104.

Barclay, I. (1992). The new product development process: Part 1 - past evidence and future practical application. *R&D Management*, 22:255–263.

Bashir, H. A. and Thomson, V. (2001). An analogy-based model for estimating design effort. *Design Studies*, 22:157–167.

Bass, F. M. (1969). A new product growth model for consumer durables. *Management Science*, 15:215–227.

Bates, H., Holweg, M., Lewis, M., and Oliver, N. (2007). Motor vehicle recalls: Trends, patterns and emerging issues. *Omega*, 35:202–210.

Beck, K. H., Yan, F., and Wang, M. Q. (2007). Cell phone users, reported crash risk, unsafe driving behaviors and dispositions: A survey of motorists in maryland. *Journal of Safety Research*, 38(6):683–688.

Bellinger, G., Castro, D., and Mills, A. (1997). Data, information, knowledge, and wisdom. Technical report, `http://www.outsight.com/systems/dikw/dikw.htm`.

Belliveau, P., Griffin, A., and Sommermeyer, S. (2002). *The PDMA Toolbook 2 for New Product Development*. Wiley, New York.

Benyon, D. (1990). *Information and Data Modelling*. Alfred Waller, Henley-on-Thames.

Betz, F. (1993). *Strategic Technology Management*. McGraw-Hill, New York.

Bhat, N. U. (1972). *Elements of Applied Stochastic Processes*. Wiley, New York.

Blache, K. M. and Shrivastava, A. B. (1994). Defining failure of manufacturing machinery and equipment. In *Proceedings Annual Reliability and Maintainability Symposium*, pages 69–75.

Blanchard, B. S. (2004). *System Engineering Management*. Wiley, New Jersey, 3rd edition.

Blanchard, B. S. and Fabrycky, W. J. (1998). *Systems Engineering and Analysis*. Prentice-Hall, New Jersey, 3rd edition.

Blischke, W. R. and Murthy, D. N. P. (1994). *Warranty Cost Analysis*. Marcel Dekker, New York.

Blischke, W. R. and Murthy, D. N. P. (1996). *Product Warranty Handbook*. Marcel Dekker, New York.

Blischke, W. R. and Murthy, D. N. P. (2000). *Reliability: Modelling, Prediction and Optimization*. Wiley, New York.

Boothroyd, W., Dewhurst, P., and Knight, W. (2002). *Product Design for Manufacture and Assembly*. Marcel Dekker, New York, 2nd edition.

Box, G. E. P., Hunter, J. S., and Hunter, W. G. (2005). *Statistics for Experimenters: Design, Innovation, and Discovery*. Wiley, New York, 2nd edition.

Brentani, U. (1986). Do firms need a custom-designed new screening model? *Journal of Product Innovation*, 3:108–119.

Brostow, W. and Cornelissen, R. D. (1985). *Mechanical Failures of Plastics*. Carl Hanser Verlag, Munchen.

Brulia, J. (2007). The cell phone: A potential "digital danger". *Journal of Explosives Engineering*, 24(4):22–23.

BS 5760-4 (1986). *Reliability of constructed or manufactured products, systems, equipment and components, Part 4*. British Standards Institution.

Bsharah, F. and Lees, M. (2000). Requirements and strategies for the retention of automotive product data. *Computer Aided Design*, 32:145–158.

Bulmer, M. and Eccleston, J. E. (2003). Photocopier reliability modeling using evolutionary algorithms. In Blischke, W. R. and Murthy, D. N. P., editors, *Case Studies in Reliability and Maintenance*, chapter 18. Wiley, New York.

Büyüközkan, G., Dereli, T., and Baykasoglu, A. (2004). A survey on the methods and tools of concurrent new product development and agile manufacturing. *Journal of Intelligent Manufacturing*, 15:731–751.

Calantone, R. J., Di Benedetto, A. A., and Schmidt, J. B. (1999). Using the analytical hierarchy process in new product screening. *Journal of Product Innovation Management*, 16:65–76.

Cannon, A. C. and Bendell, A., editors (1991). *Reliability Data Banks*. Elsevier, London.

Cavasin, D., Brice-Hearnes, K., and Arab, A. (2003). Improvements in reliability and manufacturability of an integrated power amplifier module system - in package, via implementation of conductive epoxy adhesive for selected SMT components. In *Proceedings of the 2003 Electronic Component and Technology Conference*, pages 1404–1407.

Chakravarty, A. K. and Balakrishnan, N. (2001). Achieving product variety through optimal choice of module variations. *IIE Transactions*, 33:587–598.

Chen, J., Yao, D., and Zheng, S. H. (1998). Quality control for products supplied with warranty. *Operations Research*, 46:107–115.

Churchill, G. A. J. (1991). *Marketing Research: Methodological Foundations*. The Dryden Press, Orlando, FL, 5th edition.

Clark, K. B.. and Fujimoto, T. (1991). *Product Development Performance*. Harvard Business School Press, Boston.

Coit, D. W. and Dey, K. A. (1999). Analysis of grouped data from field-failure reporting systems. *Reliability Engineering and System Safety*, 65:95–101.

Colangelo, V. J. and Heiser, F. A. (1987). *Analysis of Metallurgical Failures*. Wiley, New York, 2nd. edition.

Condra, L. (1993). *Reliability Improvement with Design of Experiments*. Marcel Dekker, New York.

Coolen, F. P. A. and Yan, K. J. (2003). Non-parametric predictive inference from grouped lifetime data. *Reliability Engineering and System Safety*, 80:243–252.

Cooper, L. P. (2003). A new research agenda to reduce risk in new product development through knowledge management: A practitioner perspective. *Journal of Engineering and Technology Management*, 20:117–140.

Cooper, R., Wootoon, A. B., and Bruce, M. (1998). Requirement capture: Theory and practice. *Technovation*, 18:497–531.

Cooper, R. G. (2001). *Winning at New Products*. Perseus, Cambridge MA, 3rd edition.

Cooper, R. G. (2005). New products - what separates the winners from the losers and what drives success. In Kahn, K. B., editor, *PDMA Handbook of New Product Development*, chapter 1, pages 3–28. Wiley, New Jersey, 2nd edition.

Cox, D. R. (1972). Regression models and life tables (with discussion). *Journal of the Royal Statistical Society B*, 34:187–220.

Cox, D. R. and Reid, N. (2000). *The Theory of the Design of Experiments*. Chapman & Hall, Boca Raton.

Cross, N. (1994). *Engineering Design Methods: Strategies for Product Design*. Wiley, Chichester, 2nd edition.

Crow, L. H. (1974). Reliability analysis of complex repairable systems. In Proschan, F. and Serfling, R. J., editors, *Reliability and Biometry*, pages 379–410. SIAM.

Crowder, M. J., Kimber, A. C., Smith, R. L., and Sweeting, T. J. (1991). *Statistical Analysis of Reliability Data*. Chapman and Hall, London.

Cunningham, S. P., Spanos, C. J., and Voros, K. (1995). Semiconductor yield improvement results: Results and best practices. *IEEE Transactions on Semiconductor Manufacturing*, 8:103–109.

Darveaux, R., Heckman, J., Syed, A., and Mawer, A. (2000). Solder joint fatigue life with fine pitch BGAs - impact of design and material selection. *Microelectronics Reliability*, 40:1117–1127.

Day, G. S., Shocker, A. D., and Shrivastava, R. K. (1978). Consumer oriented approaches to identifying product markets. *Journal of Marketing*, 43:9–19.

Dehnad, K. (1989). *Quality Control, Robust Design and the Taguchi Method*. Wadsworth & Brooks/Cole, Pacific Grove, California.

Deszca, G., Munro, H., and Noori, H. (1999). Developing breakthrough products: challenges and options for market assessment. *Journal of Operations Management*, 17:613–630.

Dhillon, B. S. (1983). *Reliability Engineering in Systems Design and Operation*. Van Nostrand Reinhold Company, Inc., New York.

Dhudshia, V. (1992). *Guidelines for Equipment Reliability*. Number 92031014A-GEN. SEMATECH.

Dieter, G. E. (1991). *Engineering Design - A Materials and Processing Approach*. McGraw-

Hill, New York.

Djamaludin, I., Murthy, D. N. P., and Wilson, R. J. (1994). Quality control through lot sizing for items sold with warranty. *International Journal of Production Economics*, 33:97–107.

Djamaludin, I., Murthy, D. N. P., and Wilson, R. J. (1995). Lot-sizing and testing for items with uncertain quality. *Mathematical and Computer Modelling*, 22:35–44.

Djamaludin, I., Wilson, R. J., and Murthy, D. N. P. (1997). An optimal quality control scheme for product sold with warranty. In Al-Sultan, K. S. and Rahim, M. A., editors, *Optimization in Quality Control*, chapter 13. Kluwer Academic Publishers, New York.

DNV RP A203 (2001). *Qualification Procedures for New Technology*. Det Norske Veritas (DNV).

DOE-NE-STD-1004-92 (1992). *Root Cause Analysis Guidance Document*. U.S. Department of Energy, Office of Nuclear Energy, Washington, DC.

Doyen, L. and Gaudoin, O. (2004). Classes of imperfect repair modelsbased on reduction of failure intensity or virtual age. *Reliability Engineering and System Safety*, 84:45–56.

Drejer, A. and Gudmundsson, A. (2002). Towards multiple product development. *Technovation*, 22:733–745.

Duane, J. T. (1964). Learning curve approach to reliability monitoring. *IEEE Transactions on Aerospace*, 2:563–566.

Ebeling, C. E. (1997). *An Introduction to Reliability and Maintainability Engineering*. McGraw-Hill, New York.

ECSS-Q-30-02A (2001). *Space product assurance; Failure modes, effects and criticality analysis (FMECA)*. ESA-ESTEC, Requirements an Standards Division, Noordwijk, The Netherlands.

ECSS-Q-40B (2002). *Space product assurance; Safety*. ESA-ESTEC, Requirements and Standards Division, Noordwijk, The Netherlands.

Edelstein, H. A. (1999). *Introduction to Data Mining and Knowledge Discovery*. Two Crows Corporation, Potomac, MD, 3rd edition.

Erens, F. J. and Hegge, H. M. H. (1994). Manufacturing and sales coordination for product variety. *International Journal of Production Economics*, 37:83–99.

Escobar, L. A. and Meeker, W. Q. (1999). Statistical prediction based on censored life data. *Technometrics*, 41:113–124.

Evanoff, T. (2002). Today's cars are built to last. *USA Today*, December 12.

Evans, J. R. and Lindsay, W. M. (1996). *The Management and Control of Quality*. West Publishing Company, St. Paul, Minnesota.

Fabrycky, W. J. and Blanchard, B. S. (1991). *Life-cycle cost and economic analysis*. Prentice Hall, Englewood Cliffs, New Jersey.

Fairlie-Clarke, T. and Muller, M. (2003). An activity model of the product development process. *Journal of Engineering Design*, 14(3):247–272.

Fayyad, U. M., Piatetsky-Shapiro, G., Smyth, P., and Uthurusamy, R. (1996). *Advances in Knowledge Discovery & Data Mining*. MIT Press, Cambridge, MA.

Ferris-Prabhu, A. V. (1992). *Introduction to Semiconductor Device Yield Modeling*. Artech House, Boston, MA.

Flanagan, J. C. (1954). The critical incident technique. *Psychological Bulletin*, 54:327–358.

Flint, D. J. (2002). Compressing new product success-to-success cycle time. Deep customer value understanding and idea generation. *Industrial Marketing Management*, 31:305–315.

Foucher, B., Boullie, J., Meslet, B., and Das, D. (2002). A review of reliability prediction methods for electronic devices. *Microelectronics Reliability*, 42:1155–1162.

Fox, J. (1993). *Quality Through Design; The Key to Successful Product Delivery*. McGraw-Hill, London.

Fredette, M. and Lawless, J. F. (2007). Finite-horizon prediction of recurrent events, with applications to forecasts of warranty claims. *Technometrics*, 49:66–80.

French, M. (1985). *Conceptual Design for Engineers*. The Design Council, London.

Fries, A. and Sun, A. (1996). A survey of discrete reliability-growth models. *IEEE Transactions on Reliability*, 45:582–604.

Fujita, K. (2002). Product variety optimization under modular architecture. *Computer Aided Design*, 34:953–965.

Gandara, A. and Rich, M. D. (1977). Reliability improvement warranties for military procurement. Report R-2264-AF, RAND Corp, Santa Monica, CA.

Garcia, R. and Calantone, R. (2002). A critical look at technological innovation typology and innovativeness terminology: A literature review. *Journal of Product Innovation Management*, 19:110–132.

Geng, P. (2005). Dynamic test and modelling methodology for BGA solder joint shock evaluation. In *Proceedings of the 2005 Electronic Component and Technology Conference*, pages 654–659.

Gershenson, J. K., Prasad, G. J., and Zhang, Y. (2003). Product modularity: definitions and benefits. *Journal of Engineering Design*, 14(3):295–313.

Gershenson, J. K., Prasad, G. J., and Zhang, Y. (2004). Product modularity: measures and design methods. *Journal of Engineering Design*, 15(1):33–51.

Gershenson, J. K. and Stauffer, L. A. (1999). A taxonomy for design requirements from coporate customers. *Research in Engineering Design*, 11:103–115.

Gill, A. N. and Mehta, G. P. (1994). A class of subset selection procedures for Weibull populations. *IEEE Transactions on Reliability*, 43:65–70.

Gitomer, J. (1998). *Customer Satisfaction is Worthless: Customer Loyalty is Priceless*. Bard Press, Austin, TX.

Grant, E. L. and Leavensworth, R. S. (1988). *Statistical Quality Control*. McGraw-Hill, New York.

Gregory, W. M. (1964). Air force studies product life warranty. *Aviation Week and Space Technology*, 2 November.

Guida, M. and Pulcini, G. (2002). Automotive reliability inference based on past data and technical knowledge. *Reliability Engineering and System Safety*, 76:129–137.

Gupta, S. S. and Miescke, K. L. (1987). Optimum two-stage selection procedures for Weibull populations. *Journal of Statistical Planning and Inference*, 15:147–156.

Hales, C. (1993). *Managing Engineering Design*. Longman Scientific & Technical, Essex.

Han, J. and Kamber, M. (2000). *Data Mining: Concepts and Techniques*. Morgan-Kaufman, New York.

Hartman, R. S. (1987). Product quality and efficiency: The effect of product recalls on resale prices and firm valuation. *The Review of Economics and Statistics*, 69:367–372.

Hashim, F. M. (1993). *Using functional descriptions to assist the redesign process*. PhD thesis, Department of Mechanical Engineering, University of Leeds.

Hastie, T., Tibshirari, R., and Friedman, J. H. (2001). *The Elements of Statistical Learning: Data Mining, Inference, and Prediction*. Springer, New York.

Hauser, J. R. and Clausing, D. (1988). The house of quality. *Harvard Business Review*, 66:63–73.

Healey, J. R. (2002). No title. *USA Today*, September 20.

Healey, J. R. (2003). No title. *USA Today*, September 03.

Healy, J. D., Jain, A. K., and Bennet, J. M. (1997). Reliability prediction; tutorial notes. Annual Reliability and Maintainability Symposium.

Herard, L. (1999). Packaging reliability. *Microelectronics Engineering*, 49:17–26.

Hietanen, M. and Sibakov, V. (2007). Electromagnetic interference from GSM and TETRA phones with life-support medical devices. *Annali dell'Istituto Superiore di Sanita*,

43(3):204–207.

Hiller, G. E. (1973). Warranty and product support. the plan and use thereof in a commercial operation. In *Proc. Failure Free Warranty Seminar*, Philadelphia. US Navy Aviation Supply Office.

Hipp, J. and Lindner, G. (1999). Analysing warranty claims of automobiles. In *Proceedings of the 5th International Computer Science Conference (ICSC'99)*, Hong Kong.

Hiraoka, K. and Niaido, T. (1997). Reliability design of current stress in LSI interconnects using the estimation of failure rate due to electromigration. *Microelectronics Reliability*, 37:1185–1191.

Hisada, K. and Arizino, F. (2002). Reliability tests for Weibull distribution with varying shape-parameter based on complete data. *IEEE Transactions on Reliability*, 51(3):331–336.

Hnatek, E. R. (1995). *Integrated Circuit Quality and Reliability*. Marcel Dekker, New York.

Hobbs, G. (2000). *Accelerated Reliability Engineering: HALT and HASS*. Wiley, Chichester.

Hodges, D. A., Jackson, H. G., and Saleh, R. (2003). *Analysis and Design of Digital Integrated Circuits*. McGraw-Hill, New York.

Holström, J. E. (1971). Personal filing and indexing of design data. In *Proc. Information Systems for Designers*, University of Southampton.

Homburg, C. and Rudolph, B. (2001). Customer satisfaction in industrial markets: dimensional and multiple role issues. *Journal of Business Research*, 52:15–33.

Hopkins, D. S. and Bailey, E. L. (1971). New product pressures. *Conference Board Records B.*, pages 16–24.

Hsu, T. A. (1982). On some optimal selection procedures for Weibull populations. *Communications in Statistics – Series A: Theory and Methods*, 11:2657–2668.

Hu, X. J. and Lawless, J. F. (1996). Estimation from truncated lifetime data with supplementary information on covariates and censoring times. *Biometrika*, 83:747–761.

Hu, X. J., Lawless, J. F., and Suzuki, K. (1998). Nonparametric estimation of lifetime distribution when censoring times are missing. *Technometrics*, 40:3–13.

Hubka, V. and Eder, W. E. (1992). *Engineering Design*. Heurista, Zurich.

Huei, Y. K. (1999). Sampling plans for vehicle component reliability verification. *Quality and Reliability Engineering International*, 15:363–368.

Hung, S. C., Zheng, P. J., Chen, H. N., Lee, S. C., and Lee, J. J. (2000). Board level reliability and chip scale packages. *International Journal of Microcircuit Electronic Packaging*, 23:118–129.

Hung, S. C., Zheng, P. J., Ho, S. H., Lee, S. C., Chen, H. N., and Wu, J. D. (2001). Board level reliability of PBGA using flex substrate. *Microelectronics Reliability*, 41:677–687.

IEC 60050-191 (1990). *International Electrotechnical Vocabulary - Chapter 191 - Dependability and Quality of Service*. International Electrotechnical Commission, Geneva.

IEC 60300-1 (2003). *Dependability Management; Part 1: Dependability Assurance of Products*. International Electrotechnical Commission, Geneva, 2nd edition.

IEC 60300-3-3 (2005). *Dependability Management; Part 3: Application Guide - Section 3: Life Cycle Costing*. International Electrotechnical Commission, Geneva.

IEC 60300-3-4 (2007). *Dependability Management; Part 3: Application Guide - Section 4: Guide to the Specification of Dependability Requirements*. International Electrotechnical Commission, Geneva, 2nd. edition.

IEC 61014 (2003). *Programmes for Reliability Growth*. International Electrotechnical Commission, Geneva.

IEC 61025 (1990). *Fault Tree Analysis (FTA)*. International Electrotechnical Commission, Geneva.

IEC 61160 (2005). *Design Review*. International Electrotechnical Commission, Geneva.

IEC 61164 (2004). *Reliability Growth - Statistical Test and Estimation Methods*. International

Electrotechnical Commission, Geneva.

IEC 61508 (1997). *Functional Safety of Electrical/Electronic/Programmable Electronic Safety-Related Systems*. International Electrotechnical Commission, Geneva.

IEC 61511 (2003). *Functional Safety - Safety Instrumented Systems for the Process Industry*. International Electrotechnical Commission, Geneva.

IEC 61882 (2001). *Hazard and Operability Studies (HAZOP Studies) – Application Guide*. International Electrotechnical Commission, Geneva.

IEC 62347 (2006). *Guidance on System Dependability Specifications*. International Electrotechnical Commission, Geneva.

IEEE Std. 1413.1 (2002). *IEEE Guide for Selecting and Using Reliability Predictions Based on IEEE 1413*. IEEE, New York.

IEEE Std. 352 (1982). *IEEE Guide for General Principles of Reliability Analysis of Nuclear Power Generating Station Protection Systems*. IEEE, New York.

Isiklar, G. and Buyukozkan, G. (2007). Using a multi-criteria decision approach to evauate mobile phone alternatives. *Computer Standards & Interface*, 29:265–274.

Iskander, B. P. and Blischke, W. R. (2003). Reliability and warranty analysis of a motorcycle based on claims data. In Blischke, W. R. and Murthy, D. N. P., editors, *Case Studies in Reliability and Maintenance*. Wiley, New York.

ISO 12100-1 (2003). *Safety of Machinery - Basic Concepts, General Principles for Design - Part 1: Basic Terminology, Methodology*. International Standardization Organization, Geneva.

ISO 13849-1 (2006). *Safety of Machinery – Safety-Related Parts of Control Systems – Part 1: General Principles for Design*. International Standardization Organization, Geneva.

ISO 13850 (2006). *Safety of Machinery – Emergency Stop – Principles for Design*. International Standardization Organization, Geneva.

ISO 13854 (1996). *Safety of Machinery - Minimum Gaps to Avoid Crushing of Parts of the Human Body*. International Standardization Organization, Geneva.

ISO 14121-1 (2007). *Safety of Machinery - Risk Assessment (Principles)*. International Standardization Organization, Geneva.

ISO 14620-2 (2000). *Space Systems – Safety Requirements, Part 2: Launch Site Operations*. International Standardization Organization, Geneva.

ISO 14620-3 (2005). *Space Systems – Safety Requirements, Part 3: Flight Safety Systems*. International Standardization Organization, Geneva.

ISO 14971 (2000). *Medical Devices - Application of Risk Management to Medical Devices*. International Standardization Organization, Geneva.

ISO 8402 (1986). *Quality Vocabulary*. International Standardization Organization, Geneva.

ISO 9000 (2000). *Quality Management and Assurance Standards*. International Standardization Organization, Geneva.

Jang, S. Y., Hong, S. M., Park, M. Y., Kwak, D. O., Jeong, J. W., Roh, S. H., and Moon, Y. J. (2004). FCOB (flip chip on board) reliability study for mobile applications. In *Proceedings of the 2004 Electronic Component and Technology Conference*, pages 62–67.

Jauw, J. and Vassilou, P. (2000). Field data is reliability information: Implementing an automated data acquisition and analysis system. In *Proceedings Annual Reliability and Maintainability Symposium*, pages 86–92.

Jensen, F. and Peterson, N. E. (1982). *Burn-in*. Wiley, New York.

Jha, A. K. and Kaner, C. J. D. (2003). Bugs in the brave new unwired world. $http://www.testingeducation.org$.

Kahn, K. B. (2002). An exploratory investigation of new product forecasting practices. *Journal of Product Innovation Management*, 19:133–143.

Kalbfleisch, J. D. and Lawless, J. F. (1992). Some statistical methods for truncated data.

Journal of Quality Technology, 24:145–152.

Kalbfleisch, J. D., Lawless, J. F., and Robinson, J. A. (1991). Methods for the analysis and prediction of warranty claims. *Technometrics*, 33:273–285.

Kar, T. R. and Nachlas, J. A. (1997). Coordinated warranty and burn-in strategies. *IEEE Transactions on Reliability*, 46:512–518.

Karabagli, Y., Kose, A. A., and Cetin, C. (2006). Partial thickness burns caused by a spontaneously exploding mobile phone. *Burns*, 32(7):922–924.

Karim, M. R. and Suzuki, K. (2005). Analysis of warranty claim data: a literature review. *International Journal of Quality & Reliability Management*, 22:667–686.

Karim, M. R., Yamamoto, W., and Suzuki, K. (2001a). Change-point detection from marginal count failure data. *Journal of the Japanese Society for Quality Control*, 31:104–124.

Karim, M. R., Yamamoto, W., and Suzuki, K. (2001b). Performance of AIC constrained MLE in detecting a change-point. *Bulletin of the University of Electro-Communication*, 13:173–180.

Karim, M. R., Yamamoto, W., and Suzuki, K. (2001c). Statistical analysis of marginal count failure data. *Lifetime Data Analysis*, 7:173–186.

Kawauchi, Y. and Rausand, M. (1999). Life cycle cost (LCC) analysis in oil and chemical process industries. Technical Report ISBN 82-7706-128-5, Department of Quality and Production Engineering, Norwegian University of Science and Technology, NO7491 Trondheim.

Kececioglu, D. (1991). *Reliability Engineering Handbook*, volume 1. Prentice-Hall, Englewood Cliffs, New Jersey.

Kececioglu, D. and Sun, F. (1995). *Environmental Stress Screening: Its Quantification, Optimization, and Management*. Prentice-Hall, Englewood Cliffs, New Jersey.

Keser, B., Wetz, L., and White, J. (2004). WL-CSP reliability with various solder alloys and die thicknesses. *Microelectronics Reliability*, 44:521–531.

Khurana, A. and Rosenthal, S. R. (1998). Towards holistic "front ends" in new product development. *Journal of Product Innovation Management*, 15:57–74.

Kimmel, J., Hautanen, J., and Levola, T. (2002). Display technologies for portable communication devices. *Proceedings of IEEE*, 94:581–590.

Kingston, J. N. and Patel, J. K. (1980a). A restricted subset selection procedure for Weibull populations. *Communications in Statistics – Series A: Theory and Methods*, A9:1371–1383.

Kingston, J. N. and Patel, J. K. (1980b). Selecting the best one of several Weibull populations. *Communications in Statistics – Series A: Theory and Methods*, A9:383–398.

Kiritsis, D., Bufardi, A., and Xirouchakis, P. (2003). Research issues on product lifecycle management and information tracking using smart embedded systems. *Advanced Engineering Informatics*, 17:189–202.

Kivistö-Rahnasto, J. (2000). *Machine safety design; An approach fulfilling European safety requirements*. Number 411. VTT Publications, Espoo, Finland.

Kjellén, U. (2000). *Prevention of Accidents Through Experience Feedback*. Taylor & Francis, London.

Klause, P. J. (1979). Failure-free warranty idea lauded, wider use desired. *Aviation Week and Space Technology*, 9 February.

Kleef, E., Trip, H. C. M., and Luning, P. (2005). Consumer research in the early stages of new product development: a critical review of methods and techniques. *Food Quality and Preference*, 16:181–201.

Knuth, D. (1997). *Fundamental Algorithms*. Addison-Wesley, Reading, MA, 3rd edition.

Kohoutek, H. J. (1996). Reliability specification and goal setting. In Ireson, W. G., Coombs, C. F., and Moss, R. Y., editors, *Handbook of Reliability Engineering and Management*. McGraw-Hill, New York.

Krishnan, V. and Ulrich, K. T. (2001). Product development decisions: a review of the litera-

211

ture. *Management Science*, 47:1–21.

Kumar, D. and Klefsjø, B. (1994). Proportional hazards models: A review. *Reliability Engineering and System Safety*, 44:177–188.

Kumar, S. and McCaffrey, T. R. (2003). Engineering economics at a hard disk drive manufacturer. *Technovation*, 23:749–755.

Kuo, W. and Kim, T. (1999). An overview of manufacturing yield and reliability modelling for semiconductor products. *Proceedings of IEEE*, 87:1329–1344.

Kwon, Y. I. (1996). A Bayesian life test sampling plan for products with Weibull lifetime distribution sold under warranty. *Reliability Engineering and System Safety*, 53:61–66.

Landers, T. L. and Kolarik, W. J. (1987). Proportional hazards analysis of field warranty data. *Reliability Engineering*, 18:131–139.

Larsen, M. R., Harvey, I. R., Turner, D., Porter, B., and Ortowski, J. (2004). Mechanical bending technique for determining CSP design and assembly weaknesses. In *IPC Printed Circuits Expo, SNEMA Coincil APEX, Designer Summit*.

Lau, J. H. and Pao, Y. (1997). *Solder Joint Reliability of BGA, CSP, Flip chip and Fine pitch SMT Assemblies*. McGraw-Hill, New York.

Lawless, J. F. (1982). *Statistical Models and Methods for Lifetime Data*. Wiley, New York.

Lawless, J. F. (1998). Statistical analysis of of product warranty data. *International Statistical Review*, 66:41–60.

Lawless, J. F., Hu, J., and Cao, J. (1995). Methods for estimation of failure distributions and rates from automobile warranty data. *Lifetime Data Analysis*, 1:227–240.

Lawless, J. F. and Kalbfleisch, J. D. (1992). Some issues in the collection and analysis of field reliability data. In Klein, J. P. and Goel, P. K., editors, *Survival Analysis: State of the Art*, pages 141–152. Kluwer Academic Publishers, Amsterdam.

Layer, A., Brinke, E. T., Van-Houden, F., and Haasis, S. (2002). Recent and future trends in cost estimation. *International Journal of Computer Integrated Manufacturing*, 56:499–510.

Lee, K. J. and Lo, G. (2004). Use-condition based cyclic bend test development for handheld components. In *Proceedings of the 2004 Electronic Component and Technology Conference*, pages 1279–1287.

Levitt, T. (1980). Marketing success through differentiation of anything. *Harvard Business Review*, pages 83–91.

Lieblein, J. and Zelen, M. (1956). Statistical investigation of the fatigue life of deep groove ball bearings. *Journal of Research, National Bureau of Standards*, 57:273–316.

Limnios, N. and Oprisan, G. (2001). *Semi-Markov Processes and Reliability*. Birkhauser, Basel.

Lin, L. and Chen, L. C. (2002). Constraints modelling in product design. *Journal of Engineering Design*, 13(3):205–214.

Lloyd, D. K. (1986). Forecasting reliability growth. *Quality and Reliability Engineering International*, 2:19–23.

Lloyd, D. K. and Lipow, M. (1962). *Reliability; Management, Methods and Mathematics*. Prentice Hall, Englewood Cliffs, New Jersey.

Lu, M. W. (1998). Automotive reliability prediction based on early field failure warranty data. *Quality and Reliability Engineering International*, 14:103–108.

Luiro, V. (2003). *Acquisition and Analysis of Performance Data for Mobile Devices*. PhD thesis, University of Oulo, Finland.

Lyons, K. and Murthy, D. N. P. (1996). Warranty data analysis: A case study. In *Proceedings of the Second Australia-Japan Workshop on Stochastic Models in Engineering, Technology and Management*, pages 396–405, Brisbane, Australia. University of Queensland.

Machinery Directive (1998). *Directive 98/37/EC of 22 June 1998 on the approximation of the laws of the Member States relating to machinery*. Official Journal of the European

Communities, Bruxelles, Belgium.

Maffin, D. (1998). Engineering design models: Context, theory and practice. *Journal of Engineering Design*, 9(4):315–327.

Mahajan, V. and Wind, Y. (1992). New product models: Practice, shortcomings, and desired improvements. *Journal of Product Innovation Management*, 9:128–139.

Majeske, K. D. (2003). A mixture model for automobile warranty data. *Reliability Engineering and System Safety*, 81:71–77.

Majeske, K. D. and Herrin, G. D. (1995). Assessing mixture model goodness-of-fit with an application to automobile warranty data. In *Proceedings Annual Reliability and Maintainability Symposium*, pages 378–383.

Majeske, K. D., Lynch, T. C., and Herrin, G. D. (1997). Evaluating product and process design changes with warranty data. *International Journal of Production Economics*, 50:79–89.

Martin, P. L. (1999). *Electronic Failure Analysis Handbook; Techniques and Applications for Electronic and Electrical Packages, Components, and Assemblies*. McGraw-Hill, New York.

Martino, J. P. (1992). *Technology Forecasting for Decision Making*. McGraw-Hill, New York.

Martz, H. and Waller, R. A. (1982). *Bayesian Reliability Analysis*. Wiley, New York.

Mathewson, A., O'Sullivan, P., Concannom, A., Foley, S., Minehane, S., Duane, R., and Palser, K. (1999). Modelling and simulation of reliability for design. *Microelectronics Engineering*, 49:95–117.

Maxham, J. G. I. and Netemeyer, R. G. (2002). Modeling customer perceptions of complaint handling over time: The effect of perceived justice on satisfaction and intent. *Journal of Retailing*, 78:239–252.

Mead, C. and Conway, L. (1980). *Introduction to VLSI Systems*. Addison-Wesley, Reading, MA.

Meeker, W. Q. and Escobar, L. A. (1993). A review of recent research and current issues in accelerated testing. *International Statistical Review*, 41:147–168.

Meeker, W. Q. and Escobar, L. A. (1998). *Statistical Methods for Reliability Data*. Wiley, New York.

Meeker, W. Q. and Hamada, M. (1995). Statistical tools for the rapid development and evaluation of high-reliability products. *IEEE Transactions on Reliability*, 44:187–198.

Meerkamm, H. (1990). Fertigungsrecht Konstruiren mit CAD Systemen. *Konstruktion*, 42.

Meyer, M. H. and Lehnerd, A. H. (1992). *The Power of Product Platform*. The Free Press, New York.

Meyer, M. H., Tertzakian, P., and Utterback, J. M. (1997). Metrics for managing reearch and development in the context of the product family. *Sloan management Review*, 43(1):88–111.

Mi, J. (1997). Warranty policies and burn-in. *Naval Research Logistics Quarterly*, 44:199–209.

Mikkola, J. H. and Gassmann, O. (2003). Managing modularity of product architectures: Toward an integrated theory. *IEEE Transactions on Engineering Management*, 50(2):204–218.

MIL-HDBK-217F (1991). *Reliability Prediction of Electronic Equipment*. US Department of Defense, Washington, DC.

MIL-HDBK-338B (1998). *Military Handbook: Electronic Reliability Design Handbook*. US Department of Defense, Washington, DC.

MIL-HDBK-344A (1993). *Environmental Stress Screening (ESS) of Electronic Equipment*. US Department of Defense, Washington, DC.

MIL-STD-2155 (1985). *Failure Reporting, Analysis and Corrective Action System*. US Department of Defense, Washington, DC.

Miles, L. (1972). *Techniques in Value Analysis and Engineering*. McGraw-Hill, New York.

Minehane, S., Duane, R., O'Sullivan, P., McCarthy, K. G., and Mathewson, A. (2000). Design for reliability. *Microelectronics Reliability*, 40:1285–1294.

Mitrani, I. (1982). *Simulation Techniques for Discrete Events*. Cambridge University Press, Cambridge.

Moen, R. D., Nolan, T. W., and Provost, L. P. (1991). *Improving Quality Through Planned Experimentation*. McGraw-Hill, New York.

Montgomery, D. C. (1985). *Introduction to Statistical Quality Control*. Wiley, New York.

Montgomery, D. C. (2005). *Design and Analysis of Experiments*. Wiley, New York, 6th edition.

Muffatto, M. (1999). Introducing a platform strategy in product development. *International Journal of Production Economics*, 60-61:145–153.

Muffatto, M. and Roveda, M. (2000). Developing product platforms: Analysis of the development process. *Technovation*, 20:617–630.

Murthy, D. N. P. (1996). Warranty and design. In Blischke, W. R. and Murthy, D. N. P., editors, *Product Warranty Handbook*. Marcel Dekker, New York.

Murthy, D. N. P. and Blischke, W. R. (2006). *Warranty Management and Product Manufacture*. Springer, London.

Murthy, D. N. P., Bulmer, M., and Eccleston, J. E. (2004a). Weibull model selection. *Reliability Engineering and System Safety*, 86:257–267.

Murthy, D. N. P., Djamaludin, I., and Wilson, R. J. (1993). Product warranty and quality control. *Quality and Reliability Engineering International*, 9:431–443.

Murthy, D. N. P., Hagmark, P. E., and Virtanen, S. (2008). Reliability design - iii: Product variety and reliability requirements. *(Submitted for publication)*.

Murthy, D. N. P., Page, N. W., and Rodin, E. Y. (1990). *Mathematical Modelling*. Pergamon Press, Oxford.

Murthy, D. N. P., Solem, O., and Roren, T. (2004b). Product warranty logistics: Issues and challenges. *European Journal of Operational Research*, 156:110–126.

Murthy, D. N. P., Xie, M., and Jiang, R. (2003). *Weibull Models*. Wiley, New York.

Nachlas, J. A. and Kumar, A. (1993). Reliability estimation using doubly-censored field data. *IEEE Transactions on Reliability*, 42:268–279.

NASA (2002). *Fault Tree Handbook*. NASA Office of Safety and Mission Assurance, Washington, DC.

NASA-STD-8729.1 (1998). *Planning, Developing and Managing an Effective Reliability and Maintainability (R&M) Program*. NASA Technical Standards, Washington, DC.

Neal, C., Quester, P., and Hawkins, D. (1999). *Consumer Behavior*. McGraw-Hill, New York.

Nellore, R. and Balachandra, R. (2001). Factors influencing success in integrated product development (IPD) projects. *IEEE Transactions on Engineering Management*, 48(2):164–174.

Nelson, W. B. (1982). *Applied Life Data Analysis*. Wiley, New York.

Nelson, W. B. (1990). *Accelerated Testing*. Wiley, New York.

Nelson, W. B. (2003). *Recurrent Events Data Analysis for Product Repairs, Disease Recurrence, and Other Applications*. ASA-SIAM, Philadelphia.

Nelson, W. B. (2005a). A bibliography of accelerated test plans. *IEEE Transactions on Reliability*, 54:194–197.

Nelson, W. B. (2005b). A bibliography of accelerated test plans - part ii. *IEEE Transactions on Reliability*, 54:370–373.

Nieuwhof, G. W. E. (1984). The concept of failure in reliability engineering. *Reliability Engineering*, 7:53–59.

Nishida, S. I. (1992). *Failure Analysis in Engineering Applications*. Butterworth-Heinemann,

Oxford.

Norris, K. C. and Landzberg, A. H. (1969). Reliability of controlled collapse interconnections. *IBM Journal of Research and Development*, 13:266–271.

Oakland, J. S. (2008). *Statistical Process Control*. Elsevier, Amsterdam, 6th edition.

O'Connor, P. (2002). *Practical Reliability Engineering*. Wiley, Chichester, 4th edition.

O'Connor, P. (2003). Testing for reliability. *Quality and Reliability Engineering International*, 19:73–84.

Oh, Y. S. and Bai, D. S. (2001). Field data analysis with additional after-warranty failure data. *Reliability Engineering and System Safety*, 72:1–8.

Oliver, R. L. (1996). *Satisfaction: A Behavioral Perspective on the Consumer*. McGraw-Hill, New York.

Otto, M. and von Mühlendahl, K. E. (2007). Electromagnetic fields (EMF): Do they play a role in children's environmental health (CEH)? *International Journal of Hygiene and Environmental Health*, 210(5):635–644.

Ottoson, S. (2004). Dynamic product development - DPD. *Technovation*, 24:207–217.

Oxford Dictionary (1989). *Oxford English Dictionary*. Oxford University Press, Oxford, 2nd edition.

Ozer, M. (1999). A survey of new product evaluation models. *Journal of Product Innovation Management*, 16:77–94.

Padmanabhan, V. (1996). Marketing and warranty. In Blischke, W. R. and Murthy, D. N. P., editors, *Product Warranty Handbook*. Marcel Dekker, New York.

Pahl, G. and Beitz, W. (1996). *Engineering Design: A Systematic Approach*. Springer, London, revised 2nd edition.

Parsaei, H. R. and Sullivan, W. G. (1993). *Concurrent Engineering - Contemporary Issues and Modern Design Tools*. Chapman & Hall, London.

Peace, G. S. (1993). *Taguchi Methods*. Addison-Wesley, Reading, MA.

Peck, D. S. (1979). New concerns about integrated circuit reliability. *IEEE Transactions on Electron Devices*, 26:38–43.

Pham, H. and Wang, H. (1996). Imperfect maintenance. *European Journal of Operational Research*, 94:425–438.

Porteus, E. L. (1986). Optimal lot sizing, process quality improvement and set-up cost reduction. *Operations Research*, 34:137–144.

Prasad, B. (1998). Designing products for variety and how to manage complexity. *Journal of Product and Brand Management*, 7:208–222.

Priest, J. W. (1988). *Engineering Design for Producibility and Reliability*. Marcel Dekker, New York.

Product Safety Directive (2001). *Directive 2001/95/EC of 3 December 2001 on general product safety*. Official Journal of the European Communities, Bruxelles, Belgium.

Prudhomme, G., Zwolinski, P., and Brissaud, D. (2003). Integrating into the design process the needs of those involved in the product life-cycle. *Journal of Engineering Design*, 14(3):333–353.

Pugh, S. (1990). *Total Design: Integrated Methods for Successful Product Engineering*. Addison-Wesley, Wokingham.

Quigley, J. (2003). Cost-benefit modelling for reliability growth. *Journal of the Operational Research Society*, 54:1234–1241.

Rademaker, A. W. and Antle, C. E. (1975). Sample size for selecting the better of two. *IEEE Transactions on Reliability*, 24:17–20.

Rai, B. and Singh, N. (2003). Hazard rate estimation from incomplete and unclean warranty data. *Reliability Engineering and System Safety*, 81:79–92.

Ramakrishnan, A. and Pecht, M. (2004). Load characterization during transportation. *Micro-*

electronics Reliability, 44:333–338.

Rausand, M. and Høyland, A. (2004). *System Reliability Theory; Models, Statistical Methods, and Applications*. Wiley, Hoboken, NJ., 2nd edition.

Reichheld, F. (1996). *The Loyalty Effect*. Harvard Business School Press, Cambridge MA.

Reid, S. E. and de Brentani, U. (2004). The fuzzy front end of new product development for discontinuous innovations: A theoretical model. *Journal of Product Innovation Management*, 21:170–184.

ReVelle, J. B., Moran, J. W., and Cox, C. A. (1998). *The QFD Handbook*. Wiley, New York.

Rink, D. R. and Swan, J. F. (1979). Product life cycle research: A literature review. *Journal of Business Research*, pages 219–242.

Robinson, D. and Dietrich, D. (1987). A new nonparametric growth model. *IEEE Transactions on Reliability*, 36:411–418.

Robinson, D. and Dietrich, D. (1989). A nonparametric-Bayes reliability growth model. *IEEE Transactions on Reliability*, 38:591–598.

Robinson, J. A. and McDonald, G. C. (1991). Issues related to field reliability data. In Liepins, G. E. and Uppuluri, V. R. R., editors, *Data Quality Control - Theory and Pragmatics*. Marcel Dekker, New York.

Roesch, W. J. (2006). Historical review of compound semiconductor reliability. *Microelectronics Reliability Engineering*, 46:1218–1227.

Roesch, W. J. and Brockett, S. (2007). Field returns, a source of natural failure mechanisms. *Microelectronics Reliability*, 47:1156–1165.

Roland, H. E. and Moriarty, B. (1990). *System Safety Engineering and Management*. Wiley, New York, 2nd edition.

Roozenburg, N. F. M. and Eekels, J. (1995). *Product Design; Fundamentals and Methods*. Wiley, Chichester.

Ross, S. M. (1996). *Stochastic Processes*. Wiley, New York, 2nd edition.

Ross, S. M. (2002). *Simulation*. Academic Press, San Diego, 3rd edition.

Rupp, N. and Taylor, C. (2002). Who initiates recalls and who cares? evidence from the automotive industry. *Journal of Industrial Economics*, 50:123–150.

Ryan, T. P. (1989). *Statistical Methods for Quality Improvement*. Wiley, New York.

Salvador, F., Forza, C., and Rungtusanatham, M. (2002). Modularity, product variety, production volume, and component sourcing: theorizing beyond generic prescriptions. *Journal of Operations Management*, 20:549–575.

Sander, P., Toscano, L., Luitejns, S., Huijben, H., and Brombacher, A. C. (2003). Warranty data analysis for assessing product reliability. In Murthy, D. N. P. and Blischke, W. R., editors, *Case Studies in Reliability and Maintenance*. Wiley, New York.

Schilling, E. G. (1982). *Acceptance Sampling in Quality Control*. Marcel Dekker, New York.

Schmidt, A. E. (1976). A view of the evolution of the reliability improvement warranty. Report 76-1, Defense Systems Management College, Ft Belvoir, VA.

Schmoldas, A. E. (1977). Improvement of weapon system reliability through reliability improvement warranties. Report 77-1, Defense Systems Management College, Ft Belvoir, VA.

Schneider, H. (1989). Failure-censored variable-sampling plans for log-normal and Weibull distributions. *Technometrics*, 31:199–206.

Sen, A. (1998). Estimation of current reliability in a duane-based reliability growth model. *Technometrics*, 40:334–344.

Sillanpää, M. and Okura, J. H. (2004). Flip chip on board: Assessment of reliability in cellular phone application. *IEEE Transactions on Components and Packaging Technologies*, 27:461–467.

Sim, S. K. and Duffy, A. H. B. (2003). Towards an ontology of generic engineering design activities. *Research in Engineering Design*, 14:200–223.

Sinha, M. N. and Willborn, W. O. (1985). *The Management of Quality Assurance*. Wiley, New York.

Sirvanci, M. (1986). Comparison of two Weibull distributions under random censoring. *Communications in Statistics – Series A: Theory and Methods*, 15:1819–1836.

Smith, G. (2004). *Statistical Process Control and Quality Improvement*. Prentice-Hall, Upper Saddle River, New Jersey, 5th edition.

Sohn, S. Y. and Choi, H. (2001). Analysis of advertising lifetime for mobile phone. *Omega*, 29:473–478.

Song, X. M. and Montoya-Weiss, M. M. (1998). Critical development activities for really new versus incremental products. *Journal of Product Innovation Management*, 15:124–135.

Spiegler, I. and Herniter, J. (1993). Warranty cards as a new source of industrial marketing information. *Computers in Industry*, 22:273–281.

Spoormaker, J. L. (1995). The role and analysis in establishing design rules for reliable plastic products. *Microelectronics Reliability*, 35:1275–1284.

Spunt, T. V. (2003). *Guide to Customer Surveys*. Published Customer Services Group, 2nd edition.

Stevens, D. and Crowder, M. J. (2004). Bayesian analysis of discrete time warranty data. *Journal of the Royal Statistical Society C*, 53:195–217.

Stone, H. S. (1972). *Introduction to Computer Organization and Data Structures*. McGraw-Hill, New York.

Suh, N. P. (2001). *Axiomatic Design - Advances and Applications*. Oxford University Press, New York.

Suzuki, K. (1985a). Estimation of lifetime parameters from incomplete field data. *Technometrics*, 27:263–271.

Suzuki, K. (1985b). Non-parametric estimation of lifetime distributions from a record of failures and follow-ups. *Journal of the American Statistical Association*, 80:68–72.

Suzuki, K. (1987). Analysis of field failure datafrom a non-homogeneous poisson process. *Rep. Stat. Appl. Res. JUSE*, 40:10–20.

Suzuki, K. (1995). Role of field performance data and its analysis. In Balakrisnan, N., editor, *Recent Advances in Lif Testing and Reliability*. CRC Press, Boca Raton.

Suzuki, K., Karim, M. R., and Yamamoto, W. (2001). Statistical analysis of reliability warranty data. In Balakrisnan, N. and Rao, C. R., editors, *Advances in Reliability*, pages 585–609. Elsevier, Amsterdam.

Syed, A. and Doty, M. (1999). Are we over-designing for solder joint reliability? Field vs. accelerated conditions, realistic vs. specified requirements. In *Proceedings of the 1999 Electronic Component and Technology Conference*, pages 111–117.

Szweda, R. (2005/2006). Organic light-emitting devices - friend or foe? *The Advanced Semiconductor Magazine*, December/January:36–39.

Taguchi, G. (1986). *Introduction to Quality Engineering: Designing Quality into Products and Processes*. Asian Productivity Organization, Tokyo.

Takeuchi, H. and Nonaka, I. (1984). The new product development game. *Harvard Business Review*, pages 137–146.

Tarasewich, P. and Nair, S. K. (2000). Design for quality. *Engineering Management Review*, 28(1):76–78.

Tatikonda, M. V. and Rosenthal, S. R. (2000). Successful execution of product development projects: Balancing firmness and flexibility in the innovation process. *Journal of Operations Management*, 18:401–425.

Tee, T. Y., Ng, H. S., Yap, D., Baraton, X., and Zheng, Z. (2003). Board level solder joint reliability modeling and testing TFBGA packages for telecommunication applications. *Mi-

croelectronics Reliability, 43:1117–1123.

Thompson, J. R. and Koronacki, J. (2002). *Statistical Process Control: The Deming Paradigm and Beyond*. Chapman & Hall, Boca Raton, 2nd edition.

Torra, V., editor (2003). *Information Fusion in Data Mining*. Springer, New York.

Trimble, R. F. (1974). *Interim Reliability Improvement Warranty (RIW) Guidelines*. HQ USAF Directorate of Procurement Policy Document, Dept. of the Air Force, Washington, DC.

Udell, G. G. and Baker, K. G. (1982). Evaluating new product ideas ... systematically. *Technovation*, pages 191–202.

Ullman, D. G. (2003). *The Mechanical Design Process*. McGraw-Hill, New York, 3rd edition.

Ulrich, K. T. and Eppinger, S. D. (1995). *Product Design and Development*. McGraw-Hill, New York.

Ulwick, A. W. (2002). Turn customer input into innovation. *Harvard Business Review*, pages 92–97.

Urban, G. L. and Hauser, J. R. (1993). *Design and Marketing of New Products*. Prentice-Hall, Englewood Cliffs.

Van Hemel, C. G. and Keldmann, T. (1996). Applying "design for X" experience in design for environment. In Huang, G. Q., editor, *Design for X - Concurrent Engineeering Imperatives*. Chapman & Hall, London.

Veryzer, R. W. (1998). Discontinuous innovation and the new product development process. *Journal of Product Innovation Management*, 15:304–321.

Vincenti, W. G. (1990). *What Engineers Know and How They Know It: Analytical Studies from Aeronautical Engineering*. John Hopkins University Press, Baltimore.

Wadsworth, H. M., Stephens, K. S., and Godfrey, A. B. (2002). *Modern Methods for Quality Control and Improvement*. Wiley, New York, 2nd edition.

Walls, L. A. and Bendell, A. (1986). The structure and exploration of reliability field data: What to look for and how to analyse it. *Reliability Engineering*, 15:115–143.

Walls, L. A. and Quigley, J. (1999). Learning to improve reliability during system development. *European Journal of Operational Research*, 119:495–509.

Walsh, S. T., Boylan, R. L., McDermott, C., and Paulsen, A. (2005). The semiconductor sisicon roadmap: Epochs driven by dynamics between disruptive technologies and core competencies. *Technological Forecasting & Social Change*, 72:213–236.

Wang, L. and Suzuki, K. (2001a). Lifetime estimation based on warranty data without date-of-sale information cases where usage time distributions are known. *Journal of the Japanese Society for Quality Control*, 31:148–167.

Wang, L. and Suzuki, K. (2001b). Non-parametric estimation of lifetime distributions from warranty data without monthly unit sales information. *Journal of Reliability Engineering Association of Japan*, 23:145–154.

Wang, L., Suzuki, K., and Yamamoto, W. (2002). Age-based warranty data analysis without date-specific sales information. *Reliability Engineering and System Safety*, 18:323–337.

Wang, Y., Lu, C., Li, X. M., and Tse, Y. C. (2005). Simulation of drop/impact reliability for electronic devices. *Finite Elements in Analysis and Design*, 41:667–68.

Ward, H. and Christer, A. H. (2005). Modelling the re-design decision for a warranted product. *Reliability Engineering and System Safety*, 88:181–189.

Weber, C., Werner, H., and Deubel, T. (2003). A different view on product data management / product life cycle management and its future potentials. *Journal of Engineering Design*, 14(4):447–464.

Weiss, H. K. (1956). Estimation of reliability growth in a complex system with poisson-type failure. *Operations Research*, 4:532–545.

Westphal, C. and Blaxton, T. (1998). *Data Mining Solutions*. Wiley, New York.

Wheelwright, S. C. and Clark, K. B. (1992). *Revolutionizing Product Development - Quantum*

Leaps in Speed, Efficiency and Quality. The Free Press, New York.

Wilhelm, W. E. and Xu, K. (2002). Prescribing product upgrades, prices and product levels over time in a stochastic environment. *European Journal of Operational Research*, 138:601–621.

Wong, K. M. (1989). The roller-coaster curve is in. *Quality and Reliability Engineering International*, 5:29–36.

Woodruff, R. B. and Gardial, S. F. (1996). *Know Your Customer: New Approaches to Understanding Customer Value and Satisfaction*. Blackwell, Cambridge MA.

Wu, H. and Meeker, W. Q. (2002). Early detection of reliability problems using information from warranty databases. *Technometrics*, 44:120–133.

Wu, J. D., Ho, S. H., Juang, C. Y., Liao, C. C., Zheng, P. J., and Hung, S. C. (2002). Board level reliability of a stacked CSP subjected to cyclic bending. *Microelectronics Reliability*, 42:407–416.

Yang, G. (2007). *Life Cycle Reliability Engineering*. Wiley, Hoboken, New Jersey.

Yeh, R. H., Ho, W. T., and Tseng, S. T. (2000). Optimal preventive-maintenance warranty policy for repairable products. *European Journal of Operational Research*, 129:575–582.

Yeh, R. H. and Lo, H. C. (1998). Quality control for products under free repair warranty. *International Journal of Quality Management*, 4:265–275.

Zeng, Y. and Gu, P. (1999). A science-based approach to product design. *Robotics and Computer Integrated Manufacturing*, 15:331–352.

Zhang, S., Shen, W., and Ghenniwa, H. (2004). A review of internet-based product information sharing and visualization. *Computers in Industry*, 54:1–15.

索　引

223

内 容 简 介

本书主要给出了一个有效进行产品可靠性相关决策的框架并且讨论了相关的技术。书中介绍了新产品的全寿命周期,并针对寿命周期中的各个阶段详细分析了相关的可靠性工程活动,强调产品的安全性问题,最后讨论了一个整合产品寿命周期中可靠性工程活动的可靠性管理系统。本书目的在于为高级产品经理提供做出可靠性相关决策的方法和依据,为产品设计人员提供有效地进行可靠性设计的方法,另外也可以为可靠性研究人员提供一些可以开展深入研究的方向。本书内容工程实用性强,可供国内企业在开展可靠性工程时作为参考,对于从事可靠性研究的工程技术人员、科研人员、项目管理者都有一定的参考,也可作为工业工程、可靠性工程等学科的教师和研究生的教学参考资料。